Hamburg, den 06.12.01

Für Kathi

von

[illegible]

+

[illegible]

Gerhard Staguhn

Die Suche nach dem Bauplan des Lebens

Gerhard Staguhn

Die Suche nach dem Bauplan des Lebens

Evolutionstheorien, Gentechnik, Gehirnforschung

Mit 16 Farbtafeln

Carl Hanser Verlag

»Dem Unerklärlichen in uns und über uns«
Für Petra

Die Schreibweise in diesem Buch entspricht den
Regeln der neuen Rechtschreibung.

Unser gesamtes lieferbares Programm und viele
andere Informationen finden Sie unter
www.hanser.de

1 2 3 4 5   05 04 03 02 01

ISBN 3-446-20047-9

Umschlag: Peter-Andreas Hassiepen,
Foto oben: Mantis Wildlife Films/OSF/OKAPIA;
Foto unten: D. Phillips/Pop. Coun./Sc So/OKAPIA
Satz und Lithos: Reinhard Amann, Aichstetten
Druck und Bindung: Kösel, Kempten
Printed in Germany

Inhalt

Ein Wunder, dass es im Universum Leben gibt

Das Rätselhafteste am Leben ist, dass es im Universum überhaupt Leben gibt. Denn im Kosmos herrschen Bedingungen, die für Leben denkbar ungeeignet sind: eine extrem niedrige Temperatur von nur drei Grad über dem absoluten Nullpunkt (-273,2 Grad Celsius) und eine energiereiche kosmische Strahlung, die alles Leben vernichtet beziehungsweise erst gar nicht zur Entwicklung kommen lässt. Und dennoch gibt es Leben, zumindest an einem winzigen Ort des Universums. Das kommt einem Wunder gleich.

Nach allem, was wir heute über das Universum wissen, ist Leben in seinen unendlichen Tiefen die Ausnahme und nicht die Regel. Leben ist grundsätzlich nur dort möglich, wo weder die Kälte des Weltraums noch die kosmische Strahlung ihre lebensfeindlichen Wirkungen entfalten kann. Leben bedarf einer gewissen Temperatur, die freilich auch nicht zu hoch sein darf. Bislang gelten zwei Grundannahmen für Leben im Kosmos als unumstößlich. Erstens: Organisches Leben setzt die Existenz hoch komplizierter organischer Molekülverbindungen voraus, beispielsweise die von Eiweiß. Zweitens: Aktives, sich fortpflanzendes Leben ist an einen ziemlich engen Temperaturbereich gebunden. Bei Temperaturen über hundert Grad Celsius zerfallen Eiweißmoleküle in kleinere Moleküle. Bei Temperaturen über einigen tausend Grad Celsius zerfallen diese in Einzelatome. Bei Temperaturen, die wesentlich unter null Grad Celsius liegen, verlangsamen sich die biochemischen Lebensvorgänge so sehr, dass aktives Leben nicht mehr möglich ist.

Die idealen Temperaturen zur Entfaltung von Leben liegen etwa zwischen +25 und +45 Grad Celsius. Alle höher entwickelten Lebewesen auf der Erde haben Körpertemperaturen in diesem Bereich. Jeder Organismus ist bestrebt, durch komplizierte Temperaturregelsysteme seine artspezifischen Temperaturen auf Bruchteile eines Grads einzuhalten.

Im extrem kalten Universum gibt es lebensfreundliche Temperaturen nur in der Nähe jener kosmischen Heizkörper, die man Sterne nennt. Freilich bedarf es auch noch eines Orts, an dem die Lebensentwicklung stattfinden kann – eine Art kosmische Wiege. Eine solche Lebenswiege ist der Planet Erde. Allerdings war er das nicht immer. Als die Erde vor rund 4,6 Milliarden Jahren entstand, war auch sie ein lebensfeindlicher Ort. Doch eine Milliarde Jahre später wimmelte er von einfachen Lebewesen, die den heutigen Algen sehr ähnlich waren.

Sollte es noch anderswo im Universum Leben geben, dann höchstwahrscheinlich auf erdähnlichen Planeten anderer Sterne oder auf deren Monden. Der Spielraum für eine Lebensentwicklung ist für Planeten oder Monde sehr eng. Sie dürfen das heiße Zentralgestirn nicht zu nah umkreisen, aber auch nicht in allzu großem Abstand. Wichtig ist auch eine Umlaufbahn, die der Kreisbahn sehr nahe kommt. Nur so ist eine gleichmäßige Energiezufuhr durch den Stern sichergestellt. Dieser enge Temperaturspielraum ist der Hauptgrund dafür, dass in unserem Sonnensystem mit seinen neun Planeten nur ein einziger Leben hervorgebracht hat. Bereits die beiden Nachbarplaneten Venus und Mars sind – im Fall der sonnennäheren Venus – zu heiß beziehungsweise – im Fall des sonnenferneren Mars – zu kalt, um als Lebenswiegen in Frage zu kommen.

Doch eine lebensfreundliche Temperatur allein reicht nicht aus. Die energiereiche kosmische Strahlung, die die Sterne aussenden, muss von der planetarischen Lebenswiege abgeschirmt werden. Diese Strahlung, die man – bezogen auf unser Zentralgestirn – auch Sonnenwind nennt, entsteht bei den physikalischen Prozessen in der Sternatmosphäre. Beim Sonnenwind handelt es sich hauptsächlich um einen Teilchenstrom aus positiv geladenen Protonen (Wasserstoffkernen), positiv geladenen Alphateilchen (Heliumkernen) und negativ geladenen Elektronen, die mit einer Geschwindigkeit von etwa 400 Kilometern pro Sekunde auf die Erde treffen. Aber auch aus den Tiefen des Universums treffen solche energiereichen Teilchen bei uns ein, ausgesandt von fernen Sternen oder ihren Überresten. Besonders von explodierenden großen Sternen, Supernovae genannt, werden geladene Teilchen mit gewaltigen Energien in den Weltraum geschleudert, von denen einige irgendwann auch die Erde treffen können. Das heißt: Sie dringen eben nicht bis zur Erdoberfläche durch, sondern werden von einem unsichtbaren Schutzschirm abgehalten. Dieser Schutzschirm ist das Magnetfeld der Erde. Geladene Teilchen können ihn nicht durchdringen.

Würde sich die Erde nicht drehen, gäbe es kein Leben auf ihr

Die Erde selbst erzeugt diesen für das Leben so wichtigen magnetischen Schutzschild. Dass die Erde ein Magnet ist, weiß man schon lange, doch wie sie ihr Magnetfeld erzeugt, ist erst seit kurzem bekannt, wobei auch hier noch immer viele Detailfragen offen sind. Ziemlich einig sind sich die Geophysiker mittlerweile darin, dass das Erdmagnetfeld im zähflüssigen Magma des Erdmantels entsteht, der unter der dünnen Erdkruste liegt. Das Magma besteht hauptsächlich aus flüssigem, etwa 4000 Grad Celsius heißem Eisen. Dieser kugelschalenförmige Bereich des Erdinnern wird von dem noch wesentlich heißeren Erdkern erhitzt.

Wie im Wasser, das auf einer Herdplatte zum Kochen gebracht wird, steigen auch im zähflüssigen Erdmantel heiße Blasen nach oben. Dabei erkalten sie und sinken wieder nach unten. Gleichzeitig wirkt auf die zähflüssige Masse parallel zu den Breitengraden die so genannte Corioliskraft; sie ist benannt nach dem französischen Physiker G. G. Coriolis (1792–1843). Diese Kraft entsteht als Folge der Erddrehung, ist also eine Trägheitskraft ähnlich wie die Fliehkraft.

Die vom Erdkern ausgehende Heizkraft und die Corioliskraft bewirken gemeinsam, dass sich das zähflüssige Magma auf schraubenförmigen Bahnen in zylinderförmigen Walzen bewegt, die parallel zur Erdachse liegen.

Wenn das Material in solch einer Strömung elektrisch leitend ist, was ja beim Eisen der Fall ist, kann es von selbst ein Magnetfeld erzeugen und aufrechterhalten. Die Erde ist eine Art Dynamo, genauer: ein sich selbst erzeugender Dynamo. Dieser Erddynamo springt aber erst an, wenn sich das eisenhaltige Magma schraubenförmig und schnell genug dreht. Damit das Erdmagnetfeld stabil bleibt, muss der Erdkern unablässig eine Leistung von etwa zehn Milliarden Watt in das umwälzende Magma einspeisen.

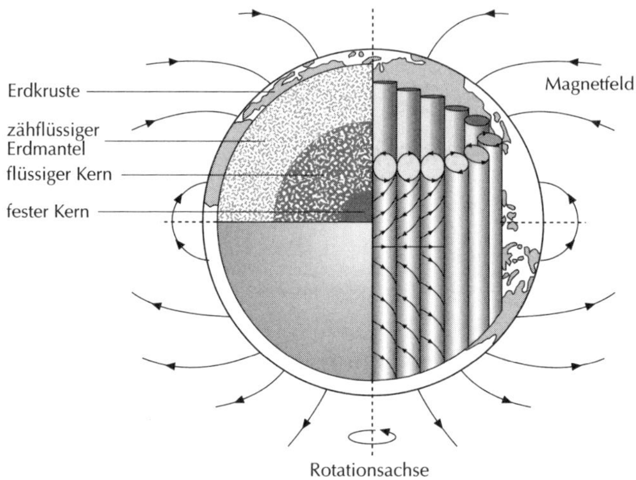

Schematische Darstellung der komplizierten Vorgänge im Erdinnern, die die Ursache für das Erd-Magnetfeld sind. Temperaturunterschiede und Corioliskraft bewirken, dass sich das flüssige Magma auf schraubenförmigen Bahnen in zylinderartigen Walzen bewegt. Diese liegen parallel zur Rotationsachse der Erde.

Zwei deutschen Forschergruppen gelang es Anfang 2000, die Richtigkeit dieser Erddynamo-Theorie in Experimenten nachzuweisen. Heißes, flüssiges Natrium – ein Metall wie das Eisen – wurde durch mehrere Kanäle gepumpt und floss dabei wie das Eisen im Erdmantel auf schraubenförmigen Bahnen. Die Wissenschaftler konnten beobachten, wie sich ab einer bestimmten Strömungsgeschwindigkeit von selbst ein Magnetfeld aufbaute und während der Dauer des Experiments stabil blieb.

Das Magnetfeld der Erde zeigt Schwankungen

Ohne ein schützendes Magnetfeld hätte sich, wie gesagt, auf der Erde kein Leben entwickeln können. Allerdings kam es im Lauf der Erdgeschichte immer wieder zu Umpolungen des Erdmagnetfelds. Das heißt: Der magnetische Nordpol wanderte an den geographischen Südpol und umgekehrt der magnetische Südpol zum geographischen Nordpol. Die bislang letzte Umpolung liegt 780 000 Jahre zurück. Solche Umpolungen der magnetischen Pole dauern aber nur wenige tausend Jahre. Verursacht werden sie wahrscheinlich durch Temperaturschwankungen im zähflüssigen Eisen des Erdmantels, die die Strömungsmuster durcheinander bringen.

Seit das Erdmagnetfeld genauer beobachtet wird, ist eine beständige Abnahme der Feldstärke festzustellen. Das könnte ein Hinweis sein, dass sich wieder eine Umpolung anbahnt. Langfristig könnte das zu Klimaveränderungen führen. Allerdings brauchen wir uns keine Sorgen zu machen, dass durch die Schwächung des Erdmagnetfelds das Leben auf der Erde ausgelöscht wird. Diese Gefahr bestünde nur, wenn das Magnetfeld völlig zusammenbrechen würde. Doch das könnte erst passieren, wenn der Erdkern zu heizen aufhörte und die Erde sich nicht mehr um sich selber drehte.

Interessant ist in diesem Zusammenhang, dass die Wissenschaft bis heute nicht weiß, wieso sich die Erde um ihre eigene Achse dreht. Sie tut es einfach. Um auf ihrer Umlaufbahn um die Sonne zu bleiben, müsste sie das gar nicht. Die Eigendrehung der Erde wird durch nichts abgebremst, weil es im luftleeren Weltraum keinerlei Reibungswiderstand gibt, von winzigen Partikeln abgesehen, die dort herumfliegen. Dennoch wird die Erde sich nicht ewig drehen. Das hat damit zu tun, dass die Erde kein starrer, fester Körper ist. Sie ist eher vergleichbar mit einer Praline, die mit einer zähen Flüssigkeit gefüllt ist. Die Erd-Praline hat freilich die besondere Eigenschaft, dass sie neben ihrem zähflüssigen Innern auch noch zu drei Viertel mit Wasser bedeckt ist. Beide Flüssigkeiten werden auf lange Zeit der Grund dafür sein, dass der Erde beim Um-sich-selber-Drehen irgendwann die Puste ausgehen wird. Sie muss sich ja mit all dem schwappenden Wasser an der Oberfläche (Ebbe und Flut) und dem zähen Fließen im Innern drehen. Das ist wie bei einer gefüllten Wasserschüssel: Rüttelt man an ihr, sodass das Wasser hin und her schwappt, und versucht anschließend sie zu schieben, so wird man feststellen, dass dazu mehr Kraft nötig ist, als wenn das Wasser im Gefäß stillsteht. Deshalb dreht sich die Erde immer langsamer; das Geschwappe bremst sie ab. Allerdings ist die Verzögerung äußerst gering – vielleicht eine Sekunde pro Jahr. Dadurch werden aber die Jahre immer länger. Als die Saurier noch auf der Erde lebten, hat sich die Erde schneller gedreht als heute. Ein Tag dauerte damals nur etwa 23 Stunden. Irgendwann in ferner Zukunft wird ein Erdentag 25 Stunden haben, dann 26 und immer so weiter – bis die Erde stillsteht. Doch bis dahin dürfte alles Leben auf der Erde längst erloschen sein.

So, das war ein kleiner Gedankenschlenker. Jetzt sollten wir zur Entstehung des Lebens auf der Erde zurückkehren. Den magnetischen Schutzschild und eine lebensfreundliche Temperatur haben wir als Grundvoraussetzungen für die Entstehung von Leben genannt. Aber viele andere Bedingungen waren ebenfalls wichtig. Die Eigendrehung der Erde erzeugt ja nicht nur ein Magnetfeld, sondern auch einen Wechsel von Tag und Nacht. Damit wird für eine gleichmäßige Temperaturverteilung auf der Erde gesorgt. Ohne Drehung herrschte auf der einen Seite nur Hitze, auf der andern nur Kälte.

Auch die Neigung der Erdachse hatte auf die Entwicklung des Lebens einen gewissen Einfluss. Der Neigungswinkel der Erdachse hängt unter anderem auch davon ab, dass die Erde von einem relativ großen Mond umrundet wird. Hätte die Erde keinen oder nur einen winzigen Mond, dann wäre die Neigung ihrer Achse wesentlich stärker. Damit aber wäre die Entwicklung des Lebens vermutlich ganz anders abgelaufen.

Dass die Erde einen Mond hat, ist purer Zufall – ein katastrophischer Zufall, um genau zu sein. Die junge, noch glutheiße Erde wurde höchstwahrscheinlich von einem anderen, kleineren Planeten getroffen. Dieser verschmolz zum Teil mit der Erde. Aus den Trümmern, die beim Zusammenstoß in den Weltraum geschleudert wurden, formte sich mit der Zeit der Mond.

Nur Planeten und deren Monde sind also in der Lage, die Grundbedingungen für die Entstehung von Leben zu liefern. Will man nach außerirdischem Leben im Kosmos suchen, muss man nach Sternen Ausschau halten, die von Planeten umrundet werden. Das ist natürlich ein äußerst schwieriges Unterfangen, denn Planeten sind im Vergleich zu Fixsternen winzig klein; sie werden von den Millionen Mal helleren Sternen überstrahlt. Dennoch ist es gelungen, in den vergangenen sechs Jahren knapp fünfzig Planeten ferner Sterne ausfindig zu machen. Freilich konnte man bislang nicht feststellen, ob auf ihnen irgendwelche Lebensformen existieren.

Die Urozeane als Wiege des Lebens

Weitere Voraussetzungen für die Entstehung von Leben auf einem Planeten sind eine Atmosphäre und das Vorhandensein von Wasser. Eine Atmosphäre bildete sich auf der Erde bereits zu einer Zeit, als sie noch eine glutflüssige Oberfläche hatte. Das flüssige Gestein verströmte Jahrmillionen lang gewaltige Gasmengen, die die Erde schützend einhüllten. Diese Uratmosphäre war etwa hundertmal dichter als die heutige. Sie ähnelte in mancher Hinsicht der Atmosphäre, die man jetzt noch auf der Venus vorfindet.

Die Massenanziehungskraft der Erde verhinderte, dass die Gashülle ins All abströmte. Wäre die Erde nur um einiges kleiner – etwa nur so groß wie der Mars –, wäre es ihr unmöglich gewesen, auf Dauer ihre Atmosphäre an sich zu binden.

Die Uratmosphäre der Erde bestand vor allem aus Wasserstoff (H_2), Ammoniak (NH_3), Methan (CH_4), Kohlendioxid (CO_2) beziehungsweise Kohlensäure (H_2CO_3) und Wasserdampf (H_2O) – ein wahrhaft teuflisches Gebräu. In dieser Uratmosphäre fehlte Sauerstoff fast vollständig. Er war für die Entwicklung einfachster Lebensformen auch gar nicht notwendig, im Gegenteil: Sauerstoff hätte sie nur behindert. Sauerstoff hat nämlich die Eigenschaft, anderen Substanzen den Wasserstoff zu entziehen. Dadurch verhindert er aber gerade die chemischen Prozesse, bei denen aus einfachen organischen Molekülen größere Bausteine des Lebens entstehen. Diese kommen nämlich ohne Wasserstoff nicht aus.

Mit dem langsamen Erkalten der jungen Erde veränderte sich auch die Zusammensetzung der Atmosphäre. Der Wasserdampf kondensierte. Gewaltige Wolkenbrüche überschwemmten während Millionen von Jahren die Erde und bildeten die Urozeane. Vermutlich haben dazu auch Kometen beigetragen, die während der ersten hundert Millionen Jahre der Erdentstehung in großer Zahl auf unseren Planeten herabgestürzt sind. Sie dürften dabei auch den Anteil des Kohlendioxids in der Atmosphäre stark erhöht haben. Denn Schweifsterne enthalten sehr viel Kohlenstoff.

Die so entstandenen Ozeane waren die eigentliche Wiege des Lebens. Das Wasser spielte eine Art Vermittlerrolle für den Start der Lebensentwicklung. Aufgrund der großen Lösungsfähigkeit von H_2O-Molekülen ist Wasser in der Lage, unzählige Moleküle anderer Stoffe aufzunehmen. Wasser ist somit der ideale Ort für die Begegnung unterschiedlichster Moleküle, die sich zu immer größeren und komplizierter gebauten Verbindungen verknüpfen können.

Die Kometen, diese riesigen schmutzigen Schneebälle, die vor allem aus Wassereis und gefrorenen Gasen bestehen, waren aber nicht nur an der Bildung der Urozeane beteiligt, sondern sie brachten vermutlich auch biochemische Grundstoffe mit auf die Erde. Diese bildeten die chemische Grundlage für die Entstehung von Leben. Die empfindlichen organischen Moleküle waren wahrscheinlich in den Kometenkernen eingefroren und hatten so die heiße Entstehungsphase unseres Sonnensystems überdauern können. Einige dieser außerirdischen organischen Moleküle, so vermuten Wissenschaftler, bildeten halbdurchlässige Hohlkörper, in denen die ersten Urzellen hätten entstehen können. Gleichzeitig könnten sie mitgeholfen haben, durch Umwandlung von Sonnenenergie Nährstoffe für die ersten einzelligen Organismen zu erzeugen.

An dieser Stelle ist es vielleicht hilfreich, darauf hinzuweisen, dass sich die Welt der Moleküle grundsätzlich in die der anorganischen und organischen Verbindungen aufteilen lässt. Organische Moleküle sind, wie der Name schon sagt, solche, die man in lebenden oder bereits abgestorbenen Organismen findet. Holz und Zucker zum Beispiel sind zwei organische Stoffe, die jedem bekannt sind. Dennoch lebt weder Holz noch Zucker. Das Holz war aber einmal Bestandteil eines Baums, also eines Lebewesens. Auch der Zucker lebt nicht, war aber einst Teil einer lebendigen Zuckerrohr- oder Zuckerrüben-Pflanze. Im Gegensatz dazu sind zum Beispiel Wasser oder Kochsalz anorganische Stoffe. Sie kommen zwar auch in lebenden Organismen vor, aber man findet sie nicht ausschließlich dort und sie stammen auch nicht ausschließlich von Organismen.

Allerdings ist es so, dass sich organische Stoffe auch unabhängig von Lebewesen ganz von selber aus anorganischen Stoffen bilden können. Das ist nicht allzu verwunderlich, da ja sowohl die organischen als auch die anorganischen Stoffe aus Molekülen, das heißt aus Verbindungen von Atomen bestehen. Die organischen Moleküle sind im Allgemeinen viel größer und auch wesentlich komplizierter gebaut als die anorganischen. Die meisten anorganischen Moleküle setzen sich aus höchstens 25 Atomen zusammen, viele aber auch nur aus zwei oder drei. Dagegen bestehen die organischen Moleküle aus dutzenden von Atomen, ja sie können sich sogar aus hunderten, Tausenden oder Millionen Atomen zusammensetzen. Damit sich kleine, einfache Moleküle zu großen und kompliziert aufgebauten zusammenschließen können, bedarf es einer genügend hohen Energie. Diese Energie wird, seit es die Erde gibt, von der Sonne geliefert. Zu einem geringen Teil trägt auch die Erde selbst dazu bei, nämlich durch die Wärme, die aus dem glühend heißen Innern bis an die Oberfläche dringt.

Bis vor kurzem gingen die Wissenschaftler noch davon aus, dass die Erde selbst solche organischen Moleküle hervorgebracht habe. Das scheint aber schon deshalb unwahrscheinlich, weil die junge Erde sich unter dem Druck der eigenen Schwerkraft so sehr verdichtete, dass sie sich vorübergehend bis zur Rotglut aufheizte. Außerdem stand die junge Erde in dem sich gerade erst ordnenden Sonnensystem unter einem Dauerbeschuss von Kometen und Asteroiden. Die schlugen auf der Erdoberfläche mit der Gewalt von Wasserstoffbomben ein. Solche höllischen Zustände, die über hunderte Millionen Jahre dauerten, hätten die empfindlichen Moleküle niemals überstehen können.

Umso erstaunlicher ist, dass die Erde schon vor dreieinhalb bis vier Milliarden Jahren von ersten Mikroben besiedelt war, also bereits 500 Millionen Jahre nach Entstehung unseres Planeten. Wenn man davon ausgeht, dass die Erde während der ersten 400 Millionen Jahre noch zu heiß für jegliche Lebensform war, so müssen die ersten Einzeller innerhalb von nur 100 Millionen Jahren entstanden sein. Diese relativ kurze Zeitspanne für die Entwicklung von Leben aus organischen Molekülen bekräftigt die These, dass die Urzeugung nur deshalb so rasch vor sich ging, weil die molekularen Bausteine des Lebens reichlich aus den Tiefen des Weltalls auf die Erde niedergingen, eingeschlossen in Kometen, Meteoriten und kosmischen Staubpartikeln. Sie würzten gewissermaßen die ozeanische Ursuppe mit gebrauchsfertigen organischen Molekülen, aus denen auch die Lebewesen von heute aufgebaut sind. Noch heutzutage rieseln täglich schätzungsweise mehrere hundert Tonnen kosmischer Staubteilchen, die höchstens die Größe eines Sandkorns erreichen, auf die Erdoberfläche herab.

Jüngste Beobachtungen von Kometen haben gezeigt, dass diese eisigen Schweifsterne aus dem äußeren Sonnensystem eine Vielzahl organischer Stoffe mit sich führen. Genaue Untersuchungen haben ergeben, dass sich Staubteilchen von Kometenschweifen aus tausenden mineralischer Kerne zusammensetzen, die nur einige millionstel Millimeter groß und von gefrorenen Gasen umhüllt sind. In diesen Kernen bildeten sich verschiedenste Moleküle, auch solche, die Vorläufer von Lebensbausteinen sind.

Als Anfang 1986 der Komet Halley an der Erde vorbeiflog, untersuchte eine ganze Flotte von Raumsonden die Staubteilchen des Kometenschweifs. Sie enthielten Vorläufer-Moleküle sämtlicher Stoffklassen, die für die Chemie des Lebens wichtig sind. Zum Beispiel fand man ein so genanntes Polymer der Blausäure (HCN). Es besteht aus fünf HCN-Molekülen und hat den Namen Adenin – eine der vier Nucleobasen, die sich in der Erbsubstanz DNS befinden. Aber auch Bestandteile anderer Erbmoleküle, der Phosphate und des Ribose-Zuckers, fand man direkt oder in Vorläuferform im Kometenstaub.

Nicht nur von Kometen stammen solche Stoffe, sondern ebenso von Meteoriten, die auf die Erde fallen. Sie bestehen zwar hauptsächlich aus Gestein und Metallen, doch einige von ihnen enthalten auch chemische Verbindungen wie Aminosäuren, Carbonsäuren, Amine, Amide, Ketone oder Chinone. Letztere ähneln in ihrer Struktur dem Chlorophyll, mit dessen Hilfe Pflanzenzellen das Sonnenlicht in chemische Energie umwandeln. Allein von Aminosäuren wurden schon 70 verschiedene Arten in Meteoriten gefunden, unter ihnen auch jene 20 Aminosäuren, aus denen lebende Zellen ihre Eiweißmoleküle aufbauen. In Kometenstaub hingegen fand man bislang keine Aminosäuren. Dafür stieß man bei ihnen auf Nitrile. Sie bilden zusammen mit Ammoniak, einem besonders häufigen kosmischen Molekül, Aminonitrile. Von diesen weiß man, dass sie mit Wasser Aminosäuren bilden können. Die Nitrile selbst bilden mit Wasser so genannte Fettsäuren, aus denen die Fette (Lipide) bestehen – eine weitere Stoffklasse, die für Lebewesen unabdingbar ist.

Der Weltraum ist ein Chemielabor

Jetzt stellt sich uns natürlich die Frage, wo im Weltraum alle diese biochemischen Verbindungen entstanden sein könnten und vor allem wie? Hierüber gehen die Meinungen der Wissenschaftler auseinander. Einige sind der Ansicht, dass die Kometen und Asteroiden selbst die Brutstätten für die organischen Moleküle sind. Bei einem relativ nahen Vorbeiflug an der Sonne tauen das Eis und die gefrorenen Gase auf und erzeugen, wie schon erwähnt, eine wässrige Lösung, in der – unter Einwirkung des Sonnenlichts – chemische Reaktionen ablaufen könnten. Daraus würden dann die oben genannten Verbindungen hervorgehen.

Eine andere Gruppe von Wissenschaftlern neigt eher der Theorie zu, dass die Kometen und Asteroiden samt ihren organischen Molekülen originalgetreue Überbleibsel des Urnebels sind, aus dem vor 4,5 Milliarden Jahren das ganze Sonnensystem hervorging. Während dieser langen Zeit seien die Eis- und Gesteinsklumpen weitgehend unverändert geblieben, weil sie sich im extremen Tiefkühlbereich am Rand des Urnebels befanden. Die Tiefkühltruhen-Theorie ist durch die Beobachtungen der Kometen Hyakutake und Hale-Bopp in den Jahren 1997 und 1998 weitgehend bestätigt worden.

Es ist also ziemlich sicher, dass die verschiedensten kohlenstoffhaltigen Verbindungen, die man in Kometen und Meteoriten nachweisen konnte, dort schon seit Milliarden von Jahren eingefroren waren. Es könnte sogar sein, dass sich in den Tiefkühltruhen der Kometenkerne unter dem Einfluss des ultravioletten Lichts einfache Moleküle aufgespalten und zu neuen komplexeren Verbindungen zusammengefügt haben. Hierzu passt die Entdeckung, dass sich überall im Weltraum, wo man Eiskörnchen antrifft, auch komplexe Kohlenwasserstoff-Moleküle vorkommen. Vor allem in der Nähe junger Sterne, die intensive ultraviolette Strahlung aussenden, entdeckte man solche Verbindungen.

Inzwischen haben Wissenschaftler versucht, diese kosmischen Bedingungen in Laborversuchen nachzustellen: Man sprühte in eine Tiefkühlkammer ein Gemisch aus Wasser, Methanol und Ammoniak im gleichen Mengenverhältnis, wie es in kosmischen Eiskörnchen vorkommt, und setzte es intensiver UV-Strahlung aus. Schon nach kurzer Zeit entstanden komplexe Molekülverbindungen wie Chinone, Ketone, Nitrile, Äther oder Alkohol, genau so, wie man sie in kohlenstoffreichen Meteoriten vorgefunden hat. Nicht zuletzt entstand auch so genanntes Hexamethylentetramin, ein käfigartig geformtes Molekül, aus dem in einer warmen, sauren und wässrigen Lösung unter anderem Aminosäuren, die Grundbausteine von Eiweiß, entstehen können.

Die biologisch besonders wichtigen Chinone entstanden bei Laborversuchen, als man Wasser zusammen mit so genannten polycyclischen aromatischen Kohlenwasserstoffen, wie sie auch in kosmischen Staubwolken vorkommen, in die Tiefkühlkammer einsprühte. Aromatische Kohlenwasserstoffe entstehen, wenn sich eine Molekülkette aus sechs Kohlenstoff-Atomen zu einem Ring (Cyclus) schließt wie etwa beim Benzol (vgl. Skizze S. 20). Hängen mehrere solcher Ringe aneinander, spricht man von polycyclischen aromatischen Kohlenwasserstoffen. Die unter den künstlichen Weltraumbedingungen entstandenen Chinone finden sich in allen Lebewesen; sie sind wichtig für die unterschiedlichsten Energietransportvorgänge in den Zellen. Die Fähigkeit der Chinone, Elektronen weiterzuleiten, spielt auch eine entscheidende Rolle bei der Photosynthese, die für die Entstehung des Lebens von grundlegender Bedeutung war. Das Blattgrün, auch Chlorophyll genannt, befähigt die Pflanzen, aus anorganischen Stoffen organische herzustellen. Denn das Blattgrün kann etwas, was kein anderer Pflanzenfarbstoff vermag: Es wandelt Sonnenlicht in elektrischen Strom um und ist dadurch in der Lage, aus Wasser und Luft, genauer: dem Kohlendioxid in der Luft, Zucker herzustellen, unter Freisetzung von Sauerstoff. Als chemische Formel sieht das so aus:

$$6\,CO_2 + 6H_2O \xrightarrow{\text{Licht}} C_6H_{12}O_6 + 6\,O_2$$

Das grenzt an Zauberei. Die Chemiker nennen diesen Vorgang, der im Einzelnen viel komplizierter ist, als die Formel vorgibt, Photosynthese. Das Wort kommt aus dem Griechischen und bedeutet so viel wie »mit Licht zusammenbauen«.

Die Chinone haben nämlich nicht nur die Fähigkeit, Licht in chemische Energie umzuwandeln, sondern sie können auch ultraviolette Strahlung absorbieren, also aufnehmen und unschädlich machen. Da es in der Frühzeit der Erde noch keine Ozonschicht gab, die das UV-Licht abschirmte, gelangte es ungehindert bis zur Erdoberfläche. Es hätte dort die empfindlichen Biomoleküle zersetzt und somit den Start der Lebensentwicklung verhindert. Die Chinone aber, die aus dem Weltall auf die Erde fielen, könnten den frühen Einzellern einerseits als UV-Schutzschild gedient und andererseits geholfen haben, das Sonnenlicht für eine einfache Form der Photosynthese zu nutzen.

Der Kohlenstoff ist das tragende Element des Lebens

Eines ist sicher: Leben beruht auf organischen Verbindungen, die, so verschieden sie im Einzelnen auch sein mögen, alle von einer ganz bestimmten Grundsubstanz, genauer: einem chemischen Element, zusammengehalten werden: dem Kohlenstoff. Zwar gibt es noch andere chemische Elemente, ohne die das Leben auf der Erde undenkbar wäre, etwa Wasserstoff, Sauerstoff und Stickstoff, doch der Kohlenstoff ist von allen die bedeutendste chemische Grundsubstanz des Lebens.

Leben basiert auf Kohlenstoff. Kohlenstoff-Atome bilden gewissermaßen das tragende Gerüst aller chemischen Verbindungen, die die Grundlage des Lebens sind. Alle weiter oben genannten organischen Verbindungen wie Aminosäuren, Alkohole oder Chinone sind Kohlenstoffverbindungen.

Aber was ist denn nun das Besondere am Kohlenstoff? Wieso eignet er sich wie kein anderes Element als Trägersubstanz des Lebens? Kohlenstoff-Atome können sich mit sich selber zu schier endlosen Ketten, Ringstrukturen oder vielfach verzweigten Gebilden verbinden. Dadurch entsteht die Möglichkeit, aus einfachen Kohlenstoff- beziehungsweise Kohlenwasserstoff-Ketten von jeweils unterschiedlicher Länge komplizierte organische Stoffe zu bilden. Entscheidend sind dabei die Gruppen, die an den Enden der Kohlenwasserstoff-Ketten gebildet werden, etwa Aldehyd-Gruppen, Säure-Gruppen oder Aminosäure-Reste.

Unter den Aldehyden ist besonders die Verbindung Glykolaldehyd zu nennen, die aus zwei Kohlenstoff-Atomen und zwei Wasserstoff-Atomen besteht. Zusammen mit anderen Verbindungen kann Glykolaldehyd Glukose, also Traubenzucker, bilden – oder Ribose, einen Grundbaustein der Erbsubstanz DNS, die wir später eingehender betrachten werden.

(a)

(b)

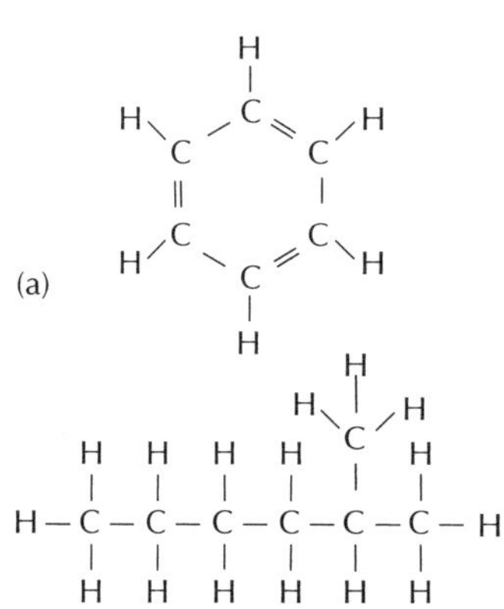

Kohlenstoff (C) und Wasserstoff (H) bilden die Grundelemente allen Lebens auf der Erde. Das Gerüst für organische Moleküle wird stets vom Kohlenstoff geliefert. Zusammen mit dem Wasserstoff entstehen daraus verschiedenste Kohlenwasserstoff-Ketten, die vielfach verzweigt und endlos lang sein können. Es können sich auch ringförmige Molekülgebilde ergeben. (a) zeigt eine ringförmige Kohlenwasserstoff-Verbindung (Benzol), (b) eine kettenförmige Verbindung (Heptan).

Die kompliziert gebauten Kohlenwasserstoff-Ketten oder -Ringe finden sich nur in organischen, niemals in anorganischen Verbindungen. Das ist auch der Grund, wieso die organischen Moleküle wesentlich größer und verwickelter sind als die anorganischen. Entsprechend sind Organismen auch komplizierter aufgebaut als Mineralien. Die Kohlenstoff-Atome können sich auf vielfältige Weise aneinander hängen und andere Atomarten an sich heften, sodass die Variationsmöglichkeiten fast unbegrenzt sind. Jede geringste Abänderung eines dieser Riesenmoleküle schafft einen ganz besonderen Stoff mit einmaligen Eigenschaften.

Damit haben wir – neben den kosmischen – eine erste chemische Grundbedingung für die Entstehung von Leben genannt: Leben basiert auf einem System von Molekülketten des Kohlenstoffs, das chemische Reaktionen ausführen kann.

Nun ist Kohlenstoff in unserem Sonnensystem reichlich vorhanden, wenngleich es andere Elemente noch viel häufiger gibt. Zwar sind 99 Prozent der im Universum vorkommenden Atome Wasserstoff- (75 Prozent) und Helium-Atome (24 Prozent), aber das eine restliche Prozent ergibt immer noch so unvorstellbar viel Materie – darunter eben auch Kohlenstoff-Atome –, dass auf einem kleinen Planeten wie der Erde Leben entstehen kann. Mit Wasserstoff und Helium allein wäre das nicht möglich.

Selbst jene Elemente, die in ihrem Atomaufbau dem Kohlenstoff ähneln, etwa das Silicium, konnten als Lebens-Elemente nicht dienen. Entscheidend ist das chemische Verhalten der Elemente, hier vor allem ihr Bindungsverhalten. Das wird bestimmt durch die Elektronen auf der äußersten Elektronenschale des Atoms. Nun ist es zwar so, dass sowohl Kohlenstoff als auch Silicium auf ihrer Außenschale vier Elektronen besitzen, doch ist die Energie dieser Bindungselektronen bei den beiden verwandten Elementen unterschiedlich groß. Beide Elemente sind, was ihr Bindungsverhalten betrifft, einander ähnlich, aber nicht gleich. Beim Silicium, das dem Kohlenstoff von allen Elementen am ähnlichsten ist, sind die Außenelektronen weniger energiereich als die des Kohlenstoffs, da sie sich auf einer weiter außen gelegenen Schale befinden. Je näher die Elektronen um den Atomkern wirbeln, desto energiereicher sind sie. Deshalb binden sich Kohlenstoff-Atome wesentlich stärker aneinander als Silicium-Atome. Eine Silicium-Silicium-Verbindung ist nur etwa halb so stark wie eine Kohlenstoff-Kohlenstoff-Verbindung. Daraus folgt, dass Lebewesen auf Silicium-Basis – wenn es sie gäbe – weitaus hitze- und kälteempfindlicher wären als die uns vertrauten Lebewesen, die auf Kohlenstoff basieren. Die relativ große Bindungsenergie zwischen Kohlenstoff-Atomen garantiert die Stabilität der organischen Moleküle, für die der Kohlenstoff das Gerüst liefert. Sie brechen nicht gleich bei kleinsten Temperaturschwankungen auseinander.

Aus diesem Grund spielt das dem Kohlenstoff sehr ähnliche Silicium in den irdischen Lebenszyklen praktisch keine Rolle, obwohl es in der Erdkruste reichlich vorhanden ist. Es ist dafür einfach zu reaktionsarm. Zum Beispiel reagiert es mit Sauerstoff erst bei hoher Temperatur zu Siliciumdioxid (SiO_2), das in Form von Sandkörnern oder Kieselsteinen jedem vertraut ist. Kohlenstoff hingegen reagiert mit Sauerstoff und anderen Elementen schon bei Temperaturen von einigen hundert Grad Celsius und bildet zum Beispiel das Kohlendioxid (CO_2), das unter anderem bei der Verbrennung in unseren Körperzellen entsteht und von uns ausgeatmet wird.

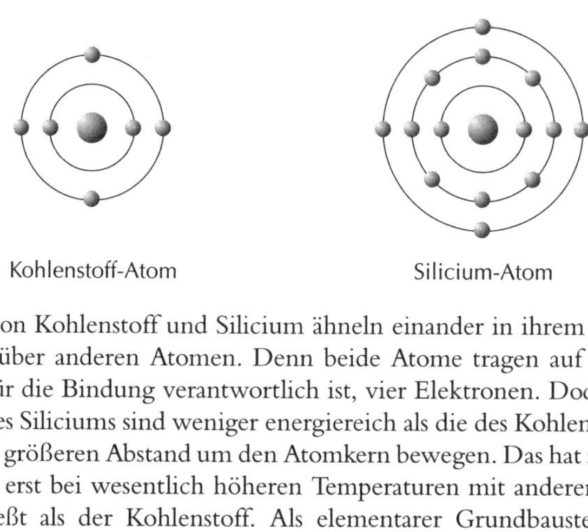

Die Atome von Kohlenstoff und Silicium ähneln einander in ihrem Bindungsverhalten gegenüber anderen Atomen. Denn beide Atome tragen auf ihrer äußeren Schale, die für die Bindung verantwortlich ist, vier Elektronen. Doch die Außenelektronen des Siliciums sind weniger energiereich als die des Kohlenstoffs, weil sie sich in einem größeren Abstand um den Atomkern bewegen. Das hat zur Folge, dass sich Silicium erst bei wesentlich höheren Temperaturen mit anderen Atomen zusammenschließt als der Kohlenstoff. Als elementarer Grundbaustein für Leben kommt Silicium deshalb nicht in Frage. Es ist chemisch zu träge, zu reaktionsarm.

Silicium kommt also nur in den leblosen Formen von Mineralien und Gesteinen vor. Interessant ist freilich, dass Silicium als Halbleiter *das* Grundelement der künstlichen Intelligenz geworden ist. Die Halbleiter-Bauelemente in Computern werden vor allem auf Siliciumbasis hergestellt.

Ein chemisches Element, das als Grundbaustein für Leben funktionieren soll, muss an den lebenswichtigen Prozessen teilnehmen können – und die geschehen nun mal bei angenehmen, dem Leben zuträglichen Temperaturen. So beteiligt sich der Kohlenstoff an zahlreichen biochemischen Prozessen, etwa in Form des bereits erwähnten Kohlendioxids oder des Methans (CH_4), den beiden Hauptformen, in denen der Kohlenstoff auf der Erde vorkommt. Das Molekül Kohlendioxid ist dabei zum einen als Gas in der Luft allgegenwärtig, aber ebenso als Gas im Wasser; dort ist es als Kohlensäure (H_2CO_3) gelöst. Kohlendioxid ist im Gegensatz zu seinem Silicium-Verwandten SiO_2 ein sehr anpassungsfähiges Molekül. SiO_2, also Sand, bleibt bei irdischen Durchschnittstemperaturen ein starrer, unflexibler Stoff, der sich auch nicht in Wasser löst. SiO_2, in welcher Form auch immer, ist chemisch äußerst träge und war deshalb für die Lebensentwicklung ungeeignet.

Von allen 92 Elementen in der Natur konnte allein der Kohlenstoff die Rolle als Lebens-Element übernehmen. Das heißt nicht, dass er ohne Mitspieler hätte auskommen können. Doch er spielt die Hauptrolle. Neben den bereits genannten Elementen Wasserstoff, Sauerstoff und Stickstoff kommen vor allem noch Schwefel und Phosphor hinzu. Mit ihnen zusammen ist der Kohlenstoff in der Lage, mehrere Millionen Molekülarten nach dem Baukastenprinzip zu bilden, indem er für sie das Grundgerüst liefert. Längst werden in den Labors der Biochemiker Riesenmoleküle zusammengebastelt, die alle von Kohlenstoff-Atomen zusammengehalten werden. Kein anderes Element erreicht beim Hervorbringen biochemischer Vielfalt auch nur annähernd die Möglichkeiten des Kohlenstoffs.

Was ist Leben?

Wir haben inzwischen einige der physikalischen und chemischen Grundbedingungen für die Entstehung von Leben kennen gelernt. Dabei wissen wir im Grunde noch nicht einmal, was Leben ist. Natürlich ist jedem von uns irgendwie klar, worin sich das Lebendige von der toten Materie unterscheidet. Dennoch macht es uns ziemliche Schwierigkeiten, diese Unterschiede exakt zu benennen. Doch für diese Schwierigkeiten brauchen wir uns nicht zu schämen. Es gibt nämlich, so erstaunlich das klingen mag, bis heute keine gültige wissenschaftliche Antwort auf die Frage, was Leben ist.

Was macht ein Gänseblümchen, eine Stubenfliege oder einen Menschen zum Lebewesen? Wir wissen es nicht, zumindest nicht mit absoluter Sicherheit. Denn wüssten wir es, könnten wir auch Auskunft darüber geben, wie aus toter Materie Leben hervorgehen konnte. Aber das können wir nicht; es ist noch immer eines der großen Rätsel der Welt, nicht weniger faszinierend als die Frage, wie aus dem Nichts das Universum entstehen konnte. Zur Beantwortung dieser Frage nehmen viele Menschen einen Schöpfergott zu Hilfe. Das ist auch in Ordnung, solange offen ist, ob es einen Gott gibt oder nicht. Bei der Frage nach dem Entstehen von Leben aus toter Materie hilft uns die Annahme eines Gottes nicht weiter. Die Wissenschaft ist sich absolut sicher, dass sich das Leben selbst erschaffen hat: Das Leben ist auf chemischer Grundlage durch Vermittlung biochemischer Stoffe entstanden. Die Wissenschaft weiß nur nicht wie. Das heißt jedoch nicht, dass sie gar nichts dazu zu sagen hätte.

Schon seit langem kennt die Biologie zwei grundlegende Tatsachen, die alles Lebendige auszeichnen. Erstens: Alle Lebewesen bestehen aus Zellen. Zweitens: Das Leben auf der Erde hat sich in unvorstellbar langen Zeiträumen aus einer einfachen einzelligen Urform zu kompliziertesten vielzelligen Formen weiterentwickelt.

Doch hinter diesen Erkenntnissen tauchen sofort wieder neue Fragen auf. Fragen nach dem Was?, Wie? und Wieso?. Was ist eine lebende Zelle? Wie entsteht sie aus Molekülen? Wieso hat sich eine einfache Urform des Lebens zu höheren Formen entwickelt?

Der Schlüssel zum Verständnis des Lebens liegt in der Zelle, weil alles Lebendige aus Zellen besteht. Es war also nicht so, dass sich leblose Substanzen irgendwie zusammenballten und plötzlich einen Baum, eine Maus oder einen Menschen bildeten. Ehe solche Lebewesen entstanden sind, mussten sich einzelne Zellen gebildet haben, winzige lebende Einheiten, die man nur unter dem Mikroskop sehen kann. Eine Zelle ist die elementarste Lebenseinheit, ein winziges Tröpfchen lebendiger Substanz. Die Zellen, aus denen ein Baum, eine Maus oder ein Mensch besteht, unterscheiden sich grundsätzlich nicht voneinander.

Die einfachsten Lebewesen bestehen logischerweise aus nur einer Zelle. Einzellige Lebewesen gibt es in tausenderlei Arten, wobei unter ihnen die Bakterien die zahlreichste Gruppe darstellen. Die Größe einzelner Zellen variiert von einem hundertstel Millimeter bis zu einigen zehntel Millimetern. Es gibt allerdings auch Faserzellen, die 50 Zentimeter lang sein können.

Nun wissen wir bereits, dass organische Verbindungen, basierend auf dem Kohlenstoff, die Grundlage des Lebens darstellen. Somit sind diese Kohlenstoffverbindungen auch die Grundsubstanz der Zellen. Aber nicht alle organischen Verbindungen sind für das Leben gleich wichtig. Für die Zellen sind von den zahllosen organischen Verbindungen, die es gibt, zwei Substanzen wichtiger als alle andern: die Proteine (Eiweiße) und die Nukleinsäuren. Diese beiden Substanzen entsprechen den beiden Grundeinheiten einer Zelle: dem Zellleib oder Zellplasma und dem Zellkern oder Nukleus.

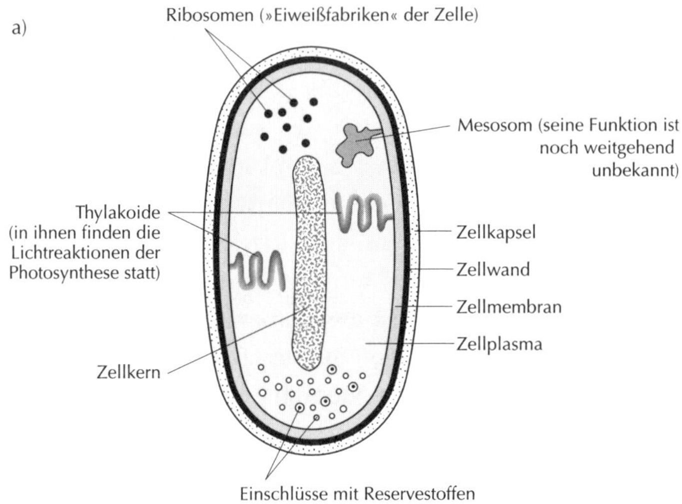

a) Schematische Darstellung einer Zelle (hier eines Bakteriums). Die Zelle ist die kleinste Funktionseinheit des Lebens, gewissermaßen der lebendige Baustein aller Lebewesen. Diese sind entweder als Einzeller aus einer einzigen oder als Vielzeller aus vielen Zellen aufgebaut.

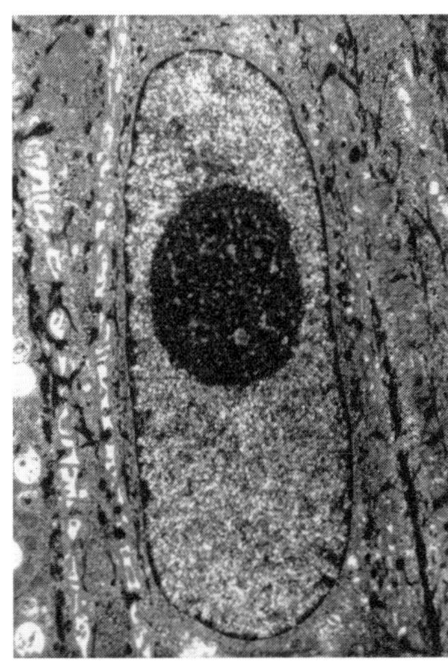

b) Mikroskopische Aufnahme einer Zelle

Damit aber können wir die Frage nach dem Ursprung des Lebens schon ein wenig genauer stellen, etwa so: Wie entstehen die organischen Proteine und Nukleinsäuren aus anorganischen Stoffen? Diese Frage zu beantworten fällt der Wissenschaft aber immer noch schwer. Die Frage ist deshalb so schwierig zu beantworten, weil sowohl die Proteine des Zellplasmas als auch die Nukleinsäuren des Zellkerns aus riesigen, oft Millionen Atome enthaltenden Molekülen bestehen. Es ist kaum zu erwarten, dass sich anorganische Moleküle plötzlich zu vollständigen Eiweiß- oder Nukleinsäure-Molekülen zusammenschließen. Vielmehr wird das über zahllose Zwischenschritte geschehen.

Was ist eine Aminosäure?

Sehen wir uns zuerst einmal die Aminosäuren, also die Bausteine der Proteine, etwas genauer an. Wie sind sie aufgebaut? Nun, eigentlich ganz einfach, nämlich aus einfacheren Molekülen, die wie die Perlen einer Halskette aneinander gereiht sind.

Die Bausteine – also die Perlen – der Eiweiß-Molekülketten nennt man Aminosäuren. Diese erhält man, indem man die Eiweiß-Molekülkette chemisch so beeinflusst, dass sie zerreißt und die »Perlen« (= Aminosäuren) durcheinander fallen. Die kann man dann einzeln genauer untersuchen. Dabei zeigt sich, dass die Moleküle der Aminosäuren um eine Kette von drei Atomen herum aufgebaut sind: zwei Kohlenstoff-Atomen (C) und einem Stickstoff-Atom (N). Die Kette könnte man folgendermaßen darstellen:

$$-\mathrm{C}-\mathrm{C}-\mathrm{N}-$$

Die Aminosäuren gleichen einander aber nicht nur in dieser dreigliedrigen Grundstruktur. Vielmehr ist bei jeder Art von Aminosäure das außen sitzende Kohlenstoff-Atom Teil einer so genannten Säuregruppe ($-COOH$) und das ebenfalls außen sitzende Stickstoff-Atom Teil einer so genannten Aminogruppe ($-NH_2$). Am mittleren Kohlenstoff-Atom lagert sich, neben einem einsamen Wasserstoff-Atom (H), noch ein so genannter Seitenkettenrest (R) an. Dieser sieht bei jeder Art von Aminosäure anders aus, während der Rest des Moleküls bei allen gleich ist. Die verschiedenen Aminosäuren unterscheiden sich also allein im Seitenkettenrest (R). Die erweiterte Grundstruktur sieht also so aus:

$$\begin{array}{c} \mathrm{H} \\ | \\ -\mathrm{COOH}-\mathrm{C}-\mathrm{NH_2}- \\ | \\ \mathrm{R} \end{array}$$

Sehen wir uns das an zwei konkreten Beispielen an, den Aminosäuren Glycin und Alanin. Der Seitenkettenrest (R) besteht beim Glycin aus einem einzelnen Wasserstoff-Atom (H). Es ist damit die am einfachsten gebaute Aminosäure. Beim Alanin besteht der Seitenkettenrest (R) aus einem CH_3-Molekül. Für das Glycin würde man also schreiben:

$$\begin{array}{c} \mathrm{H} \\ | \\ -\mathrm{COOH}-\mathrm{C}-\mathrm{NH_2}- \\ | \\ \mathrm{H} \end{array}$$

Und für das Alanin:

$$\begin{array}{c} \mathrm{H} \\ | \\ -\mathrm{COOH}-\mathrm{C}-\mathrm{NH_2}- \\ | \\ \mathrm{CH_3} \end{array}$$

Insgesamt gibt es in lebenden Organismen zwanzig Arten von Aminosäuren. Aus ihnen setzen sich alle natürlichen Eiweißmoleküle (Proteine) zusammen. Die zwanzig verschiedenen Aminosäuren können auf verschiedene Weise zusammengebaut werden und so ein jeweils etwas anders geartetes Eiweiß-Molekül bilden. Die Verkettung von Aminosäuren zu Proteinen geschieht allerdings stets auf die gleiche Weise: Die Säuregruppe (– COOH) der einen Aminosäure vereinigt sich mit der Aminogruppe (– NH_2) einer andern unter Abspaltung von Wasser (H_2O). So könnte sich beispielsweise ein Glycin-Molekül mit zwei Alanin-Molekülen folgenderweise verbinden und ein einfaches Protein bilden:

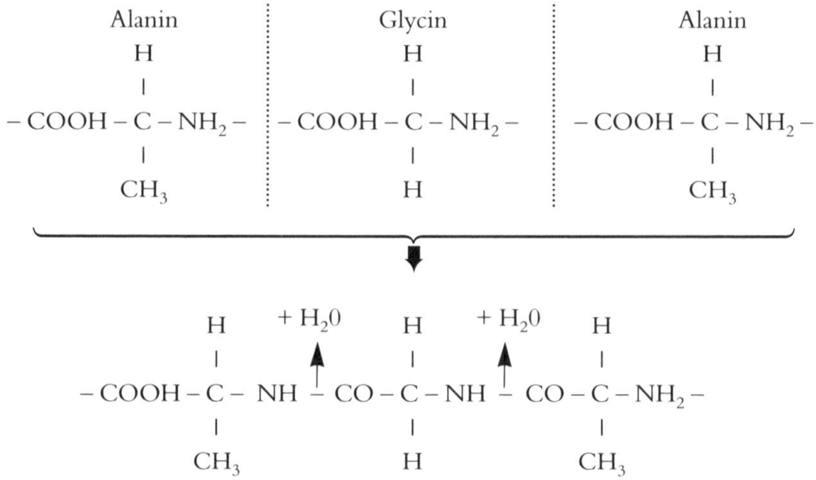

Schon ein Protein mittlerer Größe besteht aus mehreren hundert Aminosäuren. Bei zwanzig Arten von Aminosäuren ist die Zahl der Kombinationsmöglichkeiten schier unendlich. Man stelle sich vor, man hätte mehrere hundert Perlen in zwanzig verschiedenen Farben vor sich liegen und würde nun anfangen, sie auf einer Schnur aufzureihen. Man könnte Billionen von Ketten entwerfen, die sich alle in der Abfolge der Farben unterscheiden. Nicht anders ist es bei den Eiweiß-Molekülketten. Die Zahl der theoretisch möglichen Eiweiß-Arten ist größer als die für das gesamte Universum geschätzte Zahl der Atome. Allein der menschliche Körper enthält etwa 100000 verschiedene Eiweiße. Aus ihnen ist das Grundplasma unserer Zellen aufgebaut.

Was ist eine Nukleinsäure?

Welche Eiweiße eine Zelle in ihrem Plasma bildet, wird im Zellkern entschieden. Der Zellkern, das wissen wir bereits, wird von anderen organischen Molekülen gebildet, nicht von Amino-, sondern von Nukleinsäuren. Von diesen gibt es nur zwei Arten – im Gegensatz zu zwanzig Arten von Aminosäuren im menschlichen Organismus. Das macht die Sache für uns aber leider nicht einfacher. Denn die Moleküle der beiden Nukleinsäuren bestehen zwar aus einer kleineren Anzahl verschiedener Bausteine, doch jeder einzelne Baustein ist komplizierter aufgebaut. Wir lösen das Problem wohl am besten dadurch, dass wir uns die einzelnen Bausteine erst gar nicht genauer anschauen. Sie zu verstehen setzte ein chemisches Grundwissen voraus, das wir nicht haben. Für unseren Zweck genügt es zu wissen, dass sich beide Nukleinsäuren aus drei Bausteinen zusammensetzen: erstens einer kleinen Atomgruppe mit einem Phosphor-Atom in der Mitte, zweitens einem Zuckermolekül, bei dem es sich im einen Fall um eine so genannte Ribose, im andern Fall um eine so genannte Desoxyribose handelt. Die Desoxyribose unterscheidet sich von der Ribose nur dadurch, dass sie ein Sauerstoff-Atom weniger besitzt. Der dritte Baustein schließlich ist eine von vier stickstoffhaltigen Basen. Basen sind das Gegenteil von Säuren; sie haben die Neigung, Protonen, also die Kerne von Wasserstoff-Atomen aufzunehmen, während Säuren diese abspalten.

Die Grundstruktur der beiden Nukleinsäuren lässt sich also folgendermaßen skizzieren:

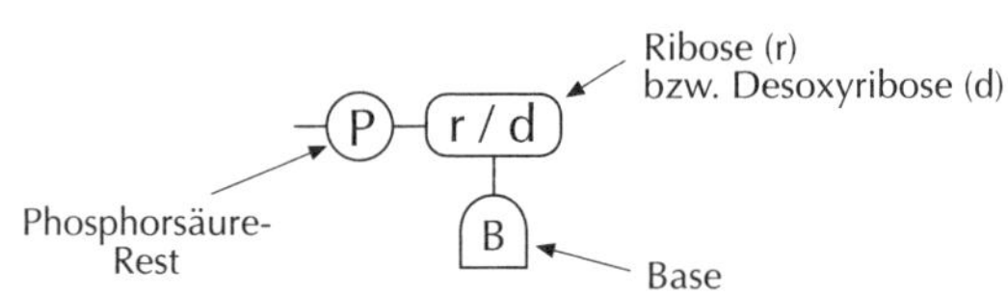

Ein solches Molekülgebilde wird Nukleotid genannt. Viele solche Nukleotide aneinander gereiht bilden eine Nukleinsäure. Die Nukleinsäure mit einer Ribose heißt Ribonukleinsäure (RNS), die mit einer Desoxyribose heißt Desoxyribonukleinsäure (DNS).

Wie bei den Aminosäuren begnügt sich die Natur auch bei den Nukleinsäuren nicht damit, nur eine einzige Kombination aus Phosphorsäure-Rest, Ribose beziehungsweise Desoxyribose und Base herzustellen. Vielmehr werden auch hier Riesenmoleküle im Kettenprinzip zusammengebaut. Die so entstehenden RNS- oder DNS-Stränge unterscheiden sich voneinander durch die Abfolge der in ihnen enthaltenen vier Basen. Bei der RNS sind es die Basen Adenin (A), Guanin (G), Cytosin (C) und Uracil (U). Bei der DNS finden sich ebenfalls die ersten drei Basen – also Adenin, Guanin und Cytosin –, doch die vierte Base – Uracil – ist durch Thymin (T) ersetzt.

Obwohl also nur vier verschiedene Arten von Basen zum Kombinieren von RNS- oder DNS-Ketten zur Verfügung stehen, ergeben sich daraus dennoch »unendlich« viele Kombinationsmöglichkeiten, weil sie in jedem Nukleinsäure-Riesenmolekül in unvorstellbar großer Zahl vorhanden sind. Übertragen auf unser Perlenketten-Beispiel heißt das: Wir hätten zwar nur vier verschiedene Perlenfarben zur Verfügung, doch bei Millionen von Perlen könnten wir theoretisch »unendlich« viele Farbkombinationen entwerfen. Ein kurzes Teilstück einer solchen Nukleinsäure-Kette könnte etwa folgendermaßen aussehen:

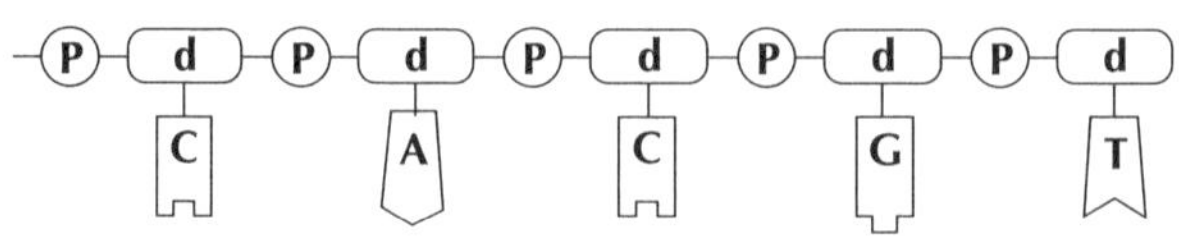

In diesem Fall hätten wir es mit einem DNS-Strang zu tun, weil zwischen den Phosphorsäure-Resten (P) eine Desoxyribose (d) liegt und die Base Thymin (T) vorkommt, die ja bei der RNS durch Uracil (U) ersetzt ist. Maßgebend für die Struktur des Strangs ist, dass bei der DNS die Basen A, G, C, T immer an der Desoxyribose (d) hängen. An den Phosphatrest (P) hängen sich keine Basen; er dient nur als Bindeglied zwischen den Ribose- oder Desoxyribose-Molekülen. Entsprechend hängen bei der RNS die Basen A, G, C, U immer an der Ribose.

Das ist alles mit relativ geringen Kopfschmerzen zu durchschauen; man muss sich nur ein wenig konzentrieren. Dabei haben wir die chemische Zusammensetzung von Phosphatrest (P), Desoxyribose (d), Ribose (r) und den vier Basen bewusst ausgeblendet, um uns nicht im Gewirr der chemischen Formelsprache zu verlieren. Wir würden die Formeln ohnehin gleich wieder vergessen. Obwohl – so schlimm wäre das Formelgewirr gar nicht, denn es handelt sich dabei um vergleichsweise einfach gebaute Moleküle. Der Phosphatrest (P) zum Beispiel ist fast so simpel aufgebaut wie ein Wassermolekül und auch die verschiedenen Basen oder die Zucker-Moleküle von Ribose und Desoxyribose sind relativ überschaubar. Doch um die Chemie soll es in diesem Buch nur am Rande gehen, wenngleich natürlich klar ist, dass sich die ganze Biologie auf Chemie gründet.

Der Lebensfaden DNS

Die gewaltigen Stränge der Nukleinsäuren sind der Wissenschaft schon lange bekannt. Bereits Mitte des 19. Jahrhunderts entdeckte man, dass sich solche Molekülfäden durch den Kern jeder Zelle winden. Würde man den in sich verknäulten DNS-Faden einer menschlichen Zelle in die Länge ziehen, würde er etwa zwei Meter erreichen.

Doch die Bedeutung dieses molekularen Riesengebildes blieb seinen Entdeckern verborgen. Erst 1944 erkannten Forscher, dass es sich bei der DNS um das »Band des Lebens« handelt, um das Molekül, das die Erbinformationen jedes Organismus trägt. Einerseits ist dieser DNS-Faden so zuverlässig, dass er aus einer befruchteten menschlichen Eizelle immer einen Menschen und niemals einen Affen oder ein Schaf werden lässt, andererseits ist er aber auch so veränderlich, dass, von eineiigen Zwillingen abgesehen, kein Mensch dem andern gleicht.

Seit 1944 weiß man, dass die DNS für alle vererbbaren Eigenschaften eines Organismus, egal ob Pflanze, Tier oder Mensch, verantwortlich ist. Das alles macht ein endlos langer Faden, der sich aus Phosphorsäure-Resten, Zuckermolekülen und vier verschiedenen stickstoffhaltigen Basen zusammensetzt. Aber *wie* er das macht, wusste man damals noch nicht. Schon die genaue Form des Riesenmoleküls ließ sich nicht so recht nachvollziehen. Nur eines wusste man: In der Form musste des Rätsels Lösung stecken. In der Form verbarg sich die Antwort auf die Frage, wie die Erbinformationen chemisch verschlüsselt sind. Es ging um den Schlüssel, um den Code der Erbinformation.

Man spricht vom »genetischen Code«. Das englische Wort »Code«, das man für die Basenfolge in der DNS verwendet, wurde aus der Computersprache entlehnt. Computer gab es bereits Anfang der vierziger Jahre in den USA, wo sie unter anderem bei den Verschlüsselungstechniken der Nachrichten- und Geheimdienste eingesetzt wurden. Die Vorstellung, dass man es auch in der Biologie mit »Codes« zu tun hat, also mit verschlüsselten Botschaften, wäre ohne den Computer und das Verständnis seiner Programmabläufe nicht denkbar. So muss es auch nicht verwundern, dass die Entschlüsselung von Gencodes in der Hauptsache von Computern geleistet wird. »Codes« in der Biologie gibt es also nur, weil der Begriff bereits in der Informatik existierte. Der genetische Code in der DNS entspricht also in gewisser Weise einem Computer-Code. Oder zugespitzt formuliert: In unseren Zellen arbeiten winzige DNS-Computer. Wir stecken voller zellularer Rechner.

Die Entschlüsselung eines Codes geschieht mathematisch mit so genannten Algorithmen. Das sind Rechenregeln, die, als Herzstück eines jeden Computerprogramms, einen Datenstrom in lesbare Information verwandeln.

Um genetische Codes zu entschlüsseln, bedienen sich die Biologen bekannter Rechenverfahren, etwa aus dem Gebiet der Mustererkennung. Längst aber wurden auch eigene Algorithmen entwickelt – und damit das neue Forschungsgebiet der Bioinformatik.

Der Rechenaufwand bei der Entschlüsselung der Gene ist immens – entsprechend der gewaltigen Datenmenge, die in jedem einzelnen Gen steckt, und wegen der vielen Messfehler in den Genabschnitten, die von den Rechnern erkannt und korrigiert werden müssen.

Ende der vierziger Jahre begann weltweit ein regelrechter Wettlauf zwischen Biochemikern bei der Lösung des DNS-Rätsels. Wie sieht das DNS-Molekül genau aus?, lautete die Frage. Am Wettlauf beteiligten sich auch die britischen Forscher James Watson und Francis Crick. Watson war erst 24 Jahre alt. Die beiden machten Röntgenaufnahmen vom DNS-Molekül und versuchten das, was sie dabei unscharf zu sehen bekamen, mit Hilfe von Draht, Bändern und Pappe zu verdeutlichen. Anfang der fünfziger Jahre hatten sie schließlich die Idee, dass das lange Molekül-Ungetüm die Form einer Spirale (griechisch: Helix) haben könnte. Schließlich ist eine Spirale ein recht stabiles, aber dabei doch sehr flexibles Gebilde.

Und dennoch – auch die Idee der Spirale führte nicht sofort ans

Ziel. Zwei Jahre hatten die beiden schon mit Draht und Pappe herumprobiert, ehe der junge Watson am Abend des 21. Februar 1953 den genialen, alles entscheidenden Geistesblitz hatte: nicht eine Spirale, sondern zwei! Um genau zu sein: zwei sich umeinander windende Spiralen!

Der junge James Watson, kurz nachdem er zusammen mit Francis Crick die Struktur der DNS entdeckt hatte.

Das DNS-Molekül gleicht einer verdrehten Leiter, bei der die »Sprossen« aus jeweils zwei miteinander verbundenen Basen bestehen und die Handläufe aus Zucker- und Phosphatresten. Neun Jahre später bekamen Watson und Crick für diese Entdeckung den Nobelpreis. Die DNS – ebenso die RNS – ist also eine doppelte Spirale, eine Doppelhelix.

Um die Struktur der DNS zu skizzieren, müssen wir nur zwei der uns schon bekannten Stränge miteinander zu einem spiraligen Doppelstrang verbinden. Allerdings ist dabei zu beachten, dass es bei der paarweisen Verknüpfung der Basen nur zwei Möglichkeiten gibt: Es kann sich immer nur ein Adenin-Molekül des einen Strangs mit einem Thymin-Molekül des andern verbinden und ein Guanin-Molekül des einen mit einem Cytosin-Molekül des andern. So entsteht die DNS-Doppelhelix.

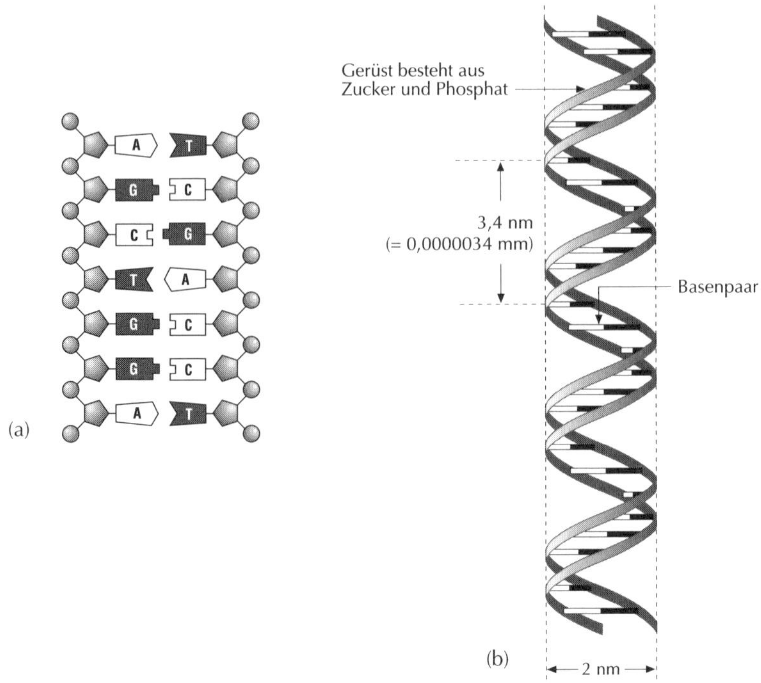

Die Basenpaarungen in der DNS (a). Die DNS enthält die Basen Adenin (A), Cytosin (C), Guanin (G) und Thymin (T). Es können aber immer nur Adenin mit Thymin und Guanin mit Cytosin ein Basenpaar bilden. Durch die parellele Schichtung der Basenpaare entsteht die wendeltreppenförmige Raumanordnung der DNS, die so genannte Doppelhelix (b).

Entsprechend ist auch das RNS-Molekül aufgebaut. Im Gegensatz zur DNS, die nur im Zellkern vorkommt, ist die RNS auch im Zellplasma zu finden; sie befindet sich dort in engem Kontakt zu den Proteinen. Sosehr sich beide Nukleinsäuren ähneln, so verschieden sind dennoch ihre Aufgaben in der Zelle. Doch damit werden wir uns später etwas genauer befassen.

Wie sprang vor Milliarden Jahren der Lebensmotor an?

Wir müssen an dieser Stelle erst mal zu unserer Ausgangsfrage zurückkehren, denn die steht immer noch unbeantwortet im Raum: Wie konnte aus toter Materie Leben entstehen? Oder anders gefragt: Wie konnten aus anorganischen Molekülen Aminosäuren und Nukleinsäuren beziehungsweise deren Bausteine hervorgehen? Und wie entstanden aus diesen wiederum erste lebende Zellen?

Um es gleich zu sagen: Beide Rätsel des Lebensbeginns sind weiterhin ungelöst, obwohl seit mehr als einem halben Jahrhundert daran geforscht wird. Allerdings sind sich die Forscher einig, dass es kein weiteres halbes Jahrhundert mehr dauern wird, bis die Rätsel der Entstehung von Leben gelöst sein werden.

Bereits in den zwanziger Jahren gingen einige Biochemiker davon aus, dass die Uratmosphäre der Erde, wie wir am Anfang schon erwähnten, vor allem aus Wasserstoff (H) und solchen Verbindungen bestanden haben muss, die Wasserstoff-Atome an andere Stoffe abgeben konnten, zum Beispiel Ammoniak (NH_3) oder Methan (CH_4). Klar war auch, dass freier Sauerstoff in der Uratmosphäre kaum vorgekommen ist. Denn die für das Leben notwendigen organischen Moleküle hätten sich in einer sauerstoffreichen Atmosphäre nicht bilden können.

Der russische Biochemiker Alexander Iwanowitsch Oparin (1894–1980) war der Erste, der der Frage nach dem Ursprung des Lebens konsequent nachging. Er war der Überzeugung, dass das Leben ganz von selbst in einer Atmosphäre aus Ammoniak, Methan und Wasserdampf entstanden ist. Vor allem die Urozeane, so meinte er, müssten viel gelöstes Ammoniak enthalten haben; dieses habe als eines der Grundbausteine des Lebens gedient. Seine Theorie veröffentlichte er 1936 in dem Buch »Der Ursprung des Lebens«. Doch wie sollte man beweisen, dass seine Überlegungen richtig waren? Dafür steht der Naturwissenschaft nur eine einzige Möglichkeit zur Verfügung: das Experiment.

Der erste Wissenschaftler, der den Versuch wagte, im Labor eine Art Uratmosphäre herzustellen, war Melvin Calvin an der Universität Kalifornien. 1950 begann er mit einem ersten Gasgemisch zu experimentieren. Allerdings enthielt es nicht Ammoniak, Methan und Wasserstoff. Denn Calvin vertrat eine andere wissenschaftliche Ansicht; danach sollte die Uratmosphäre vor allem aus Kohlendioxid, Wasserstoff und Stickstoff bestanden haben.

Einem solchen Gasgemisch führte Calvin Energie in Form von radioaktiver Strahlung zu. Tatsächlich entstanden nach geraumer Zeit einige sehr einfache organische Moleküle, zum Beispiel Formaldehyd (HCOH) und Ameisensäure (HCOOH). Mehr gaben seine Experimente allerdings nicht her. Doch immerhin war damit ein Anfang in der experimentellen Erforschung des Lebensbeginns auf der Erde gemacht. Calvin hatte im Labor nachgewiesen, dass einfache anorganische Moleküle unter den Bedingungen der jungen Erde von selbst zu komplizierteren organischen Molekülen werden können.

Die eigentliche Schlüsselentdeckung bei der Suche nach dem Ursprung des Lebens wurde jedoch drei Jahre später in einem Labor der Universität Chicago gemacht, das von Harold Clayton Urey geleitet wurde. Urey gehörte zu den wenigen Forschern, die sich damals überhaupt mit der Atmosphäre der Erdfrühzeit befassten. Er erteilte einem seiner Studenten, Stanley Lloyd Miller, den Auftrag, eine Versuchsanordnung aufzubauen, bei der einer gewissen Menge von Ammoniak (NH_3), Methan (CH_4), Wasserdampf (H_2O) und Wasserstoff (H_2) Energie zugeführt werden sollte. Diese Uratmosphäre befand sich in einem geschlossenen Glasbehälter und wurde beständig über kochendes Wasser geleitet und elektrischen Entladungen ausgesetzt.

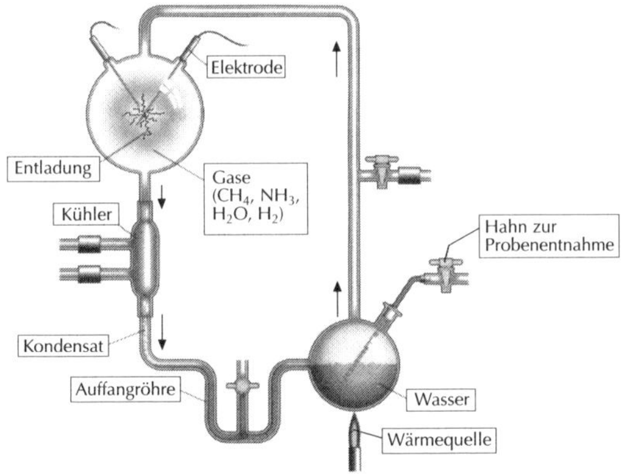

Die Versuchsanordnung von Miller aus dem Jahr 1953. Ein »Urozean« aus kochendem Wasser (Kolben rechts unten) und eine »Uratmosphäre« aus Methan (CH_4), Ammoniak (NH_3), Wasserdampf (H_2O) und Wasserstoff (H_2) (Kolben links oben) ließen schließlich im »Urozean« etliche Aminosäuren entstehen, von denen einige auch in Eiweißen (Proteinen) enthalten sind.

Miller achtete sorgsam darauf, dass alle Versuchsgeräte vollkommen steril waren, sich also keine Bakterien oder andere lebende Zellen im Wasser oder in den Gasen befanden. Falls sich organische Verbindungen bilden sollten, wollte er sicher sein, dass sie nicht von lebenden Zellen aufgebaut worden waren, die durch Verunreinigungen in die Versuchsanordnung gelangten.

Bereits nach einigen Tagen künstlicher Gewitter- und Vulkantätigkeit im Glaskolben waren zehn Prozent des vorhandenen Kohlenstoffs (C) in organische Verbindungen übergegangen. Unter ihnen fand man Ameisensäure (HCOOH), Essigsäure (CH_3-COOH) und Glykolsäure (CH_2OH-COOH). Diese Substanzen, das weiß man inzwischen, sind eng mit dem Leben verknüpft. Zudem fand Miller auch einige organische Moleküle, die neben Kohlenstoff, Wasserstoff und Sauerstoff auch noch Stickstoff (N) enthielten, etwa Cyanwasserstoff (HCN) und Harnstoff (NH_2CONH_2).

Doch das wichtigste Versuchsergebnis war das Entstehen von zwei der zwanzig Aminosäuren, aus denen die verschiedenen Eiweiße (Proteine) bestehen, nämlich Glycin und Alanin. Wir kennen sie bereits (vgl. S. 28f.). Diese Entdeckung erregte in der Fachwelt großes Aufsehen, denn die Proteine hielt man damals für die wichtigsten Moleküle des Lebens. Die Bedeutung der Nukleinsäuren erkannte man zu dieser Zeit noch nicht. Zwar hatten Watson und Crick, wie wir gesehen haben, im selben Jahr die Struktur der DNS aufgeklärt, aber deren Funktion war noch vollkommen unbekannt.

In kürzester Zeit wurde Millers Arbeit durch andere Wissenschaftler bestätigt: Die Atome von Kohlenstoff, Wasserstoff, Sauerstoff und Stickstoff zeigten unter den Bedingungen der Uratmosphäre die starke Neigung, sich so zusammenzufügen, dass unter anderem auch einfache Aminosäuren entstanden. Unter den chemischen Bedingungen, die vermutlich in der Frühzeit der Erde herrschten, scheint es unmöglich gewesen zu sein, dass sich keine Aminosäuren bildeten. Die Uratmosphäre war anscheinend auf die Bildung von Lebensmolekülen »programmiert«.

Verschiedene Rezepte für Ursuppen

Bis 1968 gelang es in verschiedenen Labors der Welt, alle für den Eiweißaufbau wichtigen Aminosäuren aus künstlichen Uratmosphären experimentell herzustellen. Ähnliche Versuche erbrachten bereits erste Hinweise, dass in dieser brodelnden Ursuppe neben Aminosäuren auch Bestandteile von Nukleinsäuren entstanden sein könnten. 1961 versuchte Juan Oró, der damals an der Universität Houston in Texas forschte, herauszufinden, ob sich Aminosäuren womöglich in noch einfacheren Gemischen als denen des Miller-Versuchs bildeten. Seine wässrige Lösung enthielt nur Blausäure (HCN) und Ammoniak (NH_3). In der Tat bildeten sich auch hier verschiedene Aminosäuren. Doch zu seiner großen Überraschung war das häufigste entstandene Molekül Adenin. Wir kennen es bereits: eine der vier stickstoffhaltigen Basen von RNS und DNS. Damit war der Beweis erbracht, dass in einer sauerstoffarmen Uratmosphäre die wichtigsten Bausteine des Lebens, nämlich Aminosäuren und Bestandteile von Nukleinsäuren, ganz von selber entstehen konnten.

Inzwischen weiß man, dass viele dieser in künstlichen Uratmosphären erzeugten Substanzen auch im Weltraum herumfliegen und, wie schon erwähnt, mit Meteoriten und Kometen auf die Erde gefallen sein könnten. Freilich stellt sich hier wieder die Frage, wie organische Verbindungen die Hitze und den Druck beim Einschlag auf der Erdoberfläche überstanden haben sollen.

Einige Forscher vertreten noch eine andere verblüffende Theorie: dass nämlich das Leben auf der Erde in den Tiefen des Urozeans entstanden sein könnte und nicht an seiner Oberfläche beziehungsweise dem Flachwasser der Uferzonen. Dazu wären dann weder eine Uratmosphäre noch Meteoriten oder Kometen als Bausteinlieferanten nötig gewesen. Als mögliche Geburtsstätten des Lebens in der Tiefsee kämen jene Gebiete in Frage, in denen die Kontinentalplatten aneinander reiben. Dort, im absoluten Dunkel der Tiefsee, in der Nähe von Vulkanschloten, gibt es heiße, mineralienreiche Quellen mit einer hohen Konzentration von Wasserstoff (H_2), Kohlendioxid (CO_2) und Schwefelwasserstoff (H_2SO_4). In solch einem kochenden Gemisch von Wasser und vulkanischen Gasen könnten wichtige Grundbausteine des Lebens entstanden sein, um sich zu kurzen Eiweißketten zusammenzusetzen.

Immerhin ist es den Vertretern dieser Theorie bereits gelungen, im Labor solche Tiefsee-Bedingungen nachzuahmen: In einem hundert Grad Celsius heißen Gemisch aus den Vulkangasen CO_2 und H_2SO_4 sowie einem Schlamm aus Nickel- und Eisensulfid entstand ohne weitere Hilfen Essigsäure – ein Ausgangsstoff für die Bildung von Aminosäuren. Allerdings steht der Beweis noch aus, dass unter natürlichen vulkanischen Bedingungen ebenfalls Grundsubstanzen für Aminosäuren entstehen. Auch ist ungewiss, ob es in der Frühzeit der Erde bereits die heutige Form der aneinander reibenden Kontinentalplatten gegeben hat.

Wahrscheinlich wird man niemals endgültig sagen können, wie die Bausteine des Lebens auf die Erde kamen, ob aus dem Weltraum »eingeschleppt«, ob aus der Uratmosphäre gebildet oder im Bereich von Tiefsee-Vulkanschloten. Hierbei geht es ohnehin nur um die mögliche Entstehung von Eiweißketten aus Aminosäuren. Eiweiße, das wissen wir schon, stellen aber nur eine von zwei Grundvoraussetzungen für Leben dar. Eine lebende Zelle braucht auch Erbmoleküle, also RNS und DNS. Diese Erbsubstanzen, so meinen Wissenschaftler, dürften aber eher in kalter als in heißer Umgebung entstanden sein. Das ursprüngliche Erbmaterial RNS – es ist mit ziemlicher Sicherheit vor der DNS entstanden – müsse sich unter anderen Bedingungen gebildet haben als die Eiweißmoleküle. Bei hundert Grad Celsius würden die vier stickstoffhaltigen Basen der RNS langsam zerfallen. Am Gefrierpunkt hingegen bleiben diese Verbindungen über viele Millionen Jahre erhalten. Möglicherweise war es so, dass sich das Leben in einer Art von Wechselspiel zwischen heiß – für die Eiweiße – und kalt – für die RNS – entwickelt hat. Aber wie?

Eines ist klar: Aminosäuren und Nukleinsäuren sind noch kein Leben. In dieser Grauzone zwischen toten Kettenmolekülen und ersten lebenden Zellen wird seit vielen Jahren in den Chemielabors der Welt geforscht – bislang ohne durchschlagenden Erfolg. In der Welt der Lebensmoleküle sind noch immer viele Fragen offen; es herrscht ein verwirrendes Durcheinander von Theorien. Fraglich ist, ob man im Labor jemals eine lebende Zelle aus toter Materie wird erzeugen können. Denn bei der Entstehung von Leben spielte auch der Faktor Zeit eine entscheidende Rolle. Vielleicht hat es niemals eine exakte Grenzlinie zwischen tot und lebendig gegeben, sondern nur einen allmählichen, viele Millionen Jahre dauernden Übergang.

Das hindert so manchen ehrgeizigen Wissenschaftler nicht daran, die Herstellung einer lebenden Zelle aus toter Materie immer wieder zu probieren. So versucht zum Beispiel der Schweizer Biochemiker Pier Luigi Luisi mit Hilfe von Fettkügelchen, so genannten Lipiden, dem Übergang von Lebensmolekülen zur kompletten Zelle experimentell nachzuspüren. Er glaubt, dass die Urozeane voll waren mit solchen Fettkügelchen. Fettmoleküle sind ja grundsätzlich nichts anderes als Ketten von Kohlenstoff-Atomen, an denen auf »fetttypische« Weise Wasserstoff- und Sauerstoff-Atome hängen. Die Fettkügelchen haben die Eigenschaft, von sich aus winzige Hohlkörper zu bilden, sobald sie mit Wasser in Berührung kommen.

Aus solchen Fettbläschen könnte sich die erste Zelle entwickelt haben, also der Urahn aller Organismen, die jemals auf der Erde entstanden sind. Diese Fettbläschen, so meint Luisi, könnten den Ketten aus Amino- und Nukleinsäuren eine Art Unterschlupf geboten haben. Immerhin besitzen auch heutige Zellen eine Haut aus Lipiden.

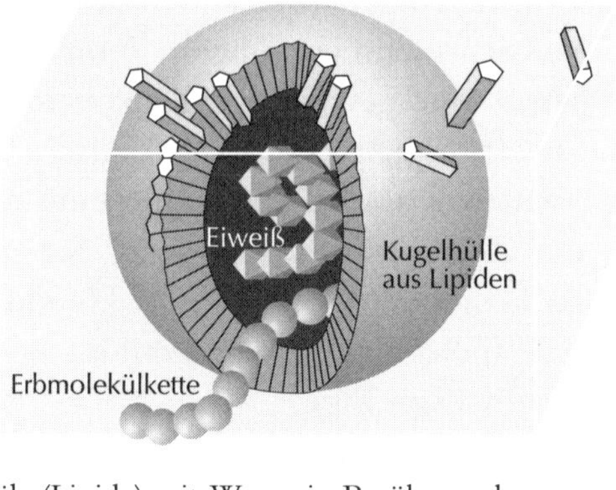

Wenn Fettmoleküle (Lipide) mit Wasser in Berührung kommen, bilden sie Hohlkugeln. Darin könnten die Ketten aus Erbmolekülen (Nukleinsäuren) und die aus Aminosäuren gebildeten Eiweiß-Ketten eine geschützte Umgebung gefunden haben, um erste einzellige Organismen zu bilden. Die Frage ist nur: Wie kamen die Molekül-Ketten in die Hohlkugeln?

In einem fein ausgetüftelten Experiment versucht Luisi aus dünnen Fetthäuten zellähnliche Gebilde zusammenzubasteln. Unterm Mikroskop spannt er haarfeine Drähte, an denen wie Tautropfen die Lipidbläschen hängen. Mit einer Spritze schießt er einige milliardstel Gramm einer durchsichtigen Flüssigkeit hinein – eine Eiweißlösung, die aus Lipiden neue Fetthäute bilden soll. Schon nach wenigen Sekunden beult sich eine Ausbuchtung aus der Zellhülle: Ein neues Fettbläschen schnürt sich ab. Das einfache zellähnliche Gebilde hat sich verdoppelt. Auch die Bildung und Vermehrung von Nukleinsäuren in den künstlichen Fetthäuten ist Luisi bereits gelungen. Doch der springende Punkt des Lebens hat sich bislang im Labor noch nicht eingestellt: die eigene Vermehrung dieser zellähnlichen Bioformen.

Andere Biochemiker gehen andere Wege. Sie konzentrieren sich vor allem auf die Ribonukleinsäure (RNS), seitdem man in Versuchen festgestellt hat, dass sie, ähnlich wie manche Eiweiße, chemische Reaktionen beschleunigen oder überhaupt erst ermöglichen kann. Unter den Eiweißen sind es die so genannten Enzyme, die die Stoffwechselvorgänge in den Zellen erst ermöglichen, wobei jede Enzymart nur einen ganz bestimmten Stoffwechselvorgang steuert. Enzyme sind unentbehrlich für sämtliche Stoffwechselvorgänge lebender Organismen, also beim Umbau organischer Moleküle in den Zellen. Die Enzyme stoßen die chemischen Reaktionen in den Zellen schon bei niedrigen Temperaturen an. Ohne Enzyme wären diese Reaktionen erst bei wesentlich höheren Temperaturen möglich. Diese Enzyme haben eine gewisse Ähnlichkeit mit so genannten Ribozymen, die aus RNS bestehen. Amerikanische Wissenschaftler konnten nachweisen, dass solche Ribozyme eine der wichtigsten Reaktionen in der Zelle ausführen können: Sie erzeugen einen Grundbaustein der Erbsubstanz DNS, ein Nukleotid, das uns längst vertraut ist: dieses molekulare Dreiergebilde aus Phosphatrest, Zucker und stickstoffhaltiger Base.

Es könnte also durchaus sein, dass evolutionsgeschichtlich die DNS aus der RNS hervorgegangen ist, ohne dass dabei Proteine beteiligt waren. DNS und Zellkörper könnten sich also auch unabhängig voneinander entwickelt haben, um sich irgendwann zu einer ersten lebenden Zelle zu vereinigen. Aber das sind alles nur Spekulationen.

Die RNS rückt jedoch neuerdings immer stärker ins Interesse der Forscher, nachdem sie lange Zeit im Schatten der DNS gestanden hat. Schließlich spielt die RNS bei der Herstellung von Eiweißen eine wichtige Rolle. In den Zellen sind dafür besondere »Eiweiß-Fabriken« (Ribosomen) zuständig, die selbst wieder aus Eiweiß und RNS bestehen. Für den Zusammenbau neuer Proteine aus einzelnen Aminosäuren sorgt aber wahrscheinlich nur der RNS-Teil der Eiweiß-Fabrik. Das Wort »wahrscheinlich« weist schon darauf hin, dass den Wissenschaftlern hier noch vieles unklar ist, weshalb wir uns auch nicht darüber wundern dürfen, dass sich in unserem Laiengehirn inzwischen eine regelrechte Verständnis-Ursuppe gebildet hat. Darin schwimmen die unterschiedlichsten Molekülketten durcheinander und bilden auf rätselhafte Weise eine lebende Zelle. Beim augenblicklichen Stand der Forschung sieht es so aus, als ob weder die Erbsubstanz DNS noch die Eiweiße »zuerst da waren«, um dann während Millionen von Jahren auf geheimnisvollen Wegen Einzeller hervorzubringen. Vielmehr liegt die Vermutung nahe, dass sich beide – DNS und Proteine (Eiweiße) – aus RNS entwickelt haben. Das Wie ist freilich auch hier noch unklar. Unklar ist auch, wie die RNS ihre eigene Vermehrung zustande gebracht haben soll. Die Laborversuche, die hierzu seit Jahren gemacht werden, sind äußerst unbefriedigend. Eines ist jedenfalls sicher: Der Schritt zur Selbstvermehrung war der schwierigste, den die tote Materie auf ihrem Weg zur lebenden Zelle zu meistern hatte. Dabei steht außer Frage, dass Leben eine physikalisch-chemische Selbstschöpfung ist. Göttliche Schöpferhände waren dazu nicht nötig.

Auch das Lebendige besteht nur aus Atomen

Trotz aller offenen Fragen bezüglich des Lebensbeginns auf der Erde ist eines doch gewiss: Auch das Leben basiert auf den Gesetzen der Physik und Chemie. Doch es muss noch etwas Unbekanntes hinzutreten, damit in einem Gebilde aus unterschiedlichsten organischen Stoffen der Lebensmotor anspringt. Das geschieht erst ab einer bestimmten Größe von Molekülverbindungen und deren Wechselwirkungen untereinander. Leben bedeutet im Prinzip nichts anderes als Informationsaustausch zwischen organischen Riesenmolekülen.

Die Riesenhaftigkeit der Moleküle scheint eine unabdingbare Voraussetzung für Leben zu sein, ebenso, dass diese Moleküle auf engstem Raum in einer organischen Einheit, also einer Zelle, zusammengepackt sind. Die Enge garantiert den optimalen Informationsaustausch zwischen den zahllosen Teilen. Man muss sich das mal vorstellen: Auf einen Stecknadelkopf passen hunderte von Zellen. In diesen winzigen Bläschen schwimmen Millionen von Eiweißmolekülen, und im Kern der Bläschen sind die endlos langen DNS-Moleküle zusammengepackt. Und das alles will nun erforscht sein. Man will nicht nur wissen, was in eine Zelle hineingepackt ist, sondern wie das alles miteinander zusammenhängt und ein funktionierendes Ganzes ergibt. Ein unüberschaubarer Kosmos in einem Lebensbläschen, das nur Bruchteile eines Millimeters misst.

Leben ist Informationsaustausch zwischen zahllosen Molekülen innerhalb einer organischen Einheit, die man Zelle nennt. Besonders befriedigend ist selbst diese Definition von Leben nicht. Mit ihr hat man letztlich nur die Beschreibung einer komplizierten Maschine. Und in der Tat ist die moderne Biologie ihrem Wesen nach mechanistisch, zumindest auf ihrer untersten Ebene, jener der Biomoleküle. Der Organismus wird als ein Automat beschrieben, so als wäre ein Konstrukteur am Werk gewesen, der ihn aus unzähligen winzigen Bauteilen zusammengesetzt hat. Das selbstständige Werden eines Organismus kann so allerdings nicht verstanden werden, von den Erscheinungen des Fühlens, Denkens, Erinnerns, also des Bewusstseins, ganz zu schweigen.

Eine Maschine ist eben kein Lebewesen. Es fällt auf, dass die Biochemiker, die das Wesen des Lebendigen zu enträtseln suchen, auffallend oft von der Zelle als Fabrik oder komplexe biochemische Maschine sprechen, von offenen Regelsystemen und Funktionseinheiten, die sich in einem dynamischen Gleichgewicht befinden, zumindest solange sie funktionieren. Das schließt immerhin die

Vorstellung des Wandels mit ein. Im Gegensatz zu einem Mineral, das unverändert Jahrmillionen überdauern kann, befindet sich ein Organismus in ständigem Wandel zwischen Werden und Vergehen.

Woher weiß eine Zelle, was sie zu tun hat?

Der grandiose Erfolg der modernen Lebenswissenschaften scheint die Ansicht, dass Leben auf purer molekularer Mechanik beruht, zu bestätigen. Die Entdeckung der Doppelhelix-Struktur der Erbmaterie durch Watson und Crick lieferte den augenscheinlichen Beweis, dass zumindest eine wichtige Grundbedingung des Lebens, die Vererbung von Eigenschaften auf Nachkommen, vollkommen mechanisch vor sich geht. Hier tritt ein elementarer Widerspruch des Lebens zutage, den bezeichnenderweise ein Atomphysiker, der Däne Niels Bohr, als Erster formuliert hat. In seinem Vortrag »Licht und Leben« von 1932 stellte er fest, dass auch die lebende Materie, zerlegt man sie in ihre kleinsten Bestandteile, aus physikalischen Objekten besteht, nämlich aus Atomen. Und für diese gelten sämtliche Naturgesetze, also die Gesetze der Physik.

Nun ist es allerdings so, dass durch diese Zerlegung der Materie die besondere Qualität des Lebens verloren geht. Es bleibt ein chaotischer Haufen toter Materie übrig, der keinerlei Information über die besondere Qualität des Lebens mehr liefert. Ein Lebewesen ist somit etwas äußerst Widersprüchliches: aus toter Materie bestehend, aber dabei lebens- und vermehrungsfähig. Vom Standpunkt des Physikers ist Leben etwas, das aller physikalischen Vernunft und Logik widerspricht. Diesen Widerspruch löst die moderne Biologie, indem sie die Behauptung aufstellt: Lebewesen sind molekulare Maschinen.

So schockierend das klingt – die modernen Biowissenschaften untermauern diese rigorose Ansicht mit jeder neuen Entdeckung, die sie machen. Und zu fragen ist, ob denn überhaupt jemand darüber schockiert ist.

Die Doppelhelix-Struktur der Erbsubstanz DNS war die erste und wohl auch tiefgreifendste Bestätigung der Theorie des Organismus als Maschine. Es war gewiss kein Zufall, dass sich in Francis Crick ein ehemaliger Physiker der Biologie zugewandt hatte, um zu zeigen, dass die Geheimnisse des Lebendigen durch Physik und Chemie erklärt werden können.

Die bahnbrechende Entdeckung von Watson und Crick rückte mit einem Schlag drei grundlegende Eigenschaften des Lebens ins Forschungsfeld der modernen Wissenschaft: die Vererbung, die Funktionsweise des Stoffwechsels und die Biologie der Entwicklung von der befruchteten Eizelle bis zum ausgewachsenen Organismus. Das Forschungsgebiet der Molekularbiologie war geschaffen, auch Biochemie genannt. Sie sucht nach Erklärungen für das Verhalten lebendiger Organismen allein auf der Grundlage der Moleküle, aus denen sie zusammengesetzt sind. Grundsätzlich geht die Molekularbiologie von der Annahme aus, dass der Informationsaustausch in biologischen Systemen (Organismen) auf ähnliche Weise untersucht werden kann wie der Energieaustausch in der Physik.

Als die Doppelhelix-Struktur der DNS entdeckt war, stellte sich den Molekularbiologen die Frage, was denn eigentlich die Funktion der DNS sei. Es war klar, dass sie die Trägerin des Erbguts ist; in ihr sind sämtliche vererbbaren Eigenschaften eines Lebewesens gespeichert. Jede Zelle eines Organismus trägt in ihrem Kern diese Information. Aber wie trägt sie sie? Wie ist die Information dort niedergeschrieben? Und wie »liest« die Zelle diese Information, um zu wissen, welche Eiweißmoleküle sie herstellen muss, um ihre Aufgaben im Organismus erfüllen zu können, etwa als Augenzelle, Blutzelle oder Hautzelle? Und dabei haben ja nicht einmal alle Augenzellen die gleichen Aufgaben. Die Zellen der Augenlinse haben andere als die der Netz- oder Hornhaut. Und selbst in der Netzhaut gibt es unzählige unterschiedliche Aufgaben der Zellen. Die DNS, obwohl sie in allen Zellen eines Organismus die gleiche ist, vermag jeder Zelle exakt mitzuteilen, was sie wann zu tun hat. Aber wie teilt sie das mit? Dazu war es nötig, die Struktur der DNS genauer zu untersuchen.

An dieser Stelle ist es gewiss hilfreich, uns die Doppelhelix der

DNS noch einmal vor Augen zu führen. Ihre Informationen sind nicht in der gesamten DNS verborgen, sondern nur in den Sprossen dieser spiralig gewundenen Leiter. Diese Sprossen bestehen aber nur aus vier verschiedenen stickstoffhaltigen Basen, deren Namen wir bereits kennen: Adenin (A), Guanin (G), Cytosin (C) und Thymin (T). Jede Leitersprosse der DNS entsteht durch Verknüpfung zweier solcher Basen, wobei sich immer nur Adenin mit Thymin und Guanin mit Cytosin verbinden können. Chemisch geschieht diese Bindung durch so genannte Wasserstoffbrücken. Das sind zwischenmolekulare Kräfte, die hauptsächlich von OH- oder NH-Molekülgruppen ausgehen. Von diesen wird die Brücke zum Sauerstoff- oder Stickstoff-Atom des Partnermoleküls geschlagen.

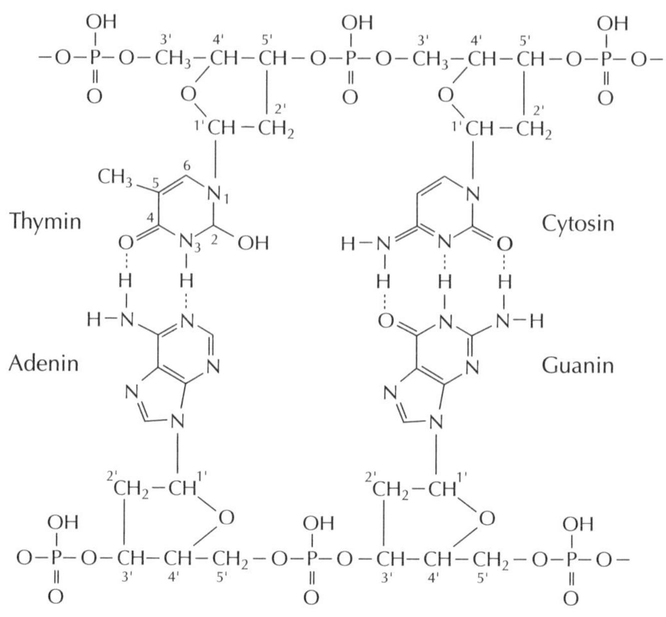

Ausschnitt aus einem DNS-Strang: Die »Handläufe« der DNS-Leiter bestehen abwechselnd aus einer Phosphat-Gruppe mit einem Phosphor-Atom (P) im Zentrum und einer Zucker-Gruppe, die auf Kohlenwasserstoff-Verbindungen (CH, CH_2 und CH_3) basiert. Die »Sprossen« der DNS-Leiter werden jeweils aus zwei der vier Basen Adenin, Guanin, Cytosin und Thymin gebildet. Die Basenpaare sind durch so genannte Wasserstoffbrücken (gepunktete Linien) aus OH- und NH-Gruppen aneinander gebunden. Bestimmte Proteine, die man Enzyme nennt, sind in der Lage, diese schwachen Bindungen zu lösen und so den DNS-Strang wie einen Reißverschluss zu halbieren. Nur so können Kopien der DNS angefertigt werden, indem jeder halbe DNS-Strang wieder zu einem vollständigen ergänzt wird.

Die gesamte Erbinformation in einer Zelle wird also nur mit vier verschiedenen »Buchstaben« niedergeschrieben: A, G, C und T. Das ist das Alphabet der DNS. Die Erbsubstanz jedes Lebewesens setzt sich aus diesen vier Arten von Basen zusammen; rein chemisch steckt da nicht mehr dahinter.

Was ist ein Gen?

An diesem Punkt kommen wir am Begriff »Gen« nicht mehr vorbei. Denn die vier Basen sind zwar die »Buchstaben«, mit denen in der DNS die Erbinformation niedergeschrieben wird, aber sie sind noch nicht die Träger der Erbinformation. Das ist so ähnlich wie mit unserer Sprache. Dort tragen die einzelnen Buchstaben auch noch keine Information; erst mit dem Zusammenbau zu Wörtern, Sätzen und ganzen Texten wird Information übermittelt. Die Buchstabenfolge A – H – S – U zum Beispiel ergibt noch keinen Sinn; ihre Information ist gleich null. Aber H – A – U – S teilt sofort eine Information mit, mag sie auch noch so einfach sein.

Ein Gen wäre somit vergleichbar mit einem Wort oder einem Satz beziehungsweise einem Abschnitt in einem Buch, wobei das Alphabet, das dabei verwendet wird, nicht aus 26 verschiedenen Buchstaben – wie in der deutschen Sprache – besteht, sondern nur aus vier. Aber kann man denn mit einem Alphabet, das nur vier Buchstaben besitzt, überhaupt etwas Sinnvolles schreiben, erst recht gleich die gesamte Erbinformation eines Lebewesens? Kein Problem! Man muss nur jede Menge von A, G, C, T-Buchstaben zur Verfügung haben. Dann kann man sie nämlich auf vielfältigste Weise aneinander reihen und so eine Unmenge verschiedener Gene bilden.

Wer's nicht glaubt, kann es ja selber mal probieren. Also, wir haben vier Buchstaben (A,G,C,T), davon aber jede Menge. Wenn wir nun annehmen, ein Gen setze sich aus fünf Buchstaben zusammen – in Wirklichkeit bestehen Gene aus viel mehr –, dann hätten wir beispielsweise folgende Möglichkeiten der Zusammensetzung: AACGT, ACAGT, AGTAC, AAACG ... und so weiter. Wer will, kann ja weitermachen. Ich fürchte nur, er wird sehr bald die Lust verlieren, denn es gibt unglaublich viele Kombinationsmöglichkeiten, die sich alle in ihrer Buchstabenfolge voneinander unterscheiden. Man kann aus den vier Buchstaben genau 1024 »Fünfer-Gene« zusammensetzen ($4 \times 4 \times 4 \times 4 \times 4$ oder 4^5).

Gene bestehen aber nicht nur aus fünf, sondern aus hunderten oder tausenden von Buchstaben. Das bedeutet, dass es praktisch unendlich viele unterschiedliche Gene gibt. Schon die Zahl 4^{10} ist riesig (= 1048576), aber 4^{100} oder 4^{1000} sind unvorstellbar groß. Das ist auch der Grund, wieso kein Lebewesen exakt einem andern gleicht. Interessant ist hierbei allerdings, dass das Erbgut aller Menschen zu 99,9 Prozent gleich ist. Von den heute 6 Milliarden Menschen sind zwar keine zwei gleich und doch beruhen die Unterschiede nur auf einem Promille der Gene. Jeder Mensch ist einzigartig und dabei doch mit jedem andern genetisch fast identisch. Damit entzieht die moderne Biologie ganz nebenbei jeder Form von Rassismus die wissenschaftliche Grundlage. Die Genforschung macht klar, dass Rassen nichts als Hirngespinste sind. Genetisch sind Rassen nicht begründbar.

Die DNS im menschlichen Zellkern setzt sich aus etwa 30000 bis 40000 Genen zusammen. Sie sind mit etwa drei Milliarden der chemischen Buchstaben A, G, C, T »geschrieben«. Durchschnittlich ist also ein menschliches Gen mit 100000 Buchstaben »geschrieben«. Ein Gen ist nichts anderes als ein Abschnitt auf dem endlos langen DNS-Molekül, vergleichbar mit einem Kapitel eines Buchs. Wer das menschliche Genbuch lesen möchte, muss also etwa 30000 bis 40000 Kapitel lesen, wobei jedes davon etwa 100000 Buchstaben lang ist. Als gedrucktes Buch ergäbe das einen Wälzer von 1,5 Millionen Seiten, wenn man davon ausgeht, dass 100000 Buchstaben etwa 50 Buchseiten ergeben. Das Buch wäre 150 Meter dick.

Selbst winzig kleine, nur unterm Mikroskop sichtbare Lebewesen wie zum Beispiel Bakterien haben schon knapp 2000 Gene, also Abschnitte auf ihrer DNS. Um als Wurm zu leben, zum Beispiel als Fadenwurm Caenorhabditis elegans, bedarf es exakt 19099 Gene. Und dabei ist dieser Wurm nur einen Millimeter lang – ein wirklich einfaches Lebewesen. Dieser Wurm brachte es 1998 zu einer gewissen

Berühmtheit: Er war das erste vielzellige Lebewesen, dessen Erbgut vollständig entschlüsselt wurde, das heißt: Die ganze Buchstabenfolge auf seiner DNS, sein Gen-Code, konnte mit Hilfe von Computern gelesen werden.

Vollkommen sinnlos ist natürlich die Frage, wie viele Gene es auf der Welt gibt. Wir wissen ja nicht einmal, wie viele Arten von Lebewesen die Erde bevölkern – mindestens zehn Millionen, schätzen die Biologen.

Jedes Gen auf der endlos langen und gewundenen Strickleiter der DNS bestimmt also einen winzigen Teil dessen, was wir als Individuum sind, wie wir sind, wie wir aussehen, was und wie wir fühlen, wie wir als Kinder heranwachsen, wie wir altern und sterben werden. Die Gene legen die Unterschiede zwischen den einzelnen Individuen einer Art und zwischen den Arten fest. Sie geben Aufschluss darüber, warum Lebewesen sich voneinander unterscheiden. Durch sie bekommen Schmetterlinge, Fische oder Menschen die biologischen Eigenschaften, die sie zu Schmetterlingen, Fischen und Menschen machen. Jedes Gen hat dabei eine ganz bestimmte Aufgabe. Das eine sorgt dafür, dass unsere Augen blau, grün oder braun sind, ein anderes dafür, dass wir hellere oder dunklere Haut haben, dass unsere Knochen hart sind, aber die Sehnen weich und elastisch, dass wir eine bestimmte Nahrung verdauen können und eine andere nicht.

Gene steuern die Entwicklung eines Menschen aus einer befruchteten Eizelle ebenso wie die Verwandlung einer Raupe in einen Schmetterling oder einer Kaulquappe in einen Frosch. Streng genommen ist ein Gen nichts weiter als eine Bauanleitung für die Herstellung eines bestimmten Eiweißes – und dieses Eiweiß sorgt dann womöglich für blaue oder braune Augen oder regelt die Verdauung.

Die Sprache der Gene funktioniert dabei so, dass jeweils drei der vier zur Verfügung stehenden Basen-Buchstaben (A, G, C, T), also etwa ATG, ein »Wort« bilden – und dieses »Wort« bedeutet eine Aminosäure, also einen Eiweiß-Baustein. Mehrere solcher »Wörter« werden dann zu »Sätzen« verknüpft, das heißt zu Eiweiß-Molekülen.

Genau genommen setzen sich also Gene aus Dreierkombinationen (Triplets) von Basen zusammen. Ein Gen könnte sich also beispielsweise so lesen: ATG CGC GCA CCA GAA. Ein bestimmtes Triplet, nämlich ATG, markiert immer den Beginn eines Gens, ein anderes, nämlich GAA, das Ende. So sind die Genforscher in der Lage, auf dem endlosen DNS-Faden die einzelnen Genabschnitte überhaupt als solche bestimmen zu können.

Bei der Übersetzung der »Gen-Wörter« erfährt die Zelle, dass zum Beispiel CGC die Aminosäure Arginin bedeutet. GCA steht für die Aminosäure Alanin. Die Gene sind also nur indirekt für die Eigenschaften eines Organismus verantwortlich, sie müssen erst in Proteine (Eiweiße) übersetzt werden und diese Proteine sind dann direkt für die Farbe der Augen, die Festigkeit der Haare oder die Straffheit der Haut verantwortlich. Nur mit Hilfe der Gene ist ein Organismus also in der Lage, Eiweiße zusammenzusetzen, um Augen-, Haar-, Haut-, Nerven-, Darm- oder Blutzellen zu bilden.

Ohne Gene gäbe es kein Leben, doch was ein Lebewesen in erster Linie am Leben erhält, sind nicht seine Gene, sondern seine Proteine. Über die Gene allein erfahren wir also nur wenig darüber, was in einer Zelle vorgeht. Erst die komplizierten Vorgänge bei der Bildung von Proteinen in den Zellen geben Aufschluss über deren Funktion im Organismus. Die Erforschung der Proteine ist allerdings um vieles schwieriger als die Erforschung der Gene. Man braucht ja nur zu bedenken, dass die etwa 30 000 bis 40 000 Gene eines Menschen mehr als eine Million Protein-Arten hervorbringen. Das macht den Versuch äußerst schwierig, herauszufinden, welche Zellen was für Proteine bilden, ob ein Protein mit »Partnern« zusammenarbeitet oder ganz für sich allein aktiv ist oder wie sich eine gesunde Zelle in ihrer Proteinausstattung von einer kranken unterscheidet.

Erschwerend kommt bei der Erforschung der Proteinbildung hinzu, dass die neu in einer Zelle gebildeten Proteine oft noch eine Art Feinschliff durch die Zelle erhalten. So gibt es von einer Protein-Art oftmals verschiedene Varianten, indem die Zelle zum Beispiel Phosphatreste oder Zuckerketten an sie anhängt – oder eben nicht. Diese Veränderungen gehen nicht direkt aus der im Gen enthaltenen Information hervor; sie bestimmen jedoch die Funktion und Aktivität des Proteins entscheidend mit. Das alles ist erst in

Ansätzen erforscht. Dagegen erscheint die Entschlüsselung des menschlichen Gencodes fast schon als Kinderspiel. Herauszufinden, welche Gene für welche Proteine und Proteinkombinationen in den Zellen verantwortlich sind, wird die Hauptarbeit der Bioinformatiker in den nächsten 30 bis 40 Jahren sein.

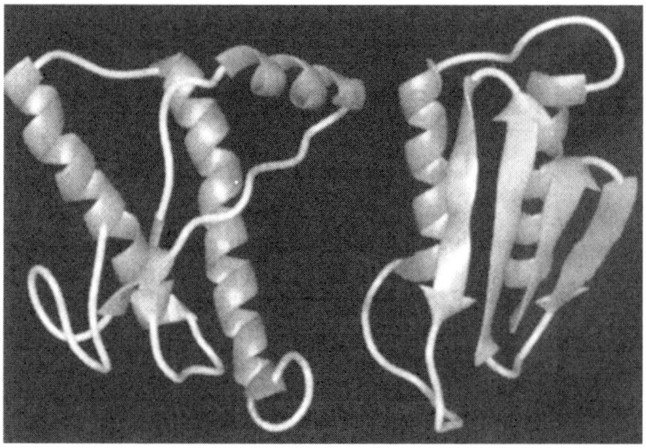

Im Computer simulierte Formen von menschlichen Proteinen. Sie ähneln einer Mischform aus Band- und Spiralnudeln. Jede Eiweißart ist auf charakteristische Weise gefaltet. Der kleinste Fehler in der Faltung kann schwerwiegende Krankheiten zur Folge haben.

Die Zelle als Informationssystem

In jeder menschlichen Zelle arbeiten bis zu 40 000 verschiedene Arten von Eiweißen. Jede von ihnen ist auf typische Weise gefaltet. Erst in dieser Knäuelform erlangen die Proteine ihre typische biologische Aktivität. Die einen bewirken chemische Reaktionen, die andern halten die Zellen in Form, wieder andere sind für Muskelbewegungen verantwortlich oder leiten Nervenimpulse weiter. Die Funktionen einer Zelle hängen also entscheidend davon ab, welche Proteine ihr zur Verfügung stehen. Und das wiederum bestimmen die Gene. Woher ein Eiweiß-Molekül weiß, auf welche Art es sich zu einem dreidimensionalen Knäuel falten soll, ist den Wissenschaftlern erst in Ansätzen bekannt – eines der zahllosen ungelösten Rätsel der Biochemie. Man weiß nur, dass dabei die RNS eine vermittelnde Rolle zwischen DNS und Proteinen spielt. Die RNS – man spricht auch von der Boten-RNS – übersetzt gewissermaßen in der DNS enthaltene Geninformation, damit sie sich dann in Proteinen ausdrücken kann. Die Boten-RNS verwendet aber nicht die Basen-Buchstaben A, G, C, T, sondern, wie schon erwähnt, A, G, C, U. An die Stelle der DNS-Base Thymin (T) tritt bei der RNS die Base Uracil (U).

(a)

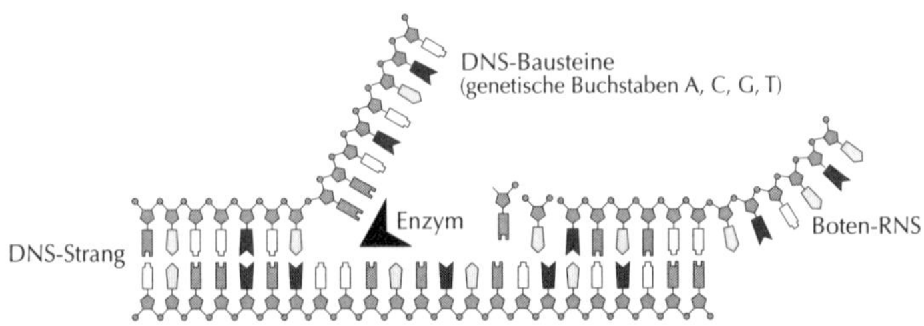

(b)

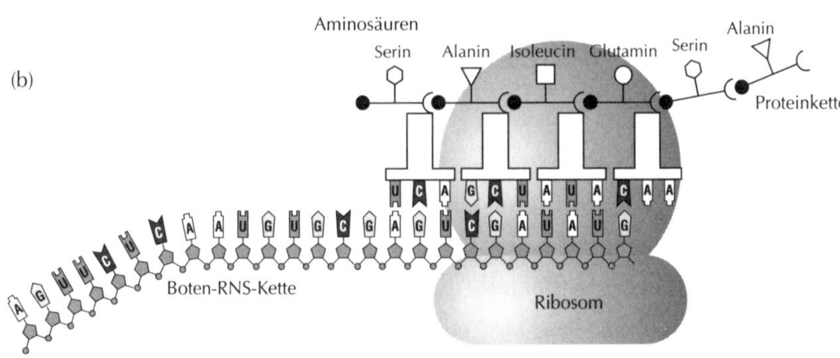

Jede Körperzelle kann je nach Bedarf ganz spezielle Eiweiße (Proteine) bilden. Dazu wird als Erstes die genetische Information der DNS in die Boten-RNS umgeschrieben. Hierzu wird der DNS-Strang durch ein besonderes Enzym wie ein Reißverschluss aufgetrennt (a). Enzyme sind Proteine, die die Zelle selber herstellt: Sie dienen als so genannte Biokatalysatoren, die den Ablauf chemischer Reaktionen – hier die Trennung der Basenpaare – beschleunigen beziehungsweise erst in Gang setzen.
In den so genannten Ribosomen der Zelle werden anschließend die Buchstaben der Boten-RNS abgelesen und in Aminosäuren übersetzt. Dabei stehen jeweils drei Buchstaben für eine Aminosäure.
Die Kette aus Aminosäuren faltet sich zum gewünschten Protein (b).

In den Eiweiß-Fabriken der Zelle, den so genannten Ribosomen, sind die RNS-Moleküle gleichsam als Übersetzungsarbeiter tätig. Die »Fabriken« erhalten von der DNS den Gencode und bauen dann mit Hilfe der Boten-RNS den Anweisungen entsprechend eine ganz bestimmte Kette aus Aminosäuren, also ein Protein (Eiweiß) zusammen.

Die Boten-RNS entspricht somit einem herauskopierten Teil des Gesamtbauplans der Zelle, der in der DNS verschlüsselt ist. Während die DNS im Zellkern bleibt, verlassen die verschiedenen Boten-RNS den Zellkern und wandern zu den Proteinfabriken (Ribosomen) der Zelle und veranlassen dort die Faltung ganz bestimmter Eiweißketten.

In den winzigen »Fabriken« der Zelle herrscht verständlicherweise eine drangvolle Enge und es muss schon verwundern, wie dabei überhaupt geregelt Eiweiß-Moleküle hergestellt werden können. Schließlich werden die Eiweiß-Moleküle dort nicht nur hergestellt, sondern sie müssen anschließend auch noch an ihren festgelegten Bestimmungsort in der Zelle gelangen, um dort ihre Aufgabe zu erfüllen. Nachdem sie ihren Zweck erfüllt haben, müssen sie dann wieder abgebaut und entsorgt werden. Die Zelle ist also Rechenzentrum, Fabrik, Kraftwerk und Müllverwertungsanlage in einem.

Gerät die Zelle unter Stress, etwa bei ansteigender Temperatur, wächst die Gefahr, dass in der »Fabrik« Chaos ausbricht, das heißt, dass Eiweiße sich falsch oder gar nicht falten. Freilich hat die Zelle für solche Fälle ihre Gegenmaßnahmen parat: Sie bildet rasch so genannte Chaperone (spezielle Eiweiße), die die Ordnung wiederherstellen, indem sie bei der richtigen Faltung der Eiweiße helfen. Denn die im Stress falsch gefalteten Eiweiße sammeln sich als »Eiweiß-Schrott« in der Zelle an und behindern ihr reibungsloses Funktionieren. Dieser »Schrott« kann zum Beispiel bewirken, dass Erbinformationen in der DNS des Zellkerns auf einmal falsch von der RNS übersetzt werden. Solche Störungen durch Eiweißablagerungen könnten womöglich die Ursache für Krankheiten wie Alzheimer sein.

Aber wie schon gesagt: Das Innenleben einer Zelle ist erst in Ansätzen erforscht. Vor allem weiß man nicht, wie sich die Eiweiß-Knäuel untereinander verständigen, damit jedes den ihm zugewiesenen Platz findet und damit auch seine ganz bestimmten Partner. Man muss dabei stets bedenken, dass es in einer einzigen Zelle ungefähr eine Milliarde Proteine gibt – ein gewaltiges Durcheinander an Plänen und Befehlen auf allerengstem Raum. Dennoch weiß jedes Protein – ähnlich wie die Ameise in einem Ameisenhaufen –, wozu es da ist und was es zu tun hat.

Zu diesen grundlegenden und weitgehend noch offenen Fragen hat der Medizin-Nobelpreisträger Günter Blobel von der New Yorker Rockefeller-Universität bahnbrechende Forschungsergebnisse vorgelegt. Demnach verfügt jede Zelle über ein kompliziertes System von »Etiketten«, mit denen die Eiweiß-Moleküle versehen werden. Sie weisen ihnen gewissermaßen den Weg durchs Chaos hin zu ihrem Bestimmungsort. Diese »Etiketten« bestehen aus einer Reihe von Aminosäuren und haben die Funktion von Adressaufklebern.

Weitgehend ungeklärt ist hingegen, wie im Innern des Zellkerns Moleküle an ihren Bestimmungsort gelangen. Denn dort herrscht ja eine noch wesentlich größere Enge als außerhalb. Der winzige Zellkern ist voll gepackt mit Informationen. Hier, so meint Günter Blobel, benötigt die Zelle ein verzweigtes System von Transportröhren. Aber auch in ihnen werden Moleküle nur weitergeleitet, wenn sie das entsprechende »Etikett« aus Aminosäuren tragen. Mehr noch als im Zellplasma herrscht im Zellkern ein derartiges Gedränge, dass nur ein ausgeklügeltes »Rohrpost-System« ein geregeltes Wechselspiel zwischen Nukleinsäuren und Eiweißketten ermöglicht. Nicht nur vom Zellkern müssen Informationen zum Zelläußeren transportiert werden, sondern ebenso umgekehrt. Um das alles irgendwann zu verstehen, wird eine enge Zusammenarbeit von Biologen, Chemikern und Informatikern nötig sein – ein schier unbegrenztes Arbeitsfeld für zukünftige Wissenschaftler.

Nicht weniger ungeklärt als das Kommunikationssystem im Innern einer Zelle ist der Informationsaustausch zwischen den Zellen. Alle Signale, die die Zelle von außen erreichen, müssen genauestens verstanden werden, um sie an die richtige Stelle im Innern der Zelle weiterleiten zu können, beispielsweise zu einem Gen. Dabei bekommt jede Zelle ständig eine Vielzahl von Botschaften aus anderen Regionen des Körpers und gibt selber ständig Botschaften dorthin zurück. Zum Beispiel benachrichtigen Zellen der Bauchspeicheldrüse durch das Hormon Insulin die Muskelzellen, dass diese umgehend Zuckermoleküle zu ihrer Energieversorgung aus dem Blut holen sollen. Oder die Zellen des Abwehrsystems weisen bestimmte Blutzellen an, aufgespürte Eindringlinge, etwa Bakterien, zu vernichten. Nervenzellen schicken unentwegt Botschaften zu anderen Zellen, etwa von den Sinnesorganen zum Gehirn oder umgekehrt. Meistens kommunizieren die Zellen dabei durch verschiedenartige Moleküle, so genannte Botenstoffe. Damit jede einzelne Botschaft unverfälscht an ihr Ziel gelangt, ist eine gigantische Anzahl chemischer Verbindungen im Einsatz. Krankheit definieren die Zellforscher als Störung der Signalübertragung zwischen Zellen. Damit eine Zelle überhaupt Signale von außen aufnehmen kann, trägt sie an ihrer Oberfläche Erkennungsmoleküle, so genannte Rezeptoren. Auf diese passen die Botenstoffe von anderen Zellen wie Schlüssel ins Schloss. Die Botenstoffe, meist Hormone, docken an ihren spezifischen Rezeptoren auf der Zelloberfläche an. Die Rezeptoren ragen aber nicht nur wie Antennen nach außen, sondern auch nach innen und können so die eintreffende Information weiter ins Zellinnere leiten. Der typische Rezeptor besteht aus einem Protein, also aus einer gefalteten Kette von Aminosäuren. Wenn außen ein Botenmolekül andockt, verändert der ins Zellinnere ragende Teil des Rezeptors seine Gestalt. Dadurch ist er in der Lage, mit Molekülen im Zellinnern Kontakt aufzunehmen, die dann ihrerseits die Information weitergeben – eine regelrechte Signalkettenreaktion läuft in der Zelle ab. Als Antwort auf die Botschaft kann die Zelle nun ihrerseits Botenstoffe aussenden, die wiederum an Zellen anderer Organe andocken. Milliarden Zellen eines Organismus kommunizieren miteinander, indem sie Milliarden von Proteinen und anderen Molekülen untereinander austauschen und deren Informationsgehalt lesen. Funktioniert das Signalnetz nicht richtig, ist das gleichbedeutend mit einer Erkrankung des Organismus.

Die DNS funktioniert wie ein Computer

So rätselhaft den Wissenschaftlern alle diese Gestaltungskräfte und Informationssysteme der Natur im Einzelnen noch sind – eines ist sicher: Die Gene und Proteine spielen die Hauptrollen. Mag das alles unseren Verstand doch sehr strapazieren und verwirren, niemand wird abstreiten, dass die Gene und Proteine faszinierende Objekte der modernen Forschung sind, ähnlich faszinierend wie die Bausteine der Materie, die von den Atomphysikern untersucht werden. Hier wie dort liegt das Faszinierende nicht zuletzt in der Unsichtbarkeit der Objekte. Es macht staunen, dass so unendlich viele Informationen wie die, die in den Genen gespeichert sind, im winzigen Raum eines Zellkerns Platz finden. Das gesamte biologische Wissen über einen Organismus liegt verschlüsselt im Kern jeder seiner Zellen. Dieses Prinzip der Speicherung von Information auf kleinstem Raum, das die Natur hier praktiziert, ähnelt in gewisser Weise der Digitalisierung von Information in der Computerwelt. Wie der Computer letztlich nur zwei Zeichen bei seiner Rechenarbeit verwendet, nämlich 0 und 1, so verwendet die Natur vier, die uns inzwischen bestens vertraut sind: A, G, C, T. Und wie der Computer seine Daten auf winzigen Chips speichert, so tut es die Natur in winzigen Genen.

Dass die Forscher beim Lesen der genetischen Buchstabenfolge Computer einsetzen, erscheint einem wie die Verkoppelung zweier ähnlicher Speichersysteme für Information. Darin bestätigt sich, was die Biologen längst wissen: dass auch auf der Ebene der Gene nichts anderes als Informatik im Spiel ist. Die Natur »arbeitet« mit winzigen Computern.

Es muss deshalb gar nicht verwundern, dass bereits vor sieben Jahren der amerikanische Mathematiker Leonard Adleman die Idee eines DNS-Computers hatte. Denn im Prinzip hat die Natur in der DNS den leistungsstärksten Rechner entwickelt, der sich denken lässt. Die DNS ist ein schier grenzenloses Speichersystem für Baupläne des Lebens. Die in der DNS aufbewahrte Information wurde in Jahrmilliarden wieder und wieder kopiert, indem sich das irdische Leben aus einfachsten Formen zu immer komplexeren weiterentwickelte – die perfekte biochemische Datenverarbeitung.

Bereits ein Jahr nach seinem Geistesblitz hatte Adleman den ersten DNS-Computer in der Hand: ein Reagenzglas voller Biomoleküle, die einfache mathematische Probleme lösen konnten – ganz ohne elektrischen Strom!

Ein Gramm DNS könnte so viel Information speichern wie eine Milliarde CDs. Zu dieser unvorstellbaren Datendichte kommt noch hinzu, dass die DNS-Moleküle schneller rechnen können als die Siliciumchips der heutigen Computer. Das hat seinen Grund in der unvorstellbar großen Zahl der beteiligten DNS-Moleküle. Jedes einzelne arbeitet zwar relativ langsam, doch im Zusammenspiel sind sie schnell und effektiv. Das ist ähnlich wie bei Gehirnzellen: Auch sie sind einzeln nicht besonders schnell, doch alle zusammen verarbeiten Informationen im Blitztempo. Das eigentliche Problem besteht in der Übertragung der Rechenergebnisse von den DNS-Molekülen auf einen Bildschirm. Hierfür die geeignete Hardware zu entwickeln, wird den Forschern noch viel Kopfzerbrechen bereiten. DNS-Moleküle lassen sich nicht so einfach kontrollieren wie die Elektronen eines herkömmlichen Computers.

Was sind Chromosomen?

Der Speicherplatz einer Zelle ist unvorstellbar klein im Vergleich zu dem eines Computers. Andererseits ist er auch wieder riesig, denn auf molekularer Ebene stellt der spiralige DNS-Faden ein Riesengebilde dar. Zudem befindet sich beispielsweise im Kern einer menschlichen Zelle nicht nur ein solcher DNS-Faden, sondern gleich 46 davon. Würde man alle diese DNS-Stränge einer menschlichen Zelle aneinander legen, erhielte man eine etwa zwei Meter lange Kette, die freilich nur etwa zwei Nanometer stark wäre, also zwei millionstel Millimeter.

Damit diese 46 DNS-Fäden auch im Zellkern Platz haben, sind sie ganz eng zu stäbchenartigen Gebilden aufgewickelt. Man kann sie unter dem Mikroskop sehen. Diese Stäbchen werden Chromosomen genannt.

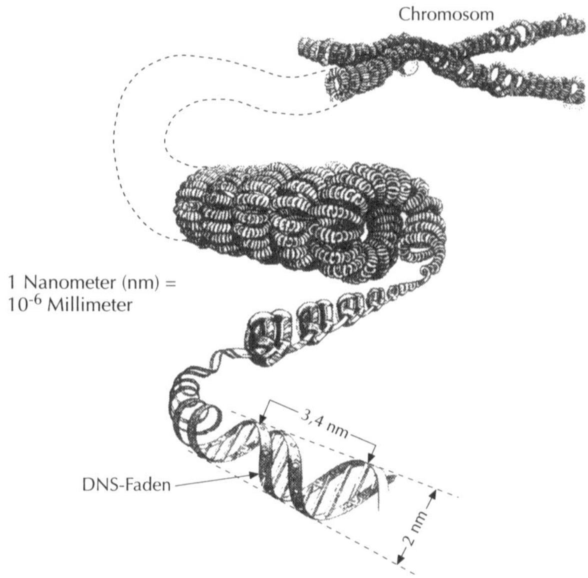

Der endlos lange DNS-Faden ist in den Chromosomen zu einem engen Knäuel aufgewickelt.

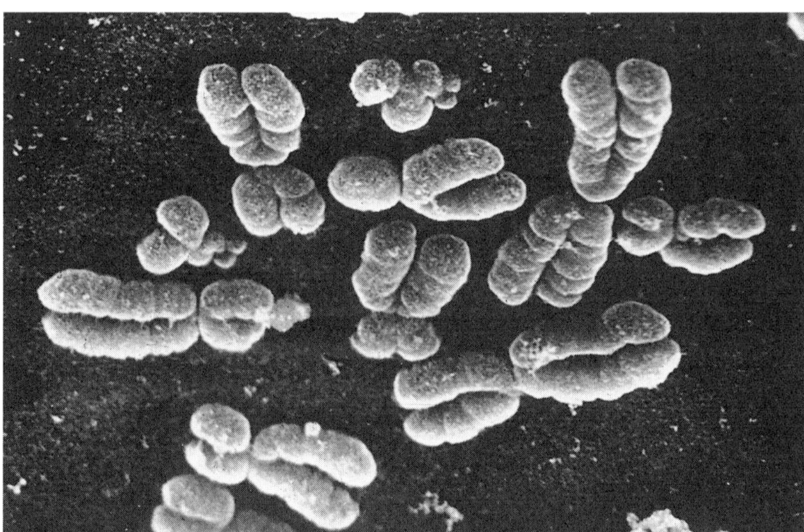

Die menschlichen Chromosomen – hier unter dem Elektronenmikroskop – werden fast alle von einer Verknotung in der Mitte zusammengeschnürt. Dieser Knoten, von den Wissenschaftlern Centromer genannt, ist gleichsam der Angelpunkt bei der Zellteilung. Dort zieht die Zelle vor der Teilung die Chromosomenpaare auseinander.

Die Chromosomen treten immer paarweise auf. Beim Menschen setzen sich die 46 Chromosomen also genau genommen aus 23 Chromosomenpaaren zusammen. In ihnen ist das gesamte menschliche Erbgut verpackt, oder besser: verschnürt. Die einzelnen Chromosomenpaare haben unterschiedliche Größen. Die großen Chromosomen tragen logischerweise mehr Gene als die kleinen. So hat das kleinste menschliche Chromosom, nämlich Chromosom Nummer 21, gerade mal 225 Gene. Diese sind aber immerhin aus 33 546 361 Genbuchstaben (A, G, C, T) zusammengesetzt.

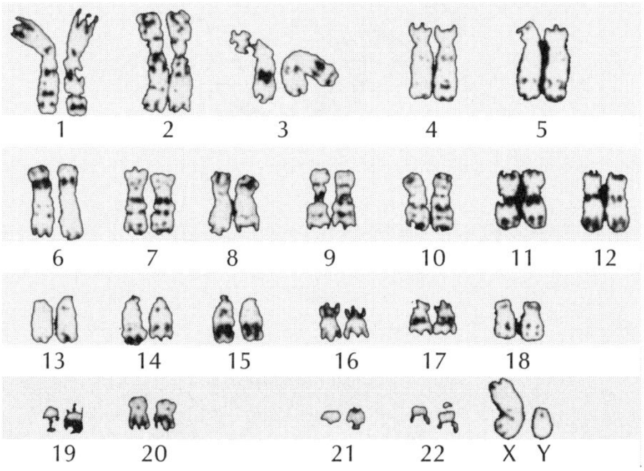

Der Chromosomensatz des Mannes. Bei der Frau besteht das 23. Chromosomenpaar aus zwei X-Chromosomen.

Aus der Reihe tanzt das Chromosomenpaar Nummer 23. Es besteht nicht, wie alle andern, aus zwei gleichen Chromosomen, sondern in etwa der Hälfte der Fälle aus unterschiedlichen: aus einem so genannten X- und einem Y-Chromosom. Damit bestimmt dieses Chromosomenpaar das Geschlecht eines Menschen. Beim Mann besteht das 23. Chromosomenpaar aus einem X- und einem Y-Chromosom, bei der Frau aus zwei X-Chromosomen.

Jede Zelle eines Menschen enthält in der Regel den vollständigen Chromosomensatz aus 23 Chromosomenpaaren. Man sagt auch: Jede Zelle eines Menschen, egal, ob sie eine Haut-, Herz- oder Gehirnzelle ist, besitzt den gleichen genetischen Code. Der ist für jedes Individuum einzigartig, auch wenn er bei allen Menschen zu 99,9 Prozent gleich ist; das eine Promille macht die Einzigartigkeit aus.

Ein alles durchdringender Geist könnte aus dem genetischen Code ablesen, ob sich eine befruchtete Keimzelle zu einem Gänseblümchen, einer grau getigerten Katze, einer Stubenfliege oder einem Menschen mit ganz bestimmten Merkmalen entwickeln wird. Und auch der Ablauf der Entwicklung von der befruchteten Keimzelle bis zum fertigen Individuum ist durch den genetischen Code, der verschlüsselt in den Chromosomen steckt, festgelegt.

Die Entwicklung von Leben geschieht durch Zellteilung

Die DNS – vermittelt über die Boten-RNS – liefert jeder Zelle die genaue Information darüber, welche Eiweißketten sie aus Aminosäuren zusammenbauen soll. Denn eine Herzzelle setzt sich natürlich aus anderen Eiweißen zusammen als eine Haut- oder Knochenzelle, weil sie andere Aufgaben hat. Aber auch die Art und Weise, wie sich zum Beispiel aus einem winzigen Pünktchen in einem Embryo ein vollständiges Auge entwickelt, ist vom genetischen Code festgelegt.

Die Entwicklung eines Organismus geschieht durch fortlaufende Zellteilung aus einer befruchteten Keimzelle. Die Befruchtung wird gemeinhin als der Beginn des Lebens betrachtet. Vom Standpunkt des Biologen hat aber jede Eizelle und jedes Spermium Leben. Leben beginnt also nicht erst mit der Vereinigung von beiden.

Die Zellteilung wird Mitose genannt. Sie läuft zu Beginn der embryonalen Entwicklung sehr rasch ab. Die Forscher rätseln heute immer noch darüber, welche chemischen Signale dazu führen, dass sich beim Kontakt von Eizelle und Spermium ein neuer Organismus zu entwickeln beginnt. Eine maßgebliche Rolle spielt wohl das Mineral Calcium: Die befruchtete Eizelle setzt kurz nach der Befruchtung eine große Menge davon frei. Damit werden jene Stoffwechselprozesse in Gang gesetzt, die später zur Teilung der Zelle und zur Entwicklung eines Embryos führen. Unklar war bis vor kurzem noch, welcher Stoff den Anstoß für den plötzlichen Calciumschub gibt. Inzwischen herrscht ziemliche Gewissheit, dass das einfach gebaute Molekül NO (Stickstoffmonoxid) dafür verantwortlich ist. Sobald das Spermium an die Eizelle angedockt hat, produziert es blitzschnell NO und gibt es an die Eizelle ab. In ihrem Innern schnellt daraufhin die Calciummenge innerhalb von 30 Sekunden hoch, was dazu führt, dass sie selbst noch mehr NO bildet, bis endlich die erste Zellteilung ausgelöst wird.

Die befruchtete Eizelle teilt sich in zwei Tochterzellen, die freilich miteinander verbunden bleiben – meistens jedenfalls. Manchmal tritt aber bei dieser ersten Teilung eine vollständige Trennung ein: eineiige Zwillinge entstehen. Bei den folgenden Teilungen bilden sich Generationen von 4, dann 8, 16, 32, 64, 128 ... Zellen. Allerdings bleibt die Häufigkeit der Teilungen nicht in allen Bereichen des wachsenden Organismus genau gleich. Die Organe werden nicht stur nach ein und demselben Schema aufgebaut, sondern nach einem komplizierten genetisch genau festgelegten Plan – stur flexibel, so könnte man sagen.

Die rasche Zunahme der Zellen bedeutet, dass schon nach durchschnittlich 50 bis 60 aufeinander folgenden Teilungen die Zellenanzahl eines erwachsenen Menschen erreicht ist. Die liegt nach sehr grober Schätzung bei etwa 100 Billionen bis 1 Trillion Zellen (1 Trillion = eine 1 mit 18 Nullen). Jede meiner Körperzellen ist »erst« der 50. bis 60. »Nachkomme« des befruchteten Eis, das ich mal war.

Alle Zellen des Organismus sind, wie wir bereits festgestellt haben, bezüglich ihrer Chromosomen – und damit ihrer Genausstattung – exakt gleich. Nun könnte man freilich annehmen, dass bei der Teilung einer Zelle – und damit ihres Kerns – auch die Chromosomen halbiert werden müssten. Das ist aber nicht der Fall, weil dann die Tochterzellen nicht mehr den gleichen genetischen Code hätten wie die vorausgegangenen Zellen. Die Entwicklung des Organismus käme zum Erliegen, kaum dass sie begonnen hätte.

Aber wie verhindern die Chromosomen, dass sie bei der Mitose halbiert werden? Die Antwort lautet: indem sie sich kurz vor jeder Teilung rasch verdoppeln. So wird sichergestellt, dass jede der beiden Tochterzellen einen vollständigen Satz aus 23 Chromosomen-Paaren erhält.

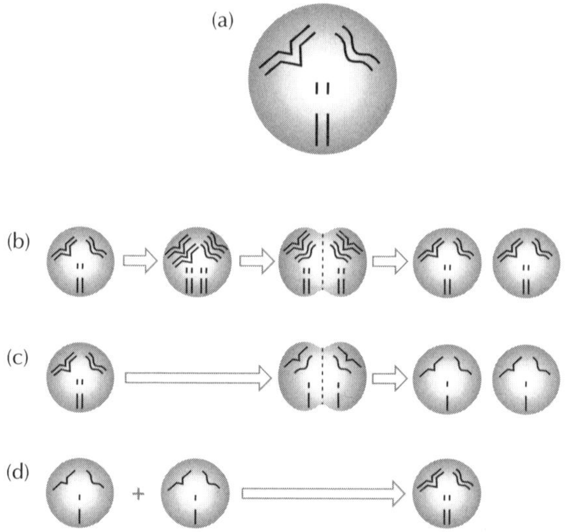

Die 2 x 4 Chromosomen der Taufliege (Drosophila), wie sie in jedem Kern ihrer Körperzellen zu finden sind (a).
Die normale Zellteilung (Mitose) (b). Vor der Teilung verdoppeln sich die Chromosomen, sodass die beiden Zellen, die aus der Teilung hervorgehen, wieder den ursprünglichen Chromosomensatz haben.
Bei der Meiose (c), die in den reifen Geschlechtszellen stattfindet, spaltet sich der doppelte Chromosomensatz in zwei einzelne Sätze auf.
Bei der Befruchtung (d) verschmelzen weibliche Eizelle und männliche Samenzelle, weshalb die befruchtete Eizelle wieder einen doppelten Chromosomensatz besitzt.

Es gibt allerdings eine einzige Ausnahme von dieser Regel; sie betrifft die Keimzellen, also die weiblichen Ei- und die männlichen Spermazellen. Schon sehr bald, nachdem die Entwicklung des Embryos eingesetzt hat, wird eine Gruppe von Zellen reserviert, um zu einem späteren Zeitpunkt eben diese Keimzellen (Gameten) auszubilden. Mit ihnen wird die Fortpflanzung des Individuums gewährleistet.

Auch diese Zellen haben zuerst – bevor sie zu Keimzellen werden – den ganz normalen Chromosomensatz, also beim Menschen 23 Chromosomenpaare. Zur Zeit der Geschlechtsreife aber geschieht mit ihnen keine Mitose, sondern eine so genannte Meiose: eine Teilung, bei der sich die doppelten Chromosomensätze der Elternzelle einfach in zwei einzelne Sätze aufspalten. Die beiden Tochterzellen

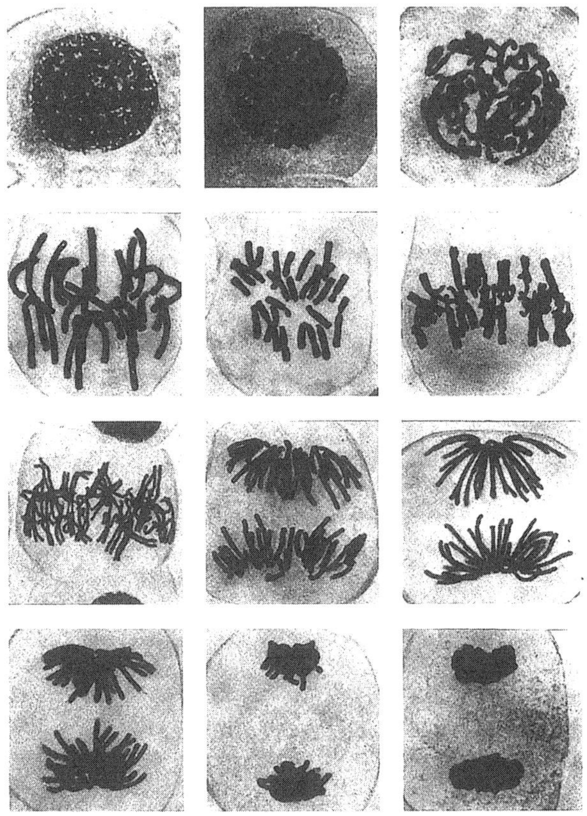

Mikroskopische Aufnahme der Zellteilung (Mitose). Kurz vor der Teilung entflechten sich die bis dahin dicht in einer Kernhülle gepackten Chromosomen (1. Reihe). Jedes Chromosom spaltet sich in zwei Chromatiden, die mit dem ursprünglichen Chromosom vollkommen identisch sind (2. Reihe). Diese Chromatiden trennen sich und wandern zu den Polen der Zelle (3. Reihe). An beiden Polen rücken die Chromatiden wieder dicht zusammen und umgeben sich mit einer Kernhülle. Damit ist die Kernteilung abgeschlossen (4. Reihe). Die Teilung der ganzen Zelle kann nun erfolgen. Beide Tochterzellen besitzen das gleiche Erbgut wie die Mutterzelle.

erhalten jeweils einen davon. Die Verdoppelung der Chromosomenzahl, die für die Teilung der gewöhnlichen Zellen typisch ist, unterbleibt somit bei der Meiose. Damit erhält jede reife Keimzelle nur die Hälfte der 46 Chromosomen, das heißt *nur einen* vollständigen Codesatz statt zwei. Deshalb haben beim Menschen die Keimzellen nur 23 und nicht 2 x 23 (=46) Chromosomen.

Bei der Befruchtung verschmelzen der männliche Gamet (Sperma) und der weibliche Gamet (Ei) und bilden die befruchtete Eizelle. Diese hat dann wieder einen doppelten Chromosomensatz, einen von der Mutter und einen vom Vater.

Wie wir bereits festgestellt haben, besteht das 23. Chromosomenpaar, mit dem das Geschlecht bestimmt wird, beim Mann aus zwei verschiedenen Chromosomen (X und Y), bei der Frau aus zwei gleichen (X und X). Wenn nun bei der Meiose in den Keimzellen der Chromosomensatz halbiert wird, gibt es unter den männlichen Keimzellen solche mit einem X-Chromosom und solche mit einem Y-Chromosom. Die weiblichen Keimzellen hingegen besitzen stets ein X-Chromosom als 23. Chromosom. Das Geschlecht des neu entstehenden Individuums wird somit immer von der väterlichen Keimzelle bestimmt. Hat diese als 23. Chromosom ein »X«, dann wird's ein Mädchen, hat sie ein »Y«, dann wird's ein Junge.

Jede Zelle weiß, zu welchem Körperteil sie gehört

Es gibt in der Welt des Lebendigen wohl kaum etwas, das so wundersam, ja Ehrfurcht gebietend ist wie die Entwicklung eines neuen Individuums aus einem winzigen befruchteten Ei. Dabei spult sich bei diesem Wunder nichts anderes als ein festgelegtes genetisches Programm ab. Die sich entwickelnden Teile des Embryos stehen in komplizierten Wechselbeziehungen zueinander, die den Biologen in vieler Hinsicht noch rätselhaft sind.

Jede Zelle eines Organismus gehorcht nicht nur dem genetischen Code, der in sie eingeschrieben ist, sondern sie steht, wie wir bereits wissen, in ständigem Informationsaustausch mit den Zellen in der Umgebung, aber auch dem Organismus als Ganzem, ähnlich wie das bei Musikern in einem Orchester der Fall ist.

Jede Zelle scheint zum Beispiel genauestens darüber Bescheid zu wissen, welche Position sie im Organismus beziehungsweise im jeweiligen Organ einnimmt. Diese Position wiederum bestimmt das Verhalten der Zelle entscheidend mit. Wie, das weiß die Forschung erst in den Grundzügen.

Um die Entwicklung eines Lebewesens aus einer befruchteten Eizelle wirklich verstehen zu können, genügt es also nicht, sein Erbgut entschlüsselt zu haben. Was nützt es, die Reihenfolge der A-, G-, C- und T-Buchstaben im Erbgut zu kennen? In ihnen ist zwar festgelegt, was aus einer befruchteten Eizelle entstehen wird, aber alle etwa 200 verschiedenen Zelltypen des menschlichen Organismus tragen exakt das gleiche Erbgut in ihrem Kern und sind doch ganz unterschiedlich in ihren Aufgaben. Auch Raupe und Schmetterling, die in Aussehen und Lebensweise so unterschiedlich sind, haben in ihren Zellen ein und dasselbe Erbgut.

Woher weiß zum Beispiel eine embryonale Hand-Zelle, dass sie Teil der rechten oder linken Hand ist, ja dass sie überhaupt eine Hand-Zelle ist, mehr noch, dass sie der Haut der rechten Hand und nicht der Sehne des linken Zeigefingers oder dem Fingernagel des rechten Daumens angehört? Woher wissen die Fingerzellen eines Embryos, dass sie einen Daumen und keinen kleinen Finger ausbilden sollen? Oder allgemeiner gefragt: Wie steuern die Zellen die Entwicklung des Embryos? Und weiter gefragt: Sind die Prozesse, die einem Menschen-Embryo Arme wachsen lassen, jenen Prozessen ähnlich, die bei einem Vogel-Embryo die Flügel wachsen lassen? Gibt es vielleicht sogar Gemeinsamkeiten bei der Ausbildung eines Menschenarms und eines Insektenflügels?

Mit diesen und ähnlichen Fragen beschäftigen sich neuerdings die Molekularbiologen. Dass bei der embryonalen Entwicklung nicht nur die Gene, sondern auch chemische Signalstoffe im Spiel sind, weiß man bereits. Die Zellen bilden ganz bestimmte Proteine und die legen im heranwachsenden Embryo die Anordnung, also die räumliche Ausrichtung der Gliedmaßen fest, ebenso die Lage der Organe im Körperinnern. Die Herstellung der dafür verantwortlichen Proteine wird von bestimmten Genen beziehungsweise einer bestimmten Genmaschinerie gesteuert. Wie die beteiligten Gene an- und – am Ende der Entwicklung – wieder abgeschaltet werden, ist den Wissenschaftlern noch weitgehend unklar. Das An- und Ausschalten von Genen ist jedoch die eigentliche Ursache für die Produktion unterschiedlicher Proteine in den Zellen entsprechend ihrer unterschiedlichen Aufgaben im Organismus. Die Proteine liefern den jeweiligen Zellen ein ganz bestimmtes chemisches Wachstumssignal. Ist dieses Signal bei einer Zelle gestört – aus welchen Gründen auch immer –, kann es zum Beispiel zu unkontrolliertem Zellwachstum kommen – Missbildungen entstehen.

Die Entwicklungsbiologen gehen also verstärkt der Frage nach, in welcher Phase der embryonalen Entwicklung welche Gene aktiviert und von der Boten-RNS in welche Proteine umgeschrieben werden. Erst die Proteine geben einen tieferen und vielleicht auch endgültigen Einblick in die Funktionsweisen und Aufgaben von Zellen.

Proteine spielen eine Schlüsselrolle bei fast allen wichtigen Lebensprozessen. Doch die Erforschung der Proteine wird viel schwieriger sein als die der Gene. Allein die chemische Analyse der Proteine ist äußerst kompliziert. Proteine sind ziemlich zerbrechliche Molekülgebilde; sie neigen dazu, bei kleinsten äußeren Einflüssen ihre Struktur zu verändern. Zudem lassen sie sich, im Gegensatz zur Erbsubstanz DNS, im Reagenzglas kaum vermehren, was die Grundlage einer sicheren Untersuchung wäre.

Während die Entschlüsselung des Erbguts inzwischen schon stark automatisiert ist und hauptsächlich von Computern geleistet wird, sind die Methoden der Proteinanalyse vorerst noch sehr aufwändig. Das hat unter anderem damit zu tun, dass es viel mehr Proteine gibt als Gene. Zwar ist ein Gen die Bauanleitung für ein Protein, doch tatsächlich kann ein einziges Gen bis zu zwanzig verschiedene Eiweißarten entstehen lassen. Aus diesem Grund rechnen die Protein-Forscher beim Menschen mit mindestens zwanzigmal so viel Proteinarten wie Genen. Das wären etwa 1 Million verschiedene Proteine im menschlichen Organismus.

Was die Proteinforschung noch weiter erschwert: Eine Zelle ist mehr als nur ein mit Proteinen voll gestopftes Bläschen. Während die Erbsubstanz einer jeden Zelle festgelegt, also statisch ist, zeigen die Proteine eine erstaunliche Flexibilität. Was die jeweilige Zelle an Proteinen bildet, hängt ganz von ihren momentanen Bedürfnissen ab. Die Erfassung aller Eiweiße in einer Zelle ist deshalb immer nur eine Momentaufnahme. Denn die verschiedenen Eiweiße treten zueinander in vielfältigste Wechselwirkungen. Forscher haben zum Beispiel bei einem einzigen Bakterium über 1200 verschiedene Wechselwirkungen zwischen Proteinen entdeckt.

Das bedeutet, dass eine einzige Eiweißart gleich mehrere Aufgaben übernehmen kann, je nachdem, in welchem »Eiweiß-Team« es gerade aktiv ist.

In jeder Zelle ist ein hochkomplexes dynamisches Netzwerk aus zahllosen Proteinarten am Werk, wobei jedes Protein im Durchschnitt mit mehr als drei anderen Proteinen zusammenarbeitet. Proteine bilden die Maschinerie in der Chemie des Lebens. Als Enzyme machen sie die vielfältigen chemischen Reaktionen, die ja alle bei der relativ niedrigen Temperatur von 37 Grad Celsius (= Körpertemperatur) ablaufen, überhaupt erst möglich; sie wirken als Katalysatoren. Aber sie erkennen auch Reize und reagieren auf sie, geben Signale von einer Zelle zur nächsten weiter, sorgen grundsätzlich für Austausch und Bewegung und erledigen eine Vielzahl anderer Aufgaben, die alle noch kaum erforscht sind. Wohl deshalb müssen die Proteine auch in einem ausgefeilten Netzwerk so eng zusammenarbeiten. Anders als beim Erbgut des Menschen (Genom) wird es beim Proteingut (Proteom) wahrscheinlich unmöglich sein, es vollständig zu entschlüsseln.

Eines steht jetzt schon fest: Allein durch Entschlüsselung der Gene wird man die Rätsel des Lebens nicht lösen. Denn letztlich sind es die Eiweiße, die die tatsächlichen Lebensprozesse bestimmen. Freilich ist es so, dass ohne Genanalyse auch keine Proteinanalyse möglich ist. Selbst wenn es gelänge, noch das letzte Gen zu bestimmen, das an der Entwicklung eines Embryos beteiligt ist, wüsste man längst nicht, was der genaue Beitrag jedes Gens ist und welche Regulationsmechanismen den genauen Zeitpunkt seiner Aktivität festlegen. Erstaunlicherweise sind die Entwicklungsbiologen, die daran arbeiten, bei einigen einfachen Organismen schon auf dem besten Weg, dieses Ziel zu erreichen.

Sinn und Unsinn der Sexualität

Wir sind bis jetzt davon ausgegangen, dass sich die Lebewesen allesamt auf sexuellem Weg fortpflanzen, wofür die Natur »männlich« und »weiblich« geschaffen hat. Aber das ist nicht der Fall.

Den einfachsten Weg, sich fortzupflanzen, beschreiten jene Lebewesen, die sich einfach nur in zwei teilen. So verfahren zum Beispiel die Bakterien, auch viele andere Einzeller, ebenso Pilze und sogar einige Wirbellose. Von diesen kennen viele auch die ungeschlechtliche Fortpflanzung durch Knospung, wie sie auch bei vielen Pflanzenarten zu beobachten ist: An der Körperwand entspringt eine Knospe, die sich nach einer gewissen Zeit ablöst und zu einem neuen Individuum wird. Andere Organismen, die ebenfalls keine geschlechtliche Fortpflanzung kennen, entwickeln sich von selbst aus unbefruchteten Eiern. Und schließlich gibt es Lebewesen, etwa Blattläuse oder Planktonkrebschen, bei denen sich eine Generation sexuell, die nächste ungeschlechtlich fortpflanzt.

Bei höheren Organismen entstehen die Nachkommen jedoch fast ausschließlich durch sexuelle Fortpflanzung. Sie scheint für höher entwickelte Lebewesen vorteilhafter zu sein. Aber wieso? Um es gleich zu sagen: Warum es Sexualität auf dieser Welt gibt, ist noch immer ein Rätsel. Es gibt zahlreiche Theorien dazu, aber kaum experimentelle Daten. Die Sexualität ist eine der härtesten Nüsse der biologischen Forschung.

Seit Generationen zerbrechen sich Biologen den Kopf, wieso die meisten Tier- und Pflanzenarten einen immensen Aufwand für die Fortpflanzung betreiben. Dabei kennt man sogar mehr als tausend Arten von Tieren, darunter Schnecken, Insekten und Eidechsen, die sich ohne ersichtlichen Nachteil für die Art ungeschlechtlich vermehren. Bei ihnen wird auf Männchen verzichtet. Die Weibchen legen unbefruchtete Eier, aus denen sich ausschließlich Töchter entwickeln, die wiederum unbefruchtete Eier legen.

Wieso Sexualität dennoch die Regel ist, ist für Biologen eine ähnlich knifflige Frage wie die Frage nach dem Ursprung des Lebens. Klar ist nur eins: Sexualität erhöht den Zufallsfaktor bei der Fortpflanzung. Das Leben erweist sich dabei als reines Lotteriespiel. Das passt zu der Tatsache, dass die ganze Entwicklung des Universums seit dem Urknall von nichts als Zufällen bestimmt wird. Der Zufall scheint der entscheidende Gestalter in diesem Kosmos zu sein. Jeder von uns ist ein Produkt des Zufalls, genauer: eines endlosen Geflechts von Zufällen, das bis zum Urknall zurückreicht. Die Befruchtung genau dieser Eizelle durch jene Samenzelle ist von einer geradezu Schwindel erregenden Einzigartigkeit und dabei Zufälligkeit. Dass es uns gibt und nicht ein anderer an unserer Stelle ist – wie soll man das begreifen? Da drängt sich dann doch der Gedanke auf, es könnten göttliche Schicksalsmächte am Werk sein. Ein Narr, wer das Schicksal für Zufall hält – wusste schon Shakespeare.

Vor etwa drei Milliarden Jahren müssen einzellige Bakterien, die damals vermutlich die einzigen Lebewesen auf der Erde waren, auf die Idee gekommen sein, sich aneinander zu legen, um Erbmaterial auszutauschen. Doch Sexualität im eigentlichen Sinn war das noch nicht. Denn eine entscheidende Eigenschaft von Sexualität fehlte den Bakterien: die Verschmelzung zweier Zellen zu einer. Wenn sich höhere Organismen fortpflanzen, vereinigen sich zwei Zellen und kombinieren anschließend ihr Erbgut auf einmalige, so noch nie da gewesene Weise. Der »Bakterien-Sexualität« fehlte eine solche Verschmelzung. Zwei Bakterien, die sich aneinander legen, bilden eine so genannte Plasmabrücke und tauschen darüber Erbmaterial aus, um so einen Verlust von genetischer Information wettzumachen. Man könnte das als eine Art von »Reparatur-Sex« bezeichnen, der mit »männlich« und »weiblich« noch nichts zu tun hat. Dennoch stellt er eine wichtige Vorform der Sexualität dar. Es kam Abwechslung in die eintönige Welt der Lebewesen, die bis dahin nur aus Bakterien bestand.

Aber welchen Vorteil bietet eigentlich die Sexualität für das Leben? Sie erhöht vor allem die Überlebenschancen der Nachkommen. Denn die Mischung der Gene zweier Individuen führt zu Nachkommen, die sich untereinander und von den Eltern unterscheiden; sie sind nicht einfach nur Kopien der Eltern. Damit tritt Vielfalt an die Stelle der Einförmigkeit.

Die Vielfalt innerhalb einer Art setzt diese in die Lage, sich besser auf Veränderungen in der Umwelt einzustellen. Vermehrung ohne Sexualität ist günstig, wenn die Umwelt eintönig und einigermaßen stabil ist. Hingegen scheint eine Umwelt, die sich ständig ändert, für Organismen günstiger zu sein, die sich sexuell vermehren, also selber dem Prinzip des Wandels gehorchen. Denn die mit der Sexualität verbundene Durchmischung der Gene ermöglicht bessere Anpassung, vor allem auch gegenüber Krankheitserregern und Parasiten. Denn der Austausch von Erbgut führt zu einem

Heer einmaliger Individuen, die ihren Feinden allein durch ihre genetischen Unterschiede den Angriff erschweren. Wenn alle gleich sind, sind auch alle gleich empfindlich. Der Aufwand zweier Geschlechter lohnt sich also letztlich, zumindest für höher entwickelte Lebewesen.

Sosehr es den männlichen Leser auch schmerzen mag – aber grundsätzlich ist das männliche Geschlecht für die Fortpflanzung nicht unbedingt notwendig. Im Gegenteil: Das Männliche hat in der Natur eher den Charakter des Schmarotzerhaften, weil die Männchen sich ja nicht selber vermehren, sondern nur über die Weibchen, wobei sie diesen nebenbei auch noch die Nahrungsreserven streitig machen.

Doch das ist zu kurzfristig gedacht. Langfristig gleicht der Nutzen der Sexualität die Kosten, die die Männchen machen, wieder aus. So haben Forscher mit Hilfe eines Computermodells eine Bevölkerung von sexuellen Organismen simuliert, unter denen plötzlich Mutanten ohne Sexualität auftreten. Diese Mutanten waren nicht in der Lage, die sexuellen Individuen zu verdrängen. Im Gegenteil: Langfristig konnten die sexuellen Individuen ihre nicht sexuellen Konkurrenten sogar aus dem Rennen werfen.

Jetzt bedarf freilich der Begriff »Mutant« noch einer Erklärung: Als Mutanten bezeichnet man Organismen mit vererbbaren Veränderungen in ihrem Erbgut, die zu neuen Merkmalen bei den Nachkommen führen, welche bis dahin bei dieser Art nicht vorkamen. Mutationen, so könnte man sagen, sind »Schreibfehler« im Erbgut, die bei der Zellteilung auftreten können. Wie einem beim Abschreiben eines Texts der eine oder andere Fehler unterlaufen kann, werden beim Kopieren des Gentexts hin und wieder einzelne Gen-Buchstaben vertauscht oder sie gehen gleich ganz verloren. Manchmal werden auch größere Abschnitte eines Gentexts gelöscht, verdoppelt oder falsch verknüpft. Manche dieser »Schlampereien« im Erbgut passieren ganz von allein, andere werden durch energiereiche Strahlung ausgelöst, wie sie ständig aus dem Kosmos bei uns eintrifft. Diese Strahlung verändert die molekularen Bausteine einzelner Gene. In jedem Fall aber ist bei Mutationen der Zufall im Spiel; sie gehorchen keinem Gesetz.

Die meisten Mutationen haben böse Folgen für das betroffene

Gen, denn es kann seine Aufgaben nicht mehr richtig erfüllen. Manche Mutationen sind jedoch harmlos und stören das Gen nicht in seinen Funktionen. Und ganz selten kommt es sogar vor, dass ein verändertes (mutiertes) Gen seine Aufgabe besser erfüllt als das Original. Ja, es kann sogar sein, dass das mutierte Gen etwas völlig Neues im Organismus bewirkt, was ihm ermöglicht, sich noch besser in der Welt zu behaupten. Dabei kommt der Sexualität eine Schlüsselrolle zu: Sie erzeugt zwar selbst keine neuen Gene, sondern kombiniert nur die Gene zweier Individuen neu. Durch die Neukombination ist es aber möglich, schlecht mutierte Gene herauszufiltern und positiv mutierte so zu verknüpfen, dass sie dem Organismus ganz neue Möglichkeiten im Kampf ums Überleben eröffnen. Hierin liegt wohl auch der Grund für den Erfolg der sexuellen Fortpflanzung: Sie steigert die genetische Vielfalt der Nachkommenschaft. Gesteigerte Vielfalt aber hat im Kampf ums Dasein stets mehr Vor- als Nachteile.

Mutationen bringen die Lebewesen allerdings auch in eine Zwickmühle: Einerseits soll ein Organismus möglichst wenige Mutationen in seinem Erbgut zulassen, denn Mutationen bedeuten Schreibfehler im Erbgut. Andererseits sollen sie aber auch Veränderungen in den Genen erlauben, wenn dadurch eine Verbesserung im Organismus entsteht. Mutationen sind also nicht von vornherein schlecht.

Die Natur hat hier ganz von selbst einen Mittelweg eingeschlagen: Die Zellen haben bestimmte Reparaturstoffe, die Kopierfehler beim Mischen der Gene erkennen und viele davon rückgängig machen können. Sie besitzen aber auch ganz spezielle Gene, die dafür sorgen, dass Mutationen zugelassen werden. Diese »Mutationzulassungs-Gene« ermöglichen es, dass Lebewesen sich von den Eltern zu den Kindern und Enkelkindern immer weiterentwickeln. Die Biologen nennen solche Gene »Entwicklungsgene« oder »Evolutionsgene«.

Charles Darwin und seine Theorie der Lebensentwicklung

Vor etwa 150 Jahren fanden zwei britische Naturforscher, Alfred Russel Wallace (1823–1913) und Charles Darwin (1809–1882), unabhängig voneinander heraus, wie die Entwicklung der Arten, Evolution genannt, vor sich ging. Den beiden Forschern fiel auf, dass keine zwei Exemplare einer Pflanzen- oder Tierart vollkommen gleich sind. Was uns selbstverständlich erscheint, war für die beiden Forscher Grund genug, darüber nachzudenken. Bedenkenswert war ihnen auch die ebenso selbstverständlich scheinende Tatsache, dass jedes Individuum einer Art in seinem Verhalten ganz eigene Stärken und Schwächen zeigt. So sind zum Beispiel nicht alle Tiger beim Jagen gleich geschickt. Und ein langsames Wildschwein wird von einem Tiger leichter erbeutet als sein Geschwister, das schneller laufen kann. Kleinste Unterschiede zwischen zwei Individuen einer Art können über Leben und Tod entscheiden – und damit auch darüber, wer sich fortpflanzt und seine Gene an die nächste Generation weitergibt.

Auf den Punkt gebracht bedeutet Evolution: Nur die Besten überleben, wobei mit »Beste« nicht nur die Stärksten und Schnellsten – bezogen auf Tiere – gemeint sind, sondern jene, die sich ganz allgemein an die Bedingungen der Umwelt am besten anpassen können. Hierfür sind Stärke und Schnelligkeit nur zwei Faktoren unter vielen.

Die Auswahl, die die Natur unter den Lebewesen trifft, kann man als eine Art Motor der Evolution betrachten, der sie vorantreibt. Von Genen wussten Wallace und Darwin noch nichts. Sie konnten die allmähliche Veränderung der Arten nur feststellen, ohne die Gründe dafür zu kennen. Ihre Theorie war dennoch revolutionär, weil die Biologen bis dahin der festen Überzeugung waren, dass alle auf der Erde vorkommenden Arten von Anbeginn da waren, ohne sich im Lauf von Jahrmillionen verändert zu haben. Oder anders: Gott hatte, wie die Bibel berichtet, die verschiedenen Pflanzen- und Tierarten geschaffen. Die Welt, so dachte man, sei konstant und existiere auch noch nicht sehr lange.

Seit Wallace und Darwin ist diese biblische Weltsicht hinfällig geworden. Dabei hatte eigentlich schon lange vor Darwin und Wallace die Entdeckung ausgestorbener fossiler Tier- und Pflanzenarten den Beweis erbracht, dass sich die Flora und Fauna der Erde im Lauf der Jahrmillionen verändert haben musste. Aber man wollte nicht sehen, was offenkundig war.

Die Theorie der Evolution besagt, dass alle Arten von Lebewesen eine gemeinsame Abstammung haben, also letztlich auf eine einfache Urzelle zurückgehen. Die Arten haben sich nach und nach entwickelt.

Was anfangs nur Theorie war, ist heute Gewissheit und wird nur noch von einigen religiösen Eiferern angezweifelt. Wir wissen, dass viele Eigenschaften eines Lebewesens, etwa sein Aussehen, sein Fortpflanzungsverhalten, seine Ernährungsweise oder seine durchschnittliche Lebenserwartung von Genen bestimmt wird. Die Gene sind auch der Hauptgrund, wieso es so unglaublich viele verschiedene Arten von Lebewesen gibt beziehungsweise gegeben hat. Denn unzählige Arten sind seit Beginn des Lebens wieder von der Erde verschwunden und werden niemals zurückkehren. Doch letztlich, so behauptet die Evolutionstheorie, sind alle Arten mehr oder weniger eng miteinander verwandt. Sie haben sich Schritt für Schritt und über unvorstellbar lange Zeiträume auseinander entwickelt. Jeder von uns hat ein bisschen was von einem Einzeller, Wurm, Fisch, Frosch oder Schimpansen in sich.

Allerdings entscheiden die Evolutionsgene, die für Mutationen mitverantwortlich sind, nicht darüber, ob die jeweilige Veränderung einer Erbanlage für das betreffende Lebewesen von Vorteil oder Nachteil sein wird. Darüber entscheidet allein die Umwelt. Unter verschiedenen Umweltbedingungen kann ein und dieselbe Mutation förderlich oder hinderlich sein. Man stelle sich zum Beispiel vor, ein Schmetterling würde als Folge einer Genmutation verkrüppelte Flügel haben. Das ist für einen Schmetterling natürlich von großem Nachteil – denkt man. Er kann ja nicht mehr fliegen und wird deshalb große Schwierigkeiten haben, Futter zu finden oder Fressfeinden zu entkommen. Man sollte also davon ausgehen, dass sich eine solche Mutation für einen Schmetterling sehr negativ auswirkt.

Nun kann aber die Umwelt so gestaltet sein, dass eine solche Verkrüppelung der Flügel Vorteile mit sich bringt. Die betreffende Schmetterlingsart kann zum Beispiel auf einer kleinen ungeschützten Insel leben, wo sie stets damit zu kämpfen hat, von heftigen Winden ins Meer geweht zu werden. Mit Stummelflügeln hat die Art plötzlich einen Vorteil, der die Nachteile mehr als nur aufwiegt. Die Schmetterlinge werden nicht mehr ins Meer geweht.

Tatsächlich haben Insektenforscher herausgefunden, dass es auf manchen abgelegenen Inseln – und zwar nur dort! – viele Arten von Schmetterlingen, aber auch von Käfern, gibt, die verkümmerte Flügel haben, welche sie nicht mehr zum Fliegen befähigen. An diesem Beispiel sieht man, dass man nicht von vornherein sagen kann, ob eine Mutation zum Vor- oder Nachteil wird. Das zeigt sich erst, wenn sie in dieser oder jener Umwelt von der Natur ausprobiert wird.

Mutierte Gene sorgen also dafür, dass sich unter den Lebewesen etwas verändert, dass nicht für alle Zeiten alles so bleibt, wie es ist. Aber wieso sollen die Lebewesen nicht für immer so bleiben, wie sie sind? Was ist der Sinn der Evolution? Nun, Lebewesen sind dadurch in der Lage, sich auf Veränderungen in der Umwelt einzustellen – oder eben nicht, und so dem Untergang geweiht zu sein. Als reine Zufallsspiele der Natur treffen Mutationen mal dieses, mal jenes Gen. Auf diese Weise kann sie immer wieder neue Möglichkeiten ausprobieren, um vorhandene Arten zu verbessern.

Allerdings kann etwas, das zuerst eine Verbesserung war, sich bei veränderten Umweltbedingungen wieder als Verschlechterung erweisen. Das komplexe Wechselspiel von Mutationen und Umwelt ist ein offenes Spiel mit ungewissem Ausgang. Zum Glück hat sich die Natur, wie schon erwähnt, »Reparaturwerkzeuge« geschaffen, nämlich chemische Stoffe, mit denen sie Mutationen verhindern oder rückgängig machen kann. Die Erforschung dieser Stoffe, die schon vor zwanzig Jahren begann, lieferte auch die Grundlage der so genannten Gentechnik, wo ebenfalls versucht wird, mit Hilfe dieser Stoffe bestimmte mutierte Gene zu reparieren, zum Beispiel solche, die für schwere Erbkrankheiten verantwortlich sind. Aber mit der Gentechnik, ihrem Nutzen und ihren Gefahren, werden wir uns später noch genauer befassen.

Die biologische Evolution, so viel ahnen wir schon, ist ein vielschichtiger Prozess, der über unvorstellbar lange Zeiträume auf der Erde stattgefunden hat – und längst nicht zu Ende ist. Im Wechselspiel von Genmutationen und Umwelt trifft die Natur eine Auswahl unter den vorhandenen biologischen Arten. Darwin prägte hierfür den Begriff der natürlichen Auslese (Selektion). Danach entsteht in jeder Generation einer Art eine unglaubliche genetische Vielfalt, wobei aber immer nur relativ wenige der zahllosen Nachkommen zur Fortpflanzung gelangen.

Leben als Kampf ums Überleben

Nur die am besten an die Umwelt angepassten Individuen einer Art haben auch die besten Überlebenschancen, das heißt die besten Möglichkeiten, die Geschlechtsreife zu erreichen und Nachkommen zu zeugen. Dabei muss sich jedes Individuum nicht nur gegen Konkurrenten der eigenen Art behaupten, sondern sich auch noch gegen Vertreter anderer Arten durchsetzen, die ebenso ihre Ansprüche an den vorhandenen Lebensraum geltend machen. Hinzu kommen Umweltveränderungen im Bios (das griechische Wort für das Lebendige) der Erde durch alle Zeiten hindurch, also seit fast 4 Milliarden Jahren.

Der evolutionäre Fortschritt ergibt sich zwangsläufig aus dem Zusammenspiel von Abwandlung (Variation) und Auslese (Selektion) bei ständig sich verändernden Umweltbedingungen. Evolution ist somit ein ganz allmählicher, stetiger Vorgang, der in Zeit und Raum geschieht. Würde die Evolution allein in der Zeit geschehen, gäbe es nur Anpassungsveränderungen der Lebewesen, die sich in neuen Merkmalen ausdrückten. Damit allein lässt sich jedoch die erstaunliche Vielfalt des Lebens, also die Zunahme der Artenzahl, nicht erklären. Die Eroberung des Raums spielt bei der Evolution eine ebenso wichtige Rolle. Durch Gründung zahlreicher Bevölkerungen außerhalb des ursprünglichen Verbreitungsgebiets ergibt sich über lange Zeiträume die Möglichkeit der Entstehung neuer Arten mit ganz besonderen Merkmalen. Diese Merkmale sind Folge der Anpassung an die neuen Lebensräume. So bringt jeder Lebensraum im Lauf der Zeit eine Vielfalt typischer Arten hervor. Diese Vervielfachung der Arten nennen die Biologen Speziation, das heißt Ausbildung von Spezies, also von Arten.

In seinem berühmten Buch »Die Entstehung der Arten« fasste Darwin den vielschichtigen Evolutionsprozess der Lebewesen in fünf Hauptpunkten zusammen: 1) Lebewesen entwickeln sich im Lauf der Zeit ständig weiter. 2) Verschiedene Arten von Lebewesen stammen von einem gemeinsamen Vorfahren ab. 3) Die Artenvielfalt entstand im Lauf der Jahrmillionen (Speziation). 4) Die Evolution verläuft nicht in plötzlichen Sprüngen, sondern in einem allmählichen Wandel. 5) Der Motor der Evolution besteht in der Konkurrenz zwischen zahlreichen Individuen um die Lebensräume und die Lebensgrundlagen (vor allem Nahrung), die dort vorhanden sind. Diese Konkurrenz führt zu unterschiedlichen Überlebens- und Fortpflanzungsformen und damit zu einer natürlichen Auslese unter den Individuen (Selektion).

In den Jahrzehnten nach Erscheinen von Darwins epochalem Buch lieferte die Biologie mehr und mehr Beweise für die Richtigkeit der Evolutionstheorie. Tatsächlich scheint alles Leben aus einem gemeinsamen Ur-Lebewesen hervorgegangen zu sein. Darwin schlug einen sich verzweigenden Stammbaum des Lebens vor. Dieser bildet gewissermaßen das Rückgrat der darwinischen Evolutionstheorie.

Der Stammbaum des Lebens verästelt sich nach oben hin mehr und mehr. An der Basis sitzt eine Art biologischer Urform in Gestalt eines Einzellers, von dem alle Pflanzen und Tiere abstammen. Aus dem Stammbaum ergeben sich Verwandtschaften zwischen Pflanzen- oder Tiergruppen, so etwa zwischen Reptilien und Vögeln. Aufgabe von Fossilien-Forschern ist es unter anderem, nach Zwischengliedern zu suchen oder zu überlegen, wie solche ausgesehen haben könnten. So fand man 1861 das fehlende Glied zwischen Reptilien und Vögeln: den berühmten Urvogel Archaeopteryx, ein fossiles Tier, das halb Reptil und halb Vogel war.

Der etwa taubengroße Urvogel Archaeopteryx zeigt ein Mosaik von Reptilien- und Vogelmerkmalen. Er stellt ein Bindeglied – ein »Brückentier« – zwischen beiden Gruppen dar. Einerseits zeigt er typische Vogelmerkmale (z. B. Flügel, Federn, Vogelbeine, große Augen, Vogelschädel), andererseits aber auch solche von Kriechtieren (z. B. Zähne und lange Schwanzwirbelsäule).

Heute zweifelt kein vernünftiger Mensch mehr an der Evolutionstheorie. Sie ist streng genommen gar keine Theorie mehr, sondern eine Tatsache der Natur, ähnlich der Tatsache, dass die Erde sich um die Sonne dreht. Die ganze Biologie ist überhaupt nur sinnvoll im Licht der Evolution. An der Evolution ist nur noch ihr Beginn rätselhaft; ein wirkliches Mysterium ist aber auch er nicht mehr. Unklar sind nur die Einzelheiten des Vorgangs, nicht der Vorgang als Ganzer.

Milliarden Jahre trat das Leben auf der Stelle

Das erste Lebewesen, so viel scheint heute Gewissheit zu sein, war ein primitiver Einzeller, eine winzige Zelle, deren Erbgut noch nicht in einem Zellkern verpackt war. Freilich gab es von diesem Einzeller nicht nur einen einzigen an irgendeinem Ort der Erde, sondern es sind gleichzeitig ganz viele an verschiedenen Orten unter ähnlichen Bedingungen entstanden. Manche Biologen vertreten die Meinung, dass der Stammbaum des Lebens nicht nur von einer einzigen Art kernloser Urzellen ausging, sondern von einer Urgemeinschaft primitiver Einzeller, die sich in ihren Genen unterschieden haben.

Die frühen Nachkommen solcher kernlosen Urzellen spalteten sich vermutlich in zwei getrennte kernlose Gruppen auf: die Bakterien und die so genannten Archaeen, die den Bakterien sehr ähnlich sind, sich jedoch im Aufbau der Zellwände von ihnen unterscheiden. In manchen biochemischen Einzelheiten gleichen die Archaeen eher einfachen Pflanzen und Tieren als den Bakterien.

Aus diesen beiden kernlosen Zellen, die man früher unter dem Begriff »Archaebakterien« zusammenfasste, gingen später komplexere, kernhaltige Zellen hervor. Die ältesten Fossilfunde sind 3,5 Milliarden Jahre alt: primitive Einzeller, vor allem Bakterien und Algen. Die Wissenschaftler vermuten, dass sie bei Temperaturen um 100 Grad Celsius unter dem Meeresboden gelebt haben könnten. Unlängst fanden australische Forscher in vulkanischem Urgestein Spuren solcher urtümlichen Einzeller. Ihre Nachkommen leben noch heute unter ähnlich extremen Bedingungen, etwa in den so genannten »Black Smokers« (Schwarze Raucher), riesigen Unterwasser-Schloten, die sich an jenen Stellen im Ozean finden, wo die Kontinentalplatten aneinander reiben und das flüssige Magma ständig neuen Meeresboden bildet. Dort schießt heißes, stark mit Mineralien angereichertes Meerwasser in den Magmaschloten hoch (vgl. S. 39f.). Beim Kontakt mit dem zwei Grad Celsius kalten Wasser der Umgebung flocken die Mineralien aus und es bildet sich der schwarze »Rauch«. Für die urzeitlichen Bakterien sind das ideale Lebensbedingungen – heute wie vor 3,5 Milliarden Jahren.

Diese Bakterien auf dem Meeresgrund sind wahre Extremisten unter den Lebewesen. Sie können kochend heißes Wasser nicht nur aushalten, sondern fühlen sich unter diesen Bedingungen erst richtig wohl. Vor allem dient ihnen die Mineralienbrühe in der Nähe der »Schwarzen Raucher« als Nahrung. Schwefel ist ihre »Lieblingsspeise«. Man nennt diese Hitze liebenden Bakterien Hyperthermophile. Bis heute kennt man etwa 70 Arten solcher Bakterien.

Diese ältesten Lebensformen auf der Erde zeigen eine unglaubliche Anpassungsfähigkeit an Umweltbedingungen, die aus menschlicher Sicht hoch giftig sind. So tragen einige Arten dieser Bakterien Namen, die ihre extreme Lebensweise zum Ausdruck bringen: Pyrococcus furiosus, der rasende Feuerball, eine besonders bewegliche Art mit hoher Vermehrungsrate. Oder Acidianus infernus, der höllisch-saure Janus, der buchstäblich zwei Gesichter hat wie der römische Gott Janus. Je nachdem, ob er in einer Umgebung mit oder ohne Sauerstoff lebt, produziert er entweder ätzende Schwefelsäure oder stinkenden Schwefelwasserstoff. Und da ist noch Ferroglobus placidus, die friedliche Eisenkugel. Dieses Bakterium ernährt sich von Nitrat, also dem Grundstoff von Schießpulver, und verwandelt Eisen in Rost. Einen aggressiveren Stoffwechsel kann man sich kaum vorstellen.

Die genauere Erforschung der höllischen Bakterien und Archaeen könnte womöglich zum Verständnis der Evolution des frühen Lebens beitragen. Am Archaeen-Zentrum der Universität Regensburg wird denn auch genau in diese Richtung geforscht.

Die Entdeckung der genannten Tiefsee-Bakterien ist ein weiterer Hinweis, dass das Leben in vulkanischen Gebieten auf dem Meeresgrund seinen Anfang genommen haben könnte. Diese These wird auch durch neueste genetische Analysen heutiger Archaeen bestätigt. Möglicherweise lassen sich sogar Beziehungen zur Chemie des menschlichen Körpers herstellen. So finden sich zum Beispiel in menschlichen Eiweißen Spuren von Nickel, Kupfer und Zink. Diese Metalle sind typisch für Ablagerungen, die man in der Nähe der »Black Smokers« gefunden hat.

Einzeller mit richtigem Zellkern traten vor etwa 2 Milliarden Jahren auf. An diesen Zeitangaben sieht man, dass sich das Leben zwar relativ rasch nach Entstehung der Erde entwickelt hat, dann aber erstaunlich lang gebraucht hat, um sich aus kernlosen Einzellern (die ältesten Funde verweisen auf die Zeit vor 3,5 Milliarden Jahren) zu solchen mit Kern weiterzuentwickeln.

Von den Einzellern mit Zellkern zu den mehrzelligen Lebewesen vergingen wiederum rund 1,4 Milliarden Jahre. Das bedeutet, dass die ersten vielzelligen Tiere, flache, stark gegliederte Lebewesen, so genannte Ediacara-Tiere, die aussahen wie Blätter oder Farnwedel, erst vor etwa 600 Millionen Jahren aufgetreten sind. Erstaunlich ist freilich, dass so primitive Urformen wie Bakterien oder Archaeen sich über Jahrmilliarden bis heute behaupten konnten.

Im Lauf der Evolution wurden die neu entstehenden Arten zwar immer komplexer – von den wirbellosen Tieren über die Fische, Lurche, Reptilien, Vögel zu den Säugetieren –, aber dennoch blieb das Bakterienreich unvergleichlich, was seine Stabilität betrifft. Es steht ganz am Beginn des Lebens und wird aller Voraussicht nach bis zum Ende der Erde überdauern. Mit gutem Grund könnte man die ganze

Evolution des Lebens als Zeitalter der Bakterien bezeichnen. Die Evolution hat unzählige Lebewesen hervorgebracht, die viel höher entwickelt waren als die Bakterien, doch die meisten von ihnen gaben nur ein kurzes Zwischenspiel auf der Bühne des Lebens, um danach für immer zu verschwinden. Allein die Bakterien hielten von Anbeginn nicht nur ihre Position, sondern erweiterten ihre Vielfalt bis auf den heutigen Tag. Es gibt keine erfolgreicheren Lebewesen als sie; ihre Ausbreitung ist die wahre Erfolgsgeschichte der Evolution, zumindest, was Dauerhaftigkeit betrifft. Bakterien haben mehr Lebensräume erobert als jede andere Art von Lebewesen. Sie sind geradezu unverwüstlich und erstaunlich vielseitig. Selbst der Mensch, der für fast jedes Lebewesen auf der Erde eine Bedrohung darstellt, weiß bei den Bakterien nicht, wie er sie ausrotten könnte – mal davon abgesehen, dass viele Bakterienarten für den Menschen lebensnotwendig sind. Allein im Darm eines jeden von uns leben mehr Bakterien, als es jemals Menschen auf der Erde gab.

Aber das alles muss uns gar nicht verwundern. Ein Lebewesen, das unter den extremen Verhältnissen der jungen Erde entstehen und überdauern konnte, hat die besten Voraussetzungen, sich auch unter weniger harten Lebensbedingungen zurechtzufinden. Die ersten Organismen waren so einfach gebaut, weil ein komplizierter Bau weder möglich noch nötig war. Bakterien verkörpern den einfachsten Bauplan eines Organismus, der erforderlich ist, damit man von Leben sprechen kann. Einen einfacheren Bauplan als den von Bakterien können wir uns nicht denken.

Wie schon gesagt: Das Leben auf der Erde blieb die längste Zeit – rund fünf Sechstel seiner Geschichte, also fast 3 Milliarden Jahre – auf Einzeller beschränkt. In dieser unvorstellbar langen Epoche der Einzeller stand die Evolution allerdings nicht vollkommen still. Aus Einzellern ohne Kern entwickelten sich solche mit Kern und anderen Bestandteilen eines komplexeren Zellaufbaus. Für diesen winzigen Entwicklungsschritt hat sich das Leben also unendlich viel Zeit gelassen; es kam erst mal überhaupt nicht richtig in Schwung. Die Gründe dafür sind unklar. Mag sein, dass die Zusammensetzung der Erdatmosphäre für größere Entwicklungssprünge ungeeignet war. So enthielt die Atmosphäre zum Beispiel mit Sicherheit noch zu wenig Sauerstoff, um komplexere Lebensformen zu erlauben.

Die Explosion des Lebens

Überraschend ist, wie schnell der Übergang zum vielzelligen Leben vor sich ging: Die Entwicklung zur Vielzelligkeit begann vor etwa 600 Millionen Jahren und war bereits vor 530 Millionen Jahren weitgehend abgeschlossen. Während 3 Milliarden Jahren gab es nur Einzeller, und in nur 70 Millionen Jahren traten die Vielzeller auf den Plan – die bereits erwähnten Ediacara-Tiere. Diese primitiven Lebewesen bestanden faktisch nur aus zwei Zelllagen. Solch eine einfache Zellorganisation findet man heute teilweise noch bei Quallen oder Korallen, allerdings in stark abgewandelter Form.

Das Leben, so könnte man sagen, war plötzlich auf die Idee gekommen, mit sich selber zu spielen, neue, kompliziertere Formen auszuprobieren. Dann, vor 530 Millionen Jahren, zu Beginn des Kambriums, kam es zu einem wahren Urknall des Lebens. Die Evolution gab sich selber einen gewaltigen Schub.

Geologische Zeitalter			
Ära (Zeitalter)	Periode (Formation)	Epoche	Jahrmillionen vor der Gegenwart (ca.)
Känozoikum	Quartär	Holozän Pleistozän	2
	Tertiär	Pliozän Miozän Oligozän Eozän Paläozän	65
Mesozoikum	Kreide Jura Trias		225
Paläozoikum	Perm Karbon Devon Silur Ordovizium Kambrium		570
Präkambrium			

Die Natur schien auf einmal alles ausprobieren zu wollen, was zu diesem Zeitpunkt überhaupt auszuprobieren war. Innerhalb von nur fünf Millionen Jahren – einem Augenblick, gemessen an den Milliarden Jahren, die schon vergangen waren – zog eine regelrechte Lebensflut über die Erde hinweg, genauer gesagt: über die Meere. Denn das Leben war bis dahin noch auf die Ozeane beschränkt.

In atemberaubendem Tempo entstanden Lebewesen, von denen wir viele als Versteinerungen noch heute bewundern können. Mit einer Ausnahme traten schon alle späteren Tierstämme auf: die Gliederfüßer, zu denen die Insekten und Tausendfüßer zählen; dann die Krustentiere, zu denen die Krebse und Garnelen gehören; die Spinnentiere und schließlich die ausgestorbenen Trilobiten. Nur die Moostierchen, winzige, in Kolonien lebende Meeresbewohner, erschienen erst im nachfolgenden Erdzeitalter, dem so genannten Ordovizium. Aber möglicherweise gab es auch sie schon im Kambrium

Im Präkambrium treten erste vielzellige Lebewesen auf, vorwiegend Hohltiere, Ringelwürmer, Gliederfüßer, Stachelhäuter und Weichtiere.
Im Paläozoikum entwickeln die Lebewesen erstmals harte Baumaterialien als Schutz vor Fressfeinden.
Das Kambrium erlebt eine wahre Explosion des Lebens, die im Ordovizium und Silur zu einer großen Formenfülle bei den Wirbellosen führt. Erste Wirbeltiere treten auf. Im Silur erscheinen die ersten Landpflanzen (Nacktfarne). Im Devon prägen Sumpflandschaften die Erdoberfläche. Es gibt erste Landwirbeltiere und Insekten.
Im Karbon entfaltet sich eine üppige Waldvegetation. Riesige Insekten und erste Reptilien tauchen auf.
Im Perm erlebt die Entwicklung des Lebens ihren schwersten Rückschlag. Durch Einschlag eines gewaltigen Meteoriten mit nachfolgender Klimaveränderung wird der Großteil der Lebensformen ausgelöscht.
Im Trias bringen besonders die Reptilien viele neue Formen hervor.
Im Jura herrscht wieder eine große Vielfalt des Lebens. Riesige Saurier beherrschen Land, Wasser und die Luft. Daneben gibt es erste kleine Säugetiere. Auch die ersten Vögel erscheinen im Jura.
Die Kreidezeit erlebt an ihrem Ende das plötzliche Aussterben der Saurier.
Im Tertiär beginnt die Herrschaft der Säugetiere. Ihre Überlegenheit verdanken sie der besseren Nahrungsnutzung, der Brutpflege, dem Klimaschutz durch Fell und Warmblütigkeit und der Hirnzunahme.
Das Quartär, das nur die letzten 2 Millionen Jahre umfasst, ist geprägt vom Erscheinen des Menschen. Mit ihm beginnt eine Epoche (Holozän), in der die anorganische und organische Welt zunehmend und bewusst in ihrer Entwicklung gestaltet, aber auch gefährdet wird.
Wer weiß, welche Epoche nach dem Holozän kommen und wodurch sie sich auszeichnen wird!

und man hat bislang nur noch keine Fossilien aus dieser Zeit entdeckt.

Aber nicht nur die Fülle der plötzlich entstandenen Lebewesen ist erstaunlich, sondern weit stärker noch die Tatsache, dass nach dem Kambrium praktisch keine neuen Grundbaupläne des Lebens von der Natur mehr entworfen wurden. Die vorhandenen wurden nur noch mehr oder weniger abgewandelt. Der Biologe und Geologe Stephen Jay Gould brachte diese Erkenntnis auf den Punkt: »Drei Milliarden Jahre Einzelligkeit, dann fünf Millionen Jahre intensiver Kreativität und hinterher mehr als 500 Jahrmillionen Herumprobieren mit den einmal vorgegebenen Grundmustern ...«

Natürlich gab es während der kambrischen Explosion des Lebens mehr als nur vier Grundbaupläne für Lebewesen. Die Fossilienfunde aus dem Kambrium zeigen, dass sich der weitaus größte Teil der damals entstandenen Lebewesen den heute noch existierenden Grundbauplänen nicht zuordnen lässt. Man muss sie als eigene Tierstämme betrachten, die von der Evolution sehr schnell wieder zum Untergang bestimmt wurden – gewissermaßen Entwürfe der Natur, die sich als wenig tauglich erwiesen. Diese Tiere, von denen es heute keinen einzigen Vertreter mehr gibt, sahen ziemlich absonderlich aus; der Begriff »Fehlkonstruktion« drängt sich auf.

Da war zum Beispiel Marrella, ein kleines elegant aussehendes Tier, das vermutlich flink über den Meeresboden kroch. Oder ein besonders eigenartiges Tier namens Yohoia, das auf den ersten Blick ziemlich

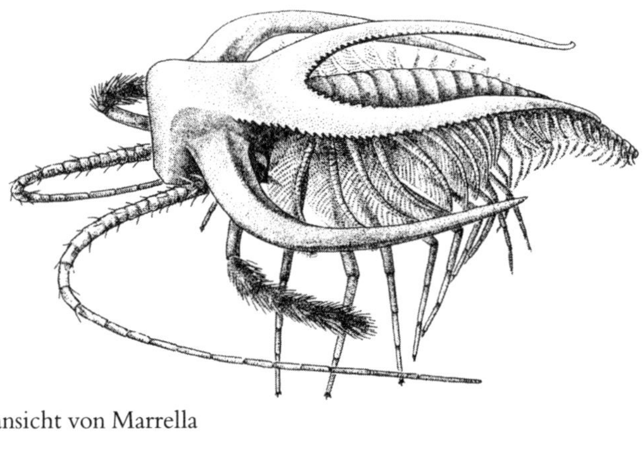

Seitenansicht von Marrella

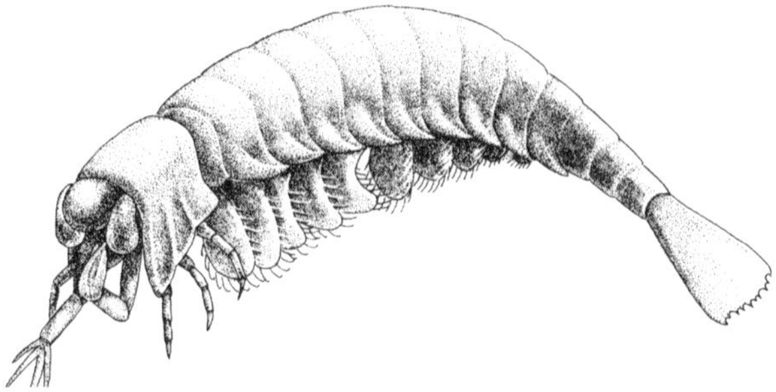

Yohoia

primitiv aussieht und einer lang gestreckten Kellerassel ähnelt. Doch im Grunde gab es nichts an diesem Tier, das zu irgendeinem der bekannten, heute noch vorkommenden Tierstämme passt. Zeitweise wurde dieses Tier von den Wissenschaftlern den Trilobiten zugeordnet, doch dem widerspricht das Paar großer Greifwerkzeuge mit vier Krallen an der Spitze. Es war, wie Marrella auch, ein unvergleichliches, erstaunlich spezialisiertes Lebewesen, das sich mit seinen außergewöhnlichen Merkmalen gewiss sehr gut im Lebenskampf behaupten konnte.

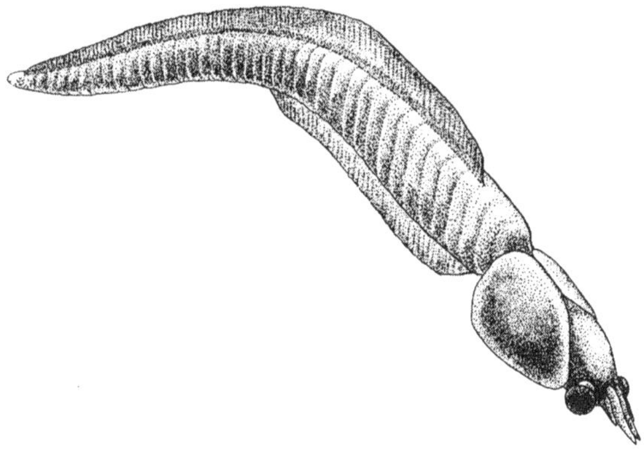

Die rätselhafte Nectocaris, die vorne am ehesten einem Gliederfüßer und hinten einem Chordaten mit Schwanzflosse ähnelt.

Ziemlich rätselhaft sah auch Nectocaris aus. Es erinnert an die so genannten Chordatiere, jenen Tierstamm, dem auch wir Menschen angehören. Der Körper trägt oben und unten flossenartige Gebilde.

Und da war Anomalocaris, das mit einer Länge von bis zu 60 Zentimetern das mit Abstand größte Tier des Kambriums gewesen sein dürfte.

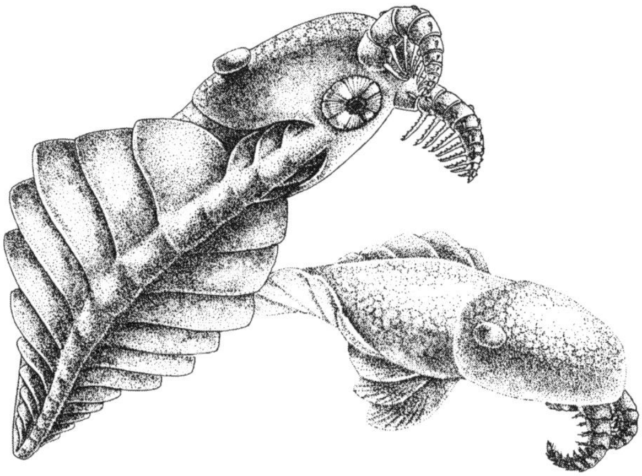

Die beiden Arten von Anomalocaris, die wir kennen: links, von der Unterseite gesehen, Anomalocaris nathorsti mit dem kreisförmigen Mund und den paarigen Mundwerkzeugen; rechts, von der Seite gesehen, Anomalocaris canadensis in schwimmender Position.

Es war vermutlich ein sehr guter Schwimmer, der sich durch wellenartige Bewegungen der Körperlappen fortbewegte. Auch dieses Tier war ein Vertreter eines unbekannten untergegangenen Tierstamms.

Aus der Fülle der vorhandenen Versteinerungen kann man ein grobes Bild der kambrischen Tierwelt erstellen. Die folgende Zeichnung vermittelt eine Vorstellung davon, wie das Leben auf dem Grund des kambrischen Meeres ausgesehen haben könnte, wobei Anomalocaris alle anderen Lebewesen an Größe weit überragte.

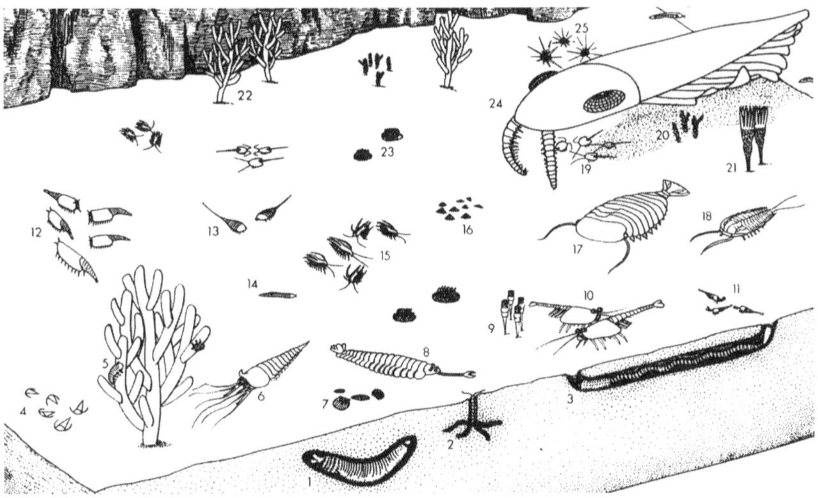

So könnte vor 530 Millionen Jahren die Tierwelt des Kambriums ausgesehen haben. Manche der Formen gibt es noch heute (z. B. Schwämme), doch die meisten sind bald wieder verschwunden, so auch Anomalocaris (24), das vermutlich größte Tier des Kambriums. Viele der damals lebenden Tiere sehen derart sonderbar aus, dass sie sich keinem der heute vorkommenden Tierstämme zuordnen lassen.

Einige der Tiere werden dem »Riesen« Anomalocaris als Beute gedient haben, die er mit seinen kräftigen Mundwerkzeugen gepackt hat. Alle diese wundersamen Tiere konnten entstehen und sich vermehren, weil sie ein Niemandsland vorfanden. Natürliche Feinde gab es kaum – von Anomalocaris mal abgesehen. Der Lebensraum war für die Vielzeller noch leer; er bot ihnen deshalb jede Menge Nischen aller Art. Jedes Experiment der Natur fand irgendwo seinen geeigneten Platz. Die Natur entwarf eine Fülle biologischer Baupläne, weil unendlich viel »Bauplatz« vorhanden war, um diese Pläne auch verwirklichen zu können. Niemals wieder hat die Natur einen solchen Ideenreichtum hervorgebracht.

Die so entstandenen Lebewesen konnten sich an Bakterien und Algen satt fressen. Doch noch etwas anderes war für diese plötzliche Entstehung biologischer Vielfalt verantwortlich: Die ersten vielzelligen Tiere müssen eine außergewöhnliche Fähigkeit zu grundlegenden genetischen Veränderungen (Mutationen) gehabt haben. Die Natur war damals offensichtlich in der Lage, in kürzester Zeit – in wenigen Millionen Jahren – wesentliche körperliche Umgestaltungen an den vorhandenen Lebewesen vorzunehmen.

Doch mit einem Schlag war es mit dem spielerischen Ausprobieren von Grundmustern des Körperbaus zu Ende, nämlich von dem Zeitpunkt an, als erfolgreiche Baupläne gefunden waren. Die Natur fixierte sich auf sie. Das Leben rastete gewissermaßen in diese stabilen Baumuster ein. Es wurde nichts grundlegend Neues mehr hervorgebracht, sondern nur noch das Bewährte abgewandelt zu immer höherer Komplexität. Das Kambrium könnte man deshalb mit gutem Grund als das Erdzeitalter bezeichnen, das die Bauplanentwicklung für Leben hervorbrachte. Damit stellt die kambrische Explosion des Lebens eines der rätselhaftesten Ereignisse der Evolution dar.

Das große Sterben am Ende des Kambriums

Das goldene Zeitalter des Kambriums währte also nur kurz. Es endete, als sich die ersten Tierarten mit Zähnen und Klauen bewaffneten und übereinander herfielen. Zu den Zähnen und Klauen kamen als Schutzvorrichtungen Panzer, Stacheln und Schalen hinzu. Das Gemetzel, das am Ende des Kambriums unter den Lebewesen stattfand, war vermutlich das größte, das die Erde je gesehen hat. Die meisten der vorhandenen Grundformen des Lebens verschwanden wieder von der Erde. Wieso die einen ausstarben und die andern überlebten, ist weitgehend ungeklärt. Manche Evolutionsforscher neigen dazu, auch hier den Zufall als entscheidenden Faktor im Spiel der Natur anzusehen.

Nach der Theorie von Charles Darwin, die vereinfacht besagt, dass in der Natur der Stärkere überlebt und der Schwächere untergeht, hätte zum Beispiel der »Riese« Anomalocaris zu den Siegern gehören müssen, denn unter den damaligen Tierarten war er offensichtlich allen andern überlegen, ausgestattet mit zwei mächtigen Greifarmen und einem riesigen kreisrunden Gebiss. Aber auch er gehörte zu den Verlierern. Sein Bauplan wurde von der Natur als ungeeignet wieder verworfen.

Größe und Komplexität des Körperbaus schützen also nicht vor dem Untergang. Doch auch eine noch so eingehende Untersuchung der Sieger lässt keine gemeinsamen Merkmale erkennen, die sie zu Siegern gemacht haben könnten. Alles spricht dafür, dass hier allein der Zufall entschieden hat. Unter den Siegern waren ganz einfach jene Lebewesen, die Glück gehabt hatten. Die Evolution, so scheint es, war ein einziges großes Lotteriespiel.

Zufällig waren auch die gewaltigen Katastrophen, die, aus dem Weltraum kommend, immer wieder über die Erde hereinbrachen in Gestalt riesiger, auf unseren Planeten stürzender Asteroiden von mehreren Kilometern Durchmesser. Hinzu kamen gewaltige Vulkanausbrüche, die die Erde heimsuchten. Nach derzeitigem Wissensstand wurde das vielzellige Leben auf der Erde von mindestens fünf solcher großen Katastrophen erschüttert: am Ende des Ordoviziums (vor rund 440 Millionen Jahren), im späten Devon (vor 360 Millionen Jahren) sowie am Ende von Perm, Trias und Kreidezeit (vor 250, 215 und 65 Millionen Jahren). Dazu kamen noch einige weniger gewaltige Katastrophen.

Diese globalen Katastrophen hatten verheerende Massensterben zur Folge. Sie überlagerten den normalen darwinischen Evolutionsverlauf von Veränderung (Variation) und Auslese (Selektion). So wurden am Ende des Perm-Zeitalters etwa 95 Prozent aller Arten, die damals noch weitgehend auf die Ozeane beschränkt waren, komplett ausgelöscht. Damit stellte das Ende des Perm-Zeitalters eine der stärksten Krisen in der Geschichte des Lebens dar. Es entging nur knapp seiner totalen Auslöschung.

Das Leben erobert das Land

Jene Arten, die eine solche Katastrophe mit nachfolgendem Massensterben überlebt hatten, konnten ganz neue evolutionäre Wege beschreiten, denn ihre Umwelt war vollkommen verändert und führte zu völlig anderen Entwicklungen in Körperbau und Lebensweise.

So tauchten nach der Perm-Katastrophe, also vor etwa 200 Millionen Jahren, die ersten Lurche, Kriechtiere und Vögel auf. Längst hatten sich auch auf dem Land Lebewesen entwickelt, nämlich 200 Millionen Jahre vor der Perm-Katastrophe: erste Pflanzen, vor allem

Farngewächse. Sie veränderten im Lauf der Zeit die Atmosphäre grundlegend. Bei der Photosynthese wandeln die Pflanzen mit Hilfe des Sonnenlichts das in der Atmosphäre vorhandene Kohlendioxid (CO_2) zusammen mit Wasser in organische Materie (zum Beispiel Zucker) um, unter Freisetzung von Sauerstoff (vgl. S. 19). Dieser Sauerstoff ist Voraussetzung für die Entwicklung bestimmter tierischer Lebensformen auf dem Land.

Allerdings waren Pflanzen nicht die »Erfinder« der Photosynthese. So genannte Purpur-Bakterien waren schon lange vor den ersten Pflanzen in der Lage, auf chemischem Weg Energie zu gewinnen. Der entscheidende Unterschied liegt aber darin, dass diese Bakterien bei ihrer Photosynthese keinen Sauerstoff freisetzen.

Zwar hatten die Algen im Meer schon seit Milliarden Jahren Sauerstoff produziert, doch der hatte sich in der Atmosphäre nicht ansammeln können. Im Meer waren nämlich viele Minerale gelöst, mit denen sich der Sauerstoff sofort zu Metalloxiden verbunden hat, bevor er aus dem Wasser in die Atmosphäre entweichen konnte.

Der Sauerstoff, dieses für die Entwicklung höherer Lebensformen so wichtige Gas, hatte sich erst vor etwa zwei Milliarden Jahren langsam in der Atmosphäre angereichert, nachdem die Minerale im Meer weitgehend oxidiert waren. Dieser Prozess beschleunigte sich mit dem Erscheinen der ersten Pflanzen. Der Sauerstoff in der Atmosphäre war aber noch auf andere Weise günstig für die Entfaltung des Lebens auf dem Land: In den höheren Schichten der Atmosphäre schließen sich die Sauerstoff-Atome nämlich zu Dreiergruppen zusammen. Es entsteht Ozon (O_3). Und das bildet eine Art Schutzschild, der den Großteil der schädlichen UV-Strahlung aus dem Kosmos abhält.

Erst nachdem genügend Sauerstoff in der Atmosphäre vorhanden war, um die Bildung von Ozon zu ermöglichen, war Leben auf dem Festland möglich. Dort eroberten nach und nach die Saurier die Herrschaft im Tierreich, um sie während hundert Millionen Jahren nicht mehr abzugeben. Vermutlich würden sie noch heute über die Erde stampfen, wäre nicht vor etwa 65 Millionen Jahren der vorerst letzte gewaltige Asteroid auf die Erde gestürzt. An die plötzliche globale Klimaveränderung, die dadurch eintrat, konnten sich diese Tierungetüme nicht anpassen. Die Eigenschaften der Saurier, die für sie bis dahin von Vorteil waren, erwiesen sich plötzlich als Nachteil.

Der Siegeszug der Säugetiere

Den durch das Aussterben der Saurier frei gewordenen Platz konnte eine andere Klasse von Wirbeltieren einnehmen, die bis dahin buchstäblich im Schatten der mächtigen Saurier nur in kleinen Nischen existieren durfte: die Säugetiere. 100 Millionen Jahre lang hatten sie neben den Sauriern gelebt, waren ihnen jedoch vollständig unterlegen gewesen und über die Größe von Ratten nicht hinausgekommen. Sie hatten nicht die geringste Chance, die Saurier zu verdrängen. Allein der Zufall einer kosmischen Katastrophe machte sie zu Siegern. Ihre Kleinheit wurde für sie plötzlich zu einem Vorteil, während sie 100 Millionen Jahre das Zeichen ihrer Unterlegenheit gewesen war, ihres Unvermögens, in den Herrschaftsbereich der Saurier einzudringen.

Die Saurier hatten sich in ihrer beherrschenden Rolle zu sehr auf ihre Riesenhaftigkeit spezialisiert. Die kleinen Säuger hingegen waren flexibler und dadurch in der Lage, sich nach der Katastrophe den neuen ökologischen Gegebenheiten schnell anzupassen. Ohne die zufällige Asteroiden-Katastrophe am Ende der Kreidezeit hätte es vermutlich keinen Siegeszug der Säugetiere in der Evolution gegeben – und damit wohl auch keine Menschen auf der Erde.

Die Evolution des Lebens stellt somit keine logisch aufgebaute Leiter des geradlinigen Fortschritts dar, auf der ganz oben, als unvermeidlicher und krönender Abschluss, der Mensch steht. Die Evolution hätte genauso gut auch anders ablaufen können. Freilich ist der Mensch geneigt, die ganze Evolution von seiner Warte aus zu sehen und zu bewerten. Er neigt dazu, sich selbst als das höchste Ziel der Evolution zu betrachten. Dazu verleitet ihn vor allem eine unverkennbare Tendenz in der Evolution des Lebens: die Ausbildung einer immer größeren Komplexität der Organismen, die Tendenz zum Höheren, das heißt letztlich zum Intelligenteren.

Ein Mensch ist zweifellos ein komplexeres Lebewesen als ein Pferd, das Pferd ist komplexer als ein Frosch, der Frosch ist komplexer als eine Stubenfliege, die Stubenfliege ist komplexer als ein Bakterium. Übersehen wird dabei, dass Komplexität für das Leben keinen absoluten Wert darstellt und schon gar nicht den höchsten Wert. Das ist nichts weiter als ein menschliches Wunschbild. Dieses hat grafisch seinen Niederschlag in den Stammbäumen gefunden, wie sie von den Biologen des 19. Jahrhunderts entworfen wurden. An ihnen war so gut wie nichts richtig.

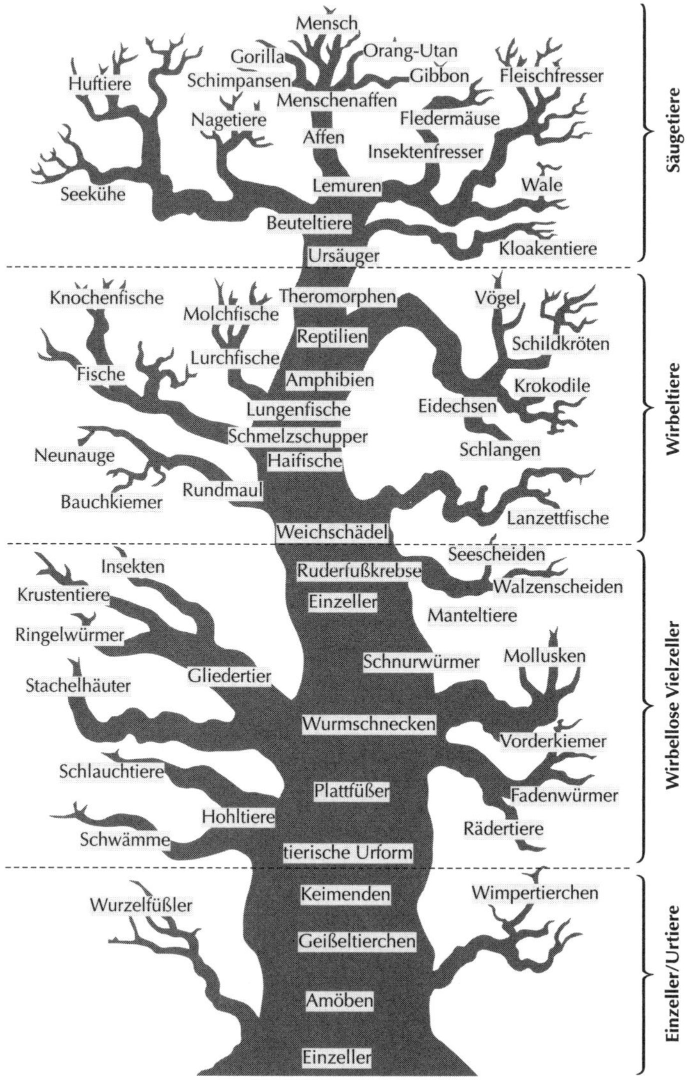

Bei diesem Stammbaum besetzen die Säugetiere die Krone, obwohl sie nur eine vergleichsweise kleine Klasse mit etwa 4 000 Arten sind. Eine so erfolgreiche Klasse wie die Insekten mit mindestens 1 Million Arten muss mit einem mickrigen, nicht weiter verzweigten Ast im mittleren Bereich des Baums zufrieden sein. Dadurch entsteht ein irreführendes Bild der Evolution, wie es zum Teil noch heute an Schulen gelehrt wird.

Das Vorurteil des Fortschritts in der Evolution zwang die Biologen dazu, die am höchsten entwickelten Arten in der Krone des Stammbaums anzusiedeln. Dort ist ein Baum naturgemäß am breitesten. Dieser Bereich des Stammbaums täuscht vor, dass die höher entwickelten Tiergruppen auch die artenreichsten seien. Das ist jedoch falsch. Was die Zahl der Arten betrifft, sind die Insekten viel erfolgreicher als die Säugetiere. Die Säugetiere bringen es gerade mal auf 4000 Arten, während die Klasse der Insekten fast eine Million Arten kennt. Dieses gewaltige Artenheer besetzt auf dem Evolutionsbaum nur einen kleinen, nicht weiter verzweigten Nebenast. Ihre »Primitivität« zwingt sie dorthin.

Hundert Jahre lang hat dieser Stammbaum des Lebens das biologische Denken eingeschränkt. Erst in jüngster Zeit setzen sich andere Sichtweisen der Evolution durch. So wird zum Beispiel in neuen Stammbäumen die kambrische Explosion des Lebens berücksichtigt, also die Tatsache, dass schon sehr früh in der Evolution die allergrößte Vielfalt auftrat.

So hat zum Beispiel Stephen J. Gould folgenden Stammbaum vorgeschlagen:

Der Stammbaum des Lebens ähnelt eher einem Busch. Der größte Teil seiner Äste starb im Verlauf der Evolution ab. Jene Äste, die übrig blieben, verzweigten sich auf vielfältige Weise, das heißt: Der Artenreichtum nahm zu, ohne dass neue Grundbaupläne hinzugekommen wären.

Dass sich bestimmte Abstammungslinien weiter nach oben entwickeln konnten, war allein eine Frage des Zufalls. Ob dieser »Lebensbusch« nur einen einzigen Ursprungszweig hat – der für die Urzelle steht –, ist inzwischen auch fraglich. So wird der Stammbusch von einigen Biologen derart abgewandelt, dass er aus mehreren Ursprüngen hervorgeht, also nicht mehr in einer einzigen Zelle als Urahn wurzelt. Vielmehr entspringt er einem Netzwerk von ursprünglichen Zweigen, die für eine Urgemeinschaft primitiver Zellen stehen.

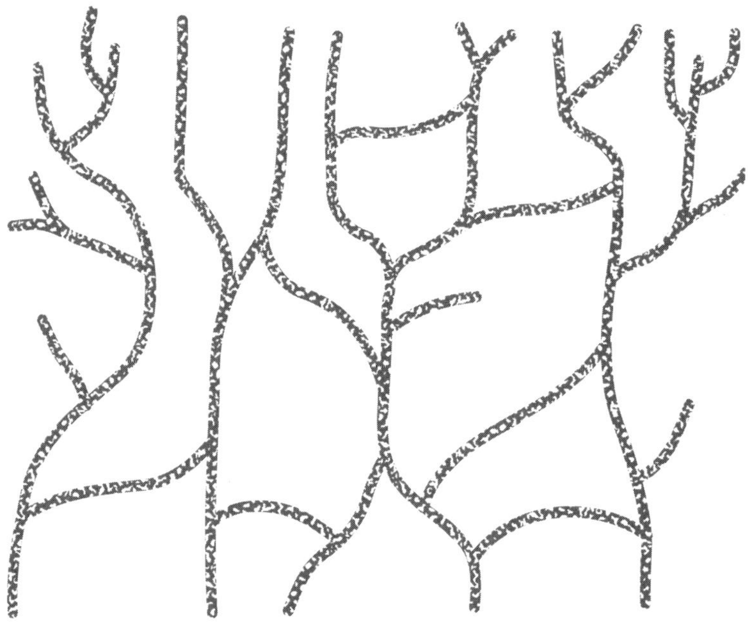

Der Stammbaum des Lebens könnte auch so aussehen. Er erinnert eher an ein Pilzgeflecht als an einen Baum oder Busch. Dieses »Stammgeflecht« wurzelt nicht in einer einzigen Urzelle, die den Urahn aller Lebensformen darstellt. Vielmehr bildet eine Urgemeinschaft primitiver Zellen, die sich in ihren Genen voneinander unterschieden haben, mehrere Ursprünge. Diese stellten später zahllose Verbindungen zwischen den Ästen des Geflechts her.

Mit gutem Recht ließe sich die Tendenz der Evolution zum Höheren und Geistigeren als eine Randerscheinung betrachten. Als wesentlich bedeutsamer könnte man zum Beispiel die ungeheure Stabilität des Bakterienreichs ansehen. Man könnte also genauso gut sagen: Höchster Zweck der Evolution ist die Stabilität der Bakterien über Jahrmilliarden. Alles andere ist eine Abfolge von mehr oder weniger langen Gastspielen der Arten. Am Ende wird vielleicht auch die Gattung Mensch nur ein kurzes Gastspiel auf der Erde gegeben haben – womöglich die erste Art, die sich selbst den Garaus machte, was natürlich nur bedeuten würde, dass die Intelligenz dieses Lebewesens nicht sehr groß gewesen sein kann. Die Bakterien jedenfalls überstehen problemlos den Krieg, den der intelligente Mensch seit hundert Jahren gegen sie führt. Im Gegenteil: Sie werden in diesem Krieg immer widerstandsfähiger. Daraus könnte man sogar schließen, dass Bakterien mindestens so intelligent sind wie Menschen. Das ist natürlich Unsinn. Die »Bakterien-Intelligenz« ist mit der Menschen-Intelligenz nicht zu vergleichen.

Dennoch: Dass Bakterien mit Abstand die erfolgreichsten Lebewesen auf der Erde sind, sieht man unter anderem auch daran, dass sie allein schon durch ihre Menge eine beherrschende Rolle spielen. Im Gegensatz zur Bakterienmasse erscheint die Menschenmasse geradezu lächerlich klein: Fünf Millionen Billionen Billionen (eine 5 mit 30 Nullen!) Bakterien gibt es schätzungsweise auf der Erde. Das haben Mikrobiologen ausgerechnet. Alle Bakterien aneinander gereiht ergäben eine Bakterienschlange von 200 Millionen Lichtjahren Länge. Zum Vergleich: Der Durchmesser unserer Galaxis beträgt ungefähr 100000 Lichtjahre. Zusammen enthalten sie etwa 500 Milliarden Tonnen organischen Kohlenstoff. Das ist die gleiche Menge, die auch in allen Pflanzen der Erde gebunden ist.

Dennoch kann man den Trend in der Natur zu einem immer größeren Gehirn – und damit zu höherer Intelligenz und höherem Bewusstsein – nicht einfach unberücksichtigt lassen. Bewusstsein ist eine herausragende Qualität des Lebens, die der Evolution durchaus einen Sinn zu verleihen vermag – zumindest von der menschlichen Warte aus. Gerade weil die ganze Evolution so sehr vom Zufall bestimmt ist, fällt es äußerst schwer, einen allgemeinen Sinn in ihr zu entdecken. Fast sieht es so aus, als wären die zahllosen Zufälle notwendig gewesen, um das Bewusstsein des Lebendigen auf ein immer höheres Niveau zu heben. Als stecke hinter all den Zufällen doch wieder ein verborgener, möglicherweise göttlicher Plan. Vielleicht waren die Zufälle gar keine.

Doch wir sollten nicht weiter in diese Richtung fragen, denn damit begeben wir uns auf unsicheres Gelände, jenem der philosophischen und religiösen Spekulation. Uns interessiert aber nicht so sehr, was man über die Evolution des Lebens glauben, sondern was man über sie wissen kann.

Sicher ist eins: Ein größeres Gehirn bedeutet mehr Bewusstsein und höhere Intelligenz. Mit dieser Entwicklung geht die Fähigkeit einher, immer umfangreichere und genauere Informationen unter den Mitgliedern einer Art auszutauschen. Und genau diese Fähigkeit erwies sich als entscheidender Vorteil, zumindest, was die Entwicklung des Menschen aus affenartigen Vorfahren betrifft. Die wollen wir jetzt etwas genauer betrachten.

Die Affennatur des Menschen

Charles Darwin war nicht der erste Wissenschaftler, der die These vertrat, dass der Mensch vom Affen abstamme. Streng genommen hat er das ohnehin nicht behauptet, sondern gesagt, dass Affe und Mensch einen gemeinsamen Vorfahren hatten. Das ist ein kleiner, aber wichtiger Unterschied. Er besagt, dass sich die Entwicklungswege von Affe und Mensch schon vor relativ langer Zeit trennten.

Von den drei Menschenaffen-Arten stehen uns die Schimpansen genetisch am nächsten: 98,4 Prozent der Gene haben wir mit ihnen gemeinsam. Mit den Pavianen zum Beispiel, die freilich nicht zu den Menschenaffen zählen, teilen wir nur 94 Prozent der Gene. Was aber das Verblüffende ist: Mensch und Schimpanse sind genetisch näher miteinander verwandt als Schimpanse und Gorilla. Diese genetische Tatsache sollte man jedoch nicht überbewerten. Entscheidend ist ja die Frage, wieso die geistigen Unterschiede zwischen Schimpanse und Mensch so gewaltig sind, während sie zwischen Schimpanse und Gorilla kaum ins Gewicht fallen. Man sollte in diesem Zusammenhang auch nicht vergessen, dass sich zum Beispiel Mensch und Maus in ihrer DNS immer noch zu 92 Prozent gleichen. Und selbst eine einfache Fruchtfliege teilt noch 75 Prozent der Gene mit uns Menschen.

Die Unterschiede liegen also nicht nur in den Genen, beziehungsweise sie liegen in wenigen, aber dafür ganz entscheidenden Genen, nämlich jenen, die bei der Hirnentwicklung eine besondere Rolle spielen. Zwar sind auch die Schimpansen im Besitz dieser Gene, aber sie sind bei ihnen weniger aktiv als beim Menschen. Das heißt, dass die Übersetzung dieser »Hirn-Gene« in Eiweißmoleküle beim Schimpansen weniger ausgeprägt ist. Inzwischen hat man durch Zufall ein erstes derartiges Gen gefunden. Sowohl der Schimpanse als auch der Mensch haben es in ihrer DNS – und darüber hinaus fast alle Säugetier-Arten –, aber nur beim Menschen verursacht es die Bildung eines bestimmten Zuckers, von dem man vermutet, dass er bei der Entwicklung des Gehirns wichtig ist.

Aus dem genetischen Verwandtschaftsverhältnis zwischen Mensch, Schimpanse und Gorilla kann man folgern, dass sich der Gorilla etwas früher als der Mensch von der Stammlinie des Schimpansen abgespalten hat. Untersuchungen von Molekularbiologen lassen vermuten, dass sich die Stammlinie der Gattung Mensch (Homo) vor etwa 5 bis 7 Millionen Jahren von der des Schimpansen trennte.

Anfang Dezember 2000 meldeten Forscher, so genannte Paläoanthropologen, die die Frühzeit des Menschen erforschen, den Fund von versteinerten Knochen eines etwa sechs Millionen Jahre alten Urmenschen, der in Afrika – im Gebiet des heutigen Kenia – gelebt hat. Die Forscher gaben diesem vermutlich letzten gemeinsamen Vorfahren von Mensch und Schimpanse den werbewirksamen Namen »Millennium-Mensch«.

Der Fund ist für die Forschung von unschätzbarem Wert, da man bislang aus dieser frühesten Zeit der Menschheitsentwicklung fast keine Funde hatte. Ein winziges Zahnstück und ein halber Fingerknochen waren die einzigen Belegstücke für die Theorie, dass vor 5 bis 7 Millionen Jahren Mensch und Schimpanse begannen, getrennte Entwicklungswege zu gehen. Mit dem neuen Fund hat man immerhin einen vollständigen Oberschenkel-Knochen und zahlreiche andere kleine Skelett-Teile zur Hand. Der Oberschenkel ist sehr kräftig, jedoch kürzer als beim modernen Menschen. Daraus kann man schließen, dass dieser Vormensch auf zwei Beinen gehen konnte und dies vermutlich auch häufiger getan hat als die heutigen Schimpansen.

Der erste Wissenschaftler, der die Abstammung des Menschen vom Menschenaffen zur Diskussion stellte, war der französische Naturforscher Jean-Baptiste Lamarck (1744–1829). Er war der Erste, der die Theorie von der Unveränderlichkeit der Arten in Frage stellte, und zwar in seinem berühmten, 1809 erschienenen Werk »Zoologische Philosophie«. Darin entwickelte er auch die These, dass die affenartigen Urahnen des Menschen von den Bäumen herabgestiegen seien, um sich nach und nach den aufrechten Gang anzueignen.

Doch erst Darwins Theorie konnte Lamarcks These wissenschaftlich begründen. Dafür standen Darwin genügend Beweise der vergleichenden Formenlehre (Morphologie) zur Verfügung, die zu Lamarcks Zeit noch nicht existierten. Erst mit Darwin setzte sich unter den Biologen die Auffassung durch, dass die Arten nicht von Gott erschaffen sind. Die Entstehung der Arten ist somit nichts Übernatürliches, sondern die Natur hat die Arten ganz von selbst während langer Zeiträume hervorgebracht. Auch der Mensch hat sich ganz allmählich aus seinen Affenvorfahren entwickelt; auch er ist das Ergebnis normaler Evolutionsprozesse, also vor allem der natürlichen Auslese (Selektion).

Damit steht aber auch der Mensch nicht mehr isoliert von der übrigen Tierwelt da. Er ist biologisch ein Säugetier, nahe verwandt mit den Menschenaffen, die evolutionsgeschichtlich seine Brüder sind. Das ändert nichts daran, dass sich der Mensch als Säugetier dennoch grundsätzlich von allen andern Säugetieren, auch den Menschenaffen, unterscheidet. Es ist übrigens weiterhin ein Rätsel der Biologie, was den Menschen eigentlich zum Menschen macht. Sind es wirklich nur die knapp zwei Prozent Gene, die ihn vom Schimpansen unterscheiden?

Aber dieser grundsätzlichen Frage werden wir am Ende des Buchs nachgehen. Wie bereits erwähnt: Vor etwa 5 bis 7 Millionen Jahren trennte sich höchstwahrscheinlich die menschliche Stammlinie von der des Schimpansen. Oder anders gesagt: Zu dieser Zeit kamen in bestimmten Gebieten ihres Verbreitungsgebiets die Schimpansen auf den Einfall, die Bäume zu verlassen und auf dem Boden ihr

Glück zu versuchen. Was sie dazu veranlasste, werden wir wohl niemals erfahren. Hierzu gibt es nur Vermutungen. Vielleicht haben Veränderungen in der Umwelt eine Lebensweise auf dem Boden nötig gemacht.

Die Wiege der Menschheit stand in Afrika

Wenn die Urheimat des Schimpansen Afrika ist, so muss notgedrungen auch für seinen nächsten Verwandten, den Menschen, Afrika die Urheimat sein. Darüber sind sich die Paläontologen – so heißen die Erforscher der Lebewesen aus vergangenen Erdzeitaltern – auch einig. Biblisch ausgedrückt: Adam und Eva waren von schwarzer Hautfarbe. Allerdings hat es lange gedauert, bis die Wissenschaftler dafür auch eindeutige Belege hatten. Erst 1994 wurden in Äthiopien Skeletteile einer so genannten Hominidenart entdeckt, die der Altersbestimmung nach vor etwa 4,5 Millionen Jahren gelebt haben musste, also ziemlich nahe an dem Zeitpunkt, als die menschliche Stammlinie sich vermutlich von der der Schimpansen getrennt hat. Man gab diesem Hominiden-Fossil den Namen Ardipithecus ramidus; es war bis zum Dezember 2000 das älteste bekannte Fossil einer Hominidenart. Sie weist noch zahlreiche Ähnlichkeiten mit Schimpansen auf, etwa die langen Arme und andere Merkmale, die darauf schließen lassen, dass die Art noch halb baumbewohnend war, aber bereits aufrecht gehen konnte. Das Gehirn war kaum größer als das der heutigen Schimpansen.

Für den Zeitraum von etwa 3,5 bis 2,5 Millionen Jahre vor unserer Zeit gibt es inzwischen zahlreiche Fossilfunde aus unterschiedlichen Gegenden Afrikas, vor allem aus Süd- und Ostafrika. Man fasst sie unter der Bezeichnung Australopithecus zusammen. Diese Frühmenschen gingen mit Sicherheit aufrecht, konnten aber bei Bedarf noch gut in Bäumen klettern. Eine Werkzeug-Kultur besaßen sie nicht, waren also für die Nahrungsbearbeitung ganz auf ihre kräftigen Backenzähne angewiesen. Sie besaßen noch ein relativ kleines Gehirn und ein im Vergleich dazu sehr großes Gesicht.

Bislang sind 6 Australopithecus-Arten bekannt, aber es gab mit Sicherheit noch mehr. Wie lange jede von ihnen auf der Erde lebte, ist nicht bekannt. Sicher scheint, dass in Afrika mehrere dieser Hominidenarten nebeneinander lebten. Diese 6 Arten von Australopithecus kann man in zwei Grundtypen aufteilen: einen grazilen Hauptzweig, aus dem später die Gattung Homo hervorging, und einen robusten Nebenzweig, der vor einer Million Jahren ausgestorben ist – woran man auch wieder sehen kann, dass sich in der Natur nicht immer das Robuste durchsetzt.

Vor etwa zwei Millionen Jahren ging aus dem grazilen Australopithecus eine neue Art hervor: der so genannte Homo habilis, was so viel heißt wie der »geschickte Mensch«. Man gab der Art diesen Namen, weil man bei ihr erstmals Steinwerkzeuge gefunden hat. Homo habilis stellte scharfkantige Faustkeile durch Gegeneinanderschlagen zweier Geröllsteine her. Sein Gehirn war größer als das von Australopithecus. Neben Homo habilis gab es noch eine etwas größere Art, deren Schädel auch anders geformt war als der des Zeitgenossen. Dieser Art gab man den Namen Homo rudolfensis nach dem Fundort am Rudolfsee, dem heutigen Turkana-See im Norden Kenias. Beide Arten teilten sich den gleichen Lebensraum rund um diesen See. Ob beide Arten Kontakt miteinander hatten und wie dieser ausgesehen haben könnte, ist völlig unklar. Ziemlich sicher ist allerdings, dass nicht nur diese beiden Hominidenarten gleichzeitig in Ostafrika lebten, sondern dass eine der alten Australopithecus-Arten zu dieser Zeit ebenfalls dort noch existierte, wahrscheinlich sogar noch andere Hominidenarten. Man muss sich also ein reges Durcheinander von verschiedenen Frühmenschen in diesem Teil Ostafrikas vorstellen.

Homo habilis wiederum gilt als direkter Vorfahr des Homo erectus (= der aufgerichtete Mensch), dessen Skelett schon weitgehend dem des modernen Menschen gleicht. Auch von ihm fand man Skelettteile am Turkana-See, weshalb man davon ausgehen kann, dass er sich mit den drei anderen Arten den Lebensraum teilte. Das war vor 1,5 Millionen Jahren.

Homo erectus hatte vor allem ein wesentlich größeres Gehirn als Homo habilis. Auch übertraf er ihn an Körpergröße. Er ernährte sich mit Sicherheit auch von Fleisch und besaß verhältnismäßig kleine Backenzähne.

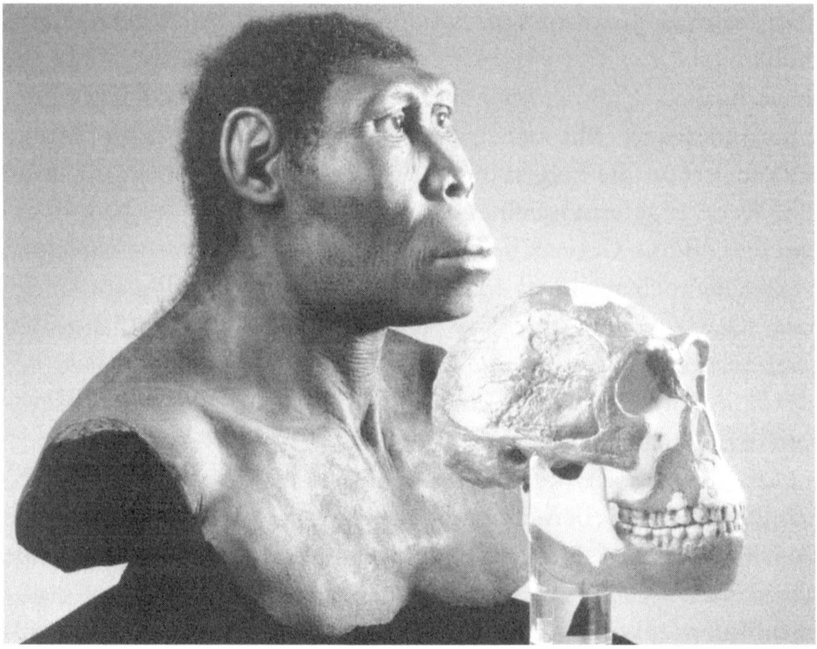

So könnte Homo erectus, ein Vorfahr des Homo sapiens, ausgesehen haben. Er lebte vor etwa 2 Millionen Jahren in Ostafrika.

Homo erectus war vermutlich der erste Hominide, der das Feuer nutzen konnte. Während sein Vorfahr Homo habilis sich noch hauptsächlich vegetarisch ernährte, dürfte sich Homo erectus gelegentlich auch als Aasgeier betätigt haben. Erst nach und nach entwickelte er Jagdmethoden.

Mit Homo erectus machte die Evolution des Menschen einen mächtigen Satz nach vorn. Diese Hominidenart war erfolgreicher als die andern, mit denen sie den afrikanischen Lebensraum teilte – beziehungsweise irgendwann nicht mehr teilte, weil Homo erectus seinen angestammten Lebensraum in Ostafrika verließ, um andere Kontinente zu besiedeln. Was die Ursache für seinen plötzlichen Wandertrieb war, wissen wir nicht. Theorien hierzu gibt es natürlich. Möglicherweise suchten diese Frühmenschen nach neuen Jagdgebieten, nachdem sie sich von Pflanzen- zu Fleischessern gewandelt hatten. Ursache dafür könnten beträchtliche Klimaveränderungen in Afrika gewesen sein, die vor etwas mehr als 2,5 Millionen Jahren stattfanden. Sie fallen mit dem Beginn der Eiszeiten auf der

Nordhalbkugel zusammen, wodurch auch in Afrika das Klima kühler und vor allem trockener wurde. Dadurch aber wurde die Fleischnahrung immer wichtiger. Dazu bedurfte es jedoch geeigneter Werkzeuge. Mit der beginnenden Werkzeug-Kultur konnte Homo erectus die Folgen des Klimawechsels besser abfangen, denn die Werkzeuge ermöglichten eine bessere Nutzung der Nahrungsquellen. Beim Gebrauch der einfachen Steinwerkzeuge platzten wahrscheinlich auch mal Teile ab. Diese erst nur zufällig entstandenen scharfkantigen Abschläge wurden schließlich zum Schneiden und Schaben eingesetzt und nach und nach verbessert. Dazu bedurfte es natürlich eines Gehirns, das zu solchen Gedankenleistungen in der Lage war.

Über längere Zeiträume entwickelte sich so eine gewisse Unabhängigkeit vom Lebensraum, die allerdings mit einer zunehmenden Abhängigkeit von den benutzten Werkzeugen einherging. Solange die Frühmenschen reine Pflanzenesser waren – und die Natur genügend Pflanzenkost bereitstellte –, hätte der Einsatz von Steinwerkzeugen keinen unmittelbaren Vorteil gebracht. Mit ihren besonders kräftigen Kiefern und großen Backenzähnen waren sie in der Lage, harte Pflanzenteile auch ohne Werkzeuge zu bearbeiten. Hingegen verloren bei den Homo-Arten die Backenzähne an Bedeutung für die Nahrungszerkleinerung, weshalb die Fossilfunde von Kieferknochen auch wesentlich kleinere Backenzähne aufweisen als die von Australopithecus-Arten.

Man kann also mit gutem Grund sagen: Der Werkzeuggebrauch ließ die Gattung Homo entstehen, und diese war aufgrund eines weiterentwickelten Gehirns in der Lage, die Werkzeuge immer mehr zu verbessern und neue zu erfinden. Der Werkzeuggebrauch war die erste Kulturleistung der Gattung Homo. Diese Fähigkeit zu kulturellem Verhalten unterscheidet den Menschen grundsätzlich von seinen affenartigen Vorfahren.

In diesem Zusammenhang stellt sich die Frage, warum der Frühmensch überhaupt so viel Energie auf Dinge verwandte, die an sich überflüssig, das heißt für die Behauptung im Lebenskampf und damit für die Weiterverbreitung der Gene ohne Bedeutung waren? Gemeint sind so »unnütze« Beschäftigungen wie das Bemalen von Höhlenwänden, das Anfertigen von Schmuck oder das Praktizieren von Bestattungsritualen. Dazu kann die darwinische Theorie leider nichts sagen.

Anscheinend hat das auffallend große Gehirn der Gattung Homo eine geradezu überbordende Leistungsfähigkeit, die von Anfang an danach verlangte, mit etwas ausgefüllt zu werden, sei es nun lebensnotwendig oder nicht. Die Gene haben beim Menschen die biologische Erfindung »Gehirn« an ihre äußerste Grenze getrieben.

Hierzu bemerkt die englische Psychologin Susan Blackmore: »Das menschliche Gehirn ist in etwa so groß, wie die Gene dies überhaupt ermöglichen können – relativ zum Körpergewicht dreimal größer als die Gehirne unserer engsten Verwandten, der Menschenaffen. Ein so großes Organ heranwachsen zu lassen und zu unterhalten, kostet viel Energie. Auch sterben nicht wenige Mütter und Kinder wegen Geburtskomplikationen, bedingt durch die Kopfgröße. Warum hat die Evolution ein so gefährlich großes Gehirn zugelassen? Traditionelle Theorien sehen darin einen genetischen Vorteil: Die Menschen konnten wegen ihres Riesenhirns geschickter jagen und besser Nahrung sammeln; oder vielleicht gelang es ihnen dank dessen, kooperativ in größeren Gruppen mit komplexen sozialen Beziehungen zu leben.«

Susan Blackmore liefert eine ganz andere Erklärung, indem sie das Imitationsverhalten bei Hominiden als entscheidenden Faktor für deren Erfolgsgeschichte betrachtet. DiesesNachahmungsvermögen stellte sich vor etwa 2,5 Millionen Jahren ein, noch ehe Steinwerkzeuge entwickelt waren. Da war auch das Gehirn noch relativ klein.

Die Nachahmung ist für Blackmore eine wichtige Kraft in der menschlichen Evolution. Die meisten Tiere sind dazu nicht in der Lage. Was wir als tierische »Imitation« bezeichnen, ist nichts weiter als angeborenes Verhalten. Selbst bei den Schimpansen beschränkt sich Nachahmung auf wenige Verhaltensweisen, meist im Zusammenhang mit der Nahrungssuche. Der Mensch aber erwarb vor 2,5 Millionen Jahren die Fähigkeit, fast alles imitieren zu können, was er bei anderen beobachtet. Diese Gabe erwies sich als ungeheuer wertvoll. Wer sie besitzt, kann sich bei jeder Gelegenheit Verhaltensweisen anderer aneignen und sie weiterentwickeln. Die Weiterentwicklung kann sich wiederum ein anderer aneignen – und immer so fort. Dadurch nimmt die geistige Entwicklung der Gattung als Ganzer in immer größerem Tempo zu.

Wer besser nachahmen konnte, hatte auch die besseren Überlebenschancen, gewiss auch die besseren Karten bei der Partnersuche. Dadurch verbreiteten sich im Erbgut der Menschheit zwangsläufig jene Gene, die für ein größeres und zur Nachahmung immer besser geeignetes Gehirn sorgten. So wurde das Gehirn der Hominiden immer größer – die Folge einer Art von Wettrüsten unter der Schädeldecke.

Aus Homo erectus entwickelten sich Neandertaler und Homo sapiens

Mögen die einzelnen Entwicklungsschritte von Homo erectus auch weitgehend im Dunkeln liegen, Gewissheit haben die Forscher inzwischen darüber, dass Homo erectus in erstaunlich raschem Tempo – und mit »rasch« sind mehrere hunderttausend Jahre gemeint – über den heutigen Nahen Osten nach Südeuropa und Asien vordrang. So fand man in China und auf Java seine ältesten Überreste; sie sind rund 1,9 Millionen Jahre alt. Nach Mitteleuropa drang Homo erectus zu dieser Zeit noch nicht vor, denn es war während der Eiszeit zu großen Teilen unbewohnbar. Es wurde erst sehr viel später besiedelt, vor allem in den Zwischeneiszeiten, in denen das Klima dort dem heutigen Mittelmeerklima ähnlich war. Mitteleuropäische Homo-erectus-Funde sind etwa 400 000 bis 600 000 Jahre alt. Allerdings entdeckte man in Spanien vor einigen Jahren Fossilien der frühesten Europäer; sie sind rund 800 000 Jahre alt. Es fällt zur Zeit noch schwer, sie in das Gesamtbild einzuordnen. Homo erectus konnte ja nur über Mitteleuropa den Weg nach Spanien genommen haben.

Die einzigen in Deutschland gefundenen Fossilien von Homo erectus stammen aus einer Sandgrube in der Nähe von Heidelberg und aus eiszeitlichen Kalkschichten bei Bilzingsleben in Thüringen. Sie sind gewissermaßen die deutschen Urahnen des Neandertalers, der sich nur in Europa und dem westlichen Asien entwickelte. Der

Name »Neandertaler« geht auf den ersten Schädelfund aus dem Jahre 1856 zurück, der in einer Grotte im Neandertal bei Düsseldorf gemacht wurde. An dem bis vor drei Jahren verschollenen Fundplatz entdeckten zwei deutsche Forscher im Jahr 2000 zahllose Knochenteile, die 1856 dort übersehen wurden. Eines der Teile hat geradezu etwas Anrührendes: ein kreuzförmiges Stück des Gesichtsschädels, das haargenau an die linke Augenhöhle des berühmten Schädelfragments passt, welches im Bonner Landesmuseum aufbewahrt wird.

Erstaunlich an Homo erectus ist, dass er sich während 1,5 Millionen Jahren kaum weiterentwickelte: Zwischen den ältesten Funden aus Asien (1,9 Millionen Jahre) und den jüngsten aus Europa (400000 Jahre) sind praktisch keine Merkmalsunterschiede festzustellen. Auch seine aufgefundenen Steinwerkzeuge blieben unverändert primitiv wie die seines Vorfahren Homo habilis.

Homo rudolfensis Homo habilis Homo erectus

So könnten die verschiedenen Vorfahren von Homo sapiens ausgesehen haben.

Aus Homo erectus entwickelte sich also in Europa und im westlichen Asien der Neandertaler. Wie das genau vor sich ging, weiß man nicht. In Afrika war es anders. Dort entwickelte sich aus Homo erectus kein Neandertaler, sondern Homo sapiens (der »weise Mensch«). Wie seine Homo-erectus-Vorfahren, die vor rund 2 Millionen Jahren aus Afrika aufbrachen, um die Kontinente zu besiedeln, machte sich auch Homo sapiens auf den Weg, die Erde zu kolonisieren. Das geschah vor 200 000 bis 150 000 Jahren. Aus dieser zweiten Kolonisationswelle, so ist zu vermuten, sind alle heute lebenden Menschen hervorgegangen. Demnach hätte sich außerhalb Afrikas kein Homo sapiens aus Homo erectus entwickelt.

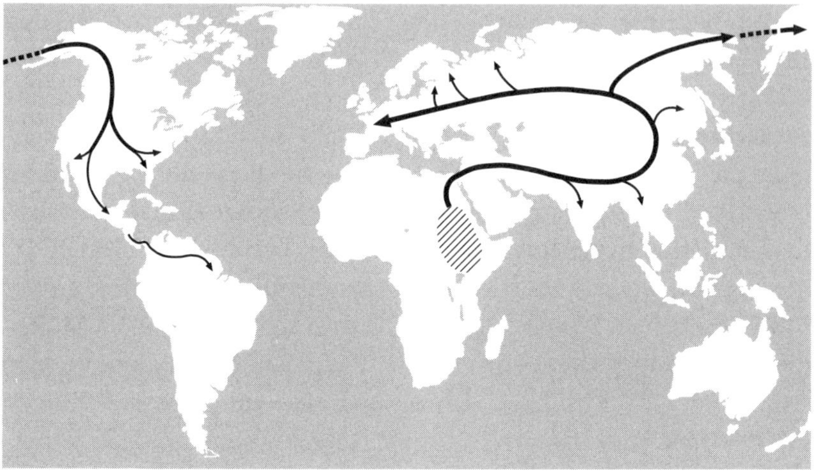

Von Ostafrika aus (schraffiertes Gebiet) besiedelte Homo sapiens vor 200 000 Jahren zuerst Asien, um dann wieder den Weg nach Westen zu nehmen. Dort traf er auf den Neandertaler. Dieser war aus Homo erectus hervorgegangen, der zwei Millionen Jahre früher den gleichen Weg genommen hatte, ohne freilich den amerikanischen Kontinent erreicht zu haben.

Der Oxforder Humangenetiker Bryan Sykes will durch genetische Studien an 6000 Europäern herausgefunden haben, dass fast die gesamte Bevölkerung Europas auf nur sieben genetische »Urmütter« zurückgeführt werden kann. Die sieben »Evas« in Europa seien Abkömmlinge von nur drei afrikanischen Sippen gewesen, die mit der zweiten Kolonisation vor etwa 50 000 Jahren aus Afrika über Asien nach Europa kamen. Leider konnte der Wissenschaftler seine Aussagen durch keinerlei fundierte Genanalysen belegen, weshalb seine These von Kollegen stark angezweifelt wird. Bei seinen Untersuchungen hatte er immer nur kurze Abschnitte auf der DNS miteinander verglichen. Daraus, so meinen seine Kritiker, ließen sich keine Stammbäume über so lange Zeiträume konstruieren. Irgendwann wird das freilich möglich sein. Dann kann jeder Auskunft darüber erhalten, wer vor 10 000 oder 100 000 Jahren seine Vorfahren waren und wo diese lebten.

Fossile Reste von Homo sapiens fand man im Nahen Osten (100 000 Jahre alt), in Malaysia, Neuguinea und Australien (60 000 Jahre alt) und in Westeuropa (40 000 Jahre alt). Dieser westeuropäische frühe Homo sapiens wird als Cro-Magnon-Mensch bezeichnet.

Der Name bezieht sich auf den ersten Schädelfund, der 1868 in einer Höhle des Cro-Magnon-Felsens in der Dordogne in Frankreich gemacht wurde. Der Cro-Magnon-Mensch fertigte bereits spezialisierte Steinwerkzeuge und schuf die schönsten Höhlenmalereien, wie sie uns in den Höhlen von Chauvet und Lascaux in Frankreich und Altamira in Spanien überliefert sind. Der Cro-Magnon-Typ war den heutigen Europäern im Körperbau schon sehr ähnlich, wenn auch etwas kräftiger.

Auffallend am Cro-Magnon-Menschen ist die plötzliche Kunstfertigkeit, die er an den Tag legte, nicht nur in Europa, sondern auch im asiatischen Raum. Und es stellt sich natürlich die Frage, wieso gerade vor 40000 Jahren dieser offenkundige Sprung in der Kulturentwicklung des Menschen stattfand? Erst von da an, so scheint es, begann Homo sapiens wirklich »weise« zu werden. Er war nicht mehr nur körperlich, sondern auch verstandesmäßig ein moderner Mensch.

Homo sapiens kam auf Umwegen nach Europa

Das auf den vorangegangenen Seiten Beschriebene war zugegeben ein wenig unübersichtlich und verwirrend. Dabei habe ich das Bild der menschlichen Evolution ohnehin schon stark vereinfacht. Die Verwirrung spiegelt aber nur unser äußerst lückenhaftes Wissen wider. Auch bei der Evolution des Menschen hat die Natur nicht stur eine einzige Linie verfolgt, sondern zahlreiche »Versuchstypen« entworfen – und irgendwann wieder verworfen. Die Natur, das wissen wir schon, spielt einfach gern mit möglichen und unmöglichen Formen; da hat sie offensichtlich beim Menschen keine Ausnahme gemacht, auch wenn er sich für die große biologische Ausnahme hält.

Die Evolution des Menschen war genauso wenig eine zielstrebige Entwicklung, sondern stellt ein weitverzweigtes Wegsystem dar, wobei am Ende allerdings nur ein einziger Weg übrig geblieben ist, der sich hoffentlich nicht irgendwann als Sackgasse erweisen wird.

Allerdings gehen bei der Deutung der menschlichen Evolution die Meinungen unter den Wissenschaftlern auseinander. Viele Paläoanthropologen ignorieren die Vielzahl der Hominidenarten und sehen sie nur als Unterarten einer einzigen Art: Homo sapiens. Die Gegenseite vertritt die Meinung, dass die rund zwanzig Hominidenarten, die wir kennen, längst nicht alle sind, die einst gelebt haben. Denn viele Fossilfunde sind noch gar nicht ausgewertet; wer weiß, welche Überraschungen sie bergen! In ihnen könnten noch zahlreiche Hinweise auf verschlungene Wege der Menschen-Evolution stecken. Die Vorstellung, dass sich eine einzige einsame Hominiden-Linie vom Schimpansen bis zum heutigen Menschen entwickelt hat, ist wissenschaftlich kaum zu halten. Eine einzige Linie widerspräche dem Prinzip von Mutation, Anpassung und Auslese in der Evolution. Sie wäre viel zu riskant gewesen. Wäre sie unterbrochen worden, wäre die Evolution des Menschen zu Ende gewesen. So scheint doch jene wissenschaftliche These die überzeugendere zu sein, die besagt, dass zahlreiche Hominidenarten während 5 Millionen Jahren auftraten und wieder verschwanden. Wie ihre Beziehungen untereinander aussahen, wissen wir nicht und werden es wohl auch niemals erfahren.

Homo sapiens freilich, das steht außer Zweifel, stellt etwas Einzigartiges unter den vielen Hominidenarten dar, und zwar allein schon aus dem Grund, dass er als einzige Menschenart übrig blieb. Es könnte ja genauso gut sein, dass heute zwei, drei oder zwanzig Arten von Menschen lebten. Irgendetwas muss an Homo sapiens ganz besonders sein, dass er allein sich behauptet hat und alle anderen Hominiden untergegangen sind.

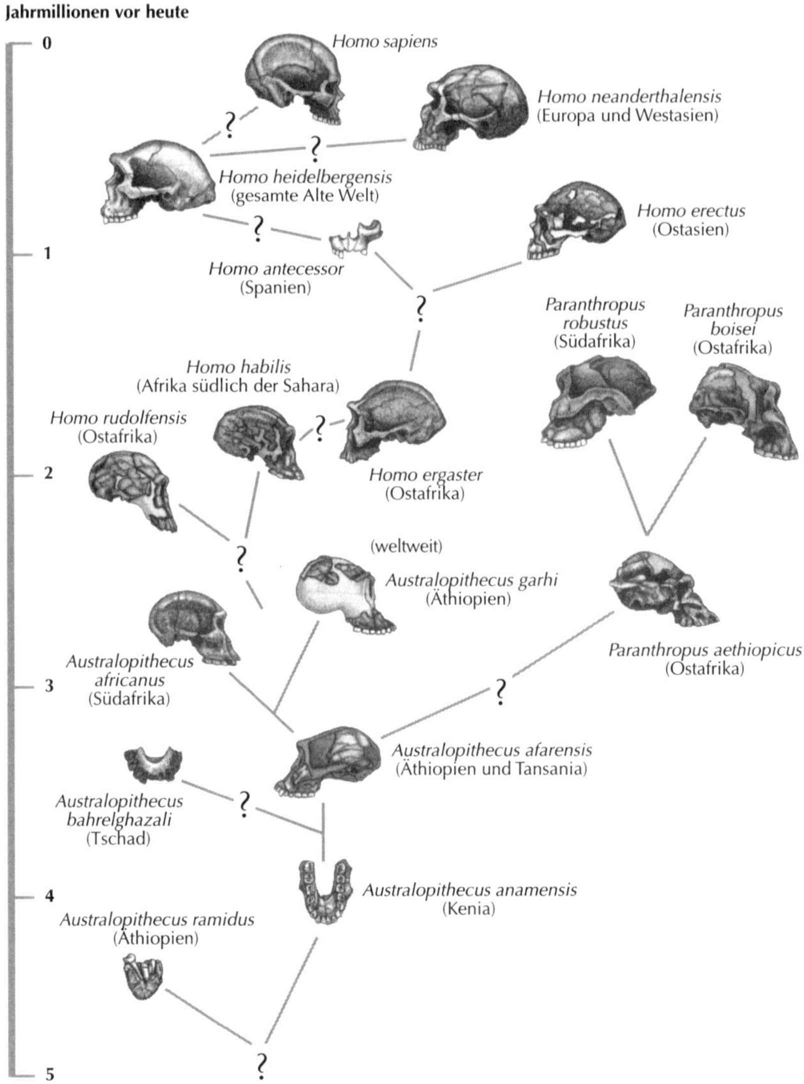

Wie man sieht, weist der Stammbaum der Hominiden viele Fragezeichen auf. Fest steht nur, dass die Evolution des Menschen nicht in einer einzigen Linie von einer Art zur nächsten verlief, sondern viele Verzweigungen aufweist. Es fehlen jedoch zahlreiche Zwischenglieder, sodass es manchmal scheint, als wären neue Typen von Hominiden ohne Verbindung zu vorhergehenden aufgetaucht.
So gibt es vor allem zwischen den Australopithecus-Arten und Homo habilis eine große Lücke, ebenso zwischen Homo erectus und seinem Vorfahren Homo habilis. Auch die Entwicklung von Homo erectus zu Homo sapiens ist weiterhin voller Rätsel. Ein großes Problem besteht auch darin, geografisch weit auseinander liegende Funde in Beziehung zueinander zu setzen.

Wir hatten bereits erwähnt, dass sich Homo erectus in Vorderasien und Europa allmählich zum Neandertaler (Homo neanderthalensis) entwickelt hat. Seit etwa 400 000 Jahren gibt es Homo erectus nicht mehr. In Ost- und Südasien fand eine solche Weiterentwicklung offensichtlich nicht statt; von dort gibt es bislang keine Fossilfunde von Neandertalern. Das Schicksal des asiatischen Homo erectus bleibt also rätselhaft.

Als Homo sapiens sich vor mehr als 100 000 Jahren von Ostafrika aus in nördliche Richtung auf Wanderschaft begab, stieß er schon im Gebiet des heutigen Israel auf den Neandertaler. Dieser stand bereits auf einer ähnlich hohen Entwicklungsstufe. Immer, wenn das Klima in Mitteleuropa kälter wurde, drängten Neandertaler-Sippen in diese wärmere Gegend. Es scheint, als habe der Neandertaler die Ausbreitung von Homo sapiens nach Norden verhindert. Notgedrungen musste er nach Osten ausweichen und verbreitete sich, wie bereits erwähnt, während der folgenden 50 000 Jahre nach Asien, um schließlich auch Amerika zu erreichen. Von Asien nahm er später den Weg zurück nach Westen und kam vor 50 000 Jahren schließlich auch nach Europa.

So erklärt sich, wieso die asiatischen Fossilfunde von Homo sapiens wesentlich älter sind als die aus Europa, obwohl Ostasien viel weiter von Afrika entfernt ist. Möglicherweise traf Homo sapiens in Asien noch auf den Homo erectus, so wie er in Europa mit dem Neandertaler in Berührung kam.

Mit Methoden der Genanalyse lassen sich die Wanderrouten von Homo sapiens noch heute in unserem Erbgut ablesen. Denn stets wenn sich eine Gruppe aufteilte und getrennte Wege ging, begann eine Art von biomolekularer Uhr zu ticken. In jeder Gruppe passierten über viele Generationen hinweg »Schreibfehler« beim Kopieren des Erbguts. Diese häufen sich mit einer konstanten Geschwindigkeit im Erbgut an. Vergleicht man heute die Gene verschiedener Völker, dann lässt sich aufgrund der Zahl der Mutationen berechnen, wie viel Zeit seit der Trennung der Ursprungsgruppen vergangen ist.

In Europa lebte vor 50 000 Jahren noch immer der Neandertaler. Er war allerdings dem einwandernden Homo sapiens (= Cro-Magnon-Mensch) kulturell unterlegen. Es gab vor allem drei Gründe für diese Überlegenheit von Homo sapiens: eine komplexere Sprache, Bootsbau und eine fortgeschrittenere Werkzeugtechnik. Dennoch sollte man die Kultur des Neandertalers nicht primitiver machen als sie war. Die neueste Neandertaler-Forschung macht deutlich, dass das überlieferte Bild vom Neandertaler als schwerfälligem, sprachlosem, dumpf in Höhlen hockendem Urmenschen falsch ist. Dieses Bild war unter anderem auch die Folge einer falschen Deutung der Knochenfunde: Der schwere Schädel mit den starken Knochenwülsten über den Augen, der grobschlächtige Knochenbau, die kurzen Arme und Beine, der tonnenförmige Brustkasten, vor allem aber die niedrige, fliehende Stirn, der schnauzenförmig zugespitzte Mund und der kinnlose Kiefer verleiteten dazu, den Neandertaler als primitiven, tierhaften Frühmenschen anzusehen. Dabei waren viele dieser Merkmale, vor allem der gedrungene Körper, eine Folge der Anpassung an das kalte Klima. Man kann davon ausgehen, dass ein rasierter Neandertaler-Mann mit moderner Frisur und Kleidung unter den Menschen von heute nicht auffallen würde.

So könnte der Neandertaler ausgesehen haben. Mit zeitgemäßer Frisur, frisch rasiert und modern gekleidet sähe er aus wie einer von uns.

Richtig ist wohl, dass die Entwicklung des Neandertalers langsamer vor sich ging als bei Homo sapiens und er diesem gegenüber mehr und mehr ins Hintertreffen geriet, wo er den Lebensraum mit ihm teilen musste.

Der späte oder klassische Neandertaler, der vor etwa 120 000 bis 30 000 Jahren lebte, wohnte durchaus nicht nur in Höhlen, sondern baute, je nach klimatischen Gegebenheiten, auch Hütten im Freiland. Übrigens war es damals auch für Homo sapiens üblich, Höhlen zu bewohnen. Vor 100 000 Jahren stand der Neandertaler wohl durchaus noch auf einer vergleichbaren Entwicklungsstufe wie Homo sapiens. Doch vor 30 000 Jahren wurde er endgültig von Homo sapiens verdrängt. Wie dieser Verdrängungsprozess genau vor sich ging – ob Homo sapiens den Neandertaler womöglich ausgerottet hat oder ihn einfach nur aus den günstigeren Lebensräumen vertrieb –, wissen wir nicht.

Neandertaler und Homo sapiens – eine rätselhafte Beziehung

Möglicherweise war es so, dass der Neandertaler in weniger günstigen Lebensräumen eine Zeit lang überleben konnte. Doch mit dem Einsetzen der bislang letzten Eiszeit vor 30 000 Jahren wurde das Klima so ungünstig, dass ein Überleben dort nicht mehr möglich war. Die günstigeren Lebensräume in Europa aber waren da schon von Homo sapiens besetzt.

Vielleicht entwickelte Homo sapiens mit der Zeit auch die besseren Jagdmethoden, sodass der Neandertaler in dieser Hinsicht ebenfalls unterlegen war. Letztlich fehlte dem Neandertaler vielleicht jenes Fünkchen Kreativität, das Homo sapiens schon besaß, als er vor rund 40 000 Jahren nach Mitteleuropa vordrang. Das ändert nichts daran, dass auch die Neandertaler bewunderswerte Fähigkeiten besaßen. Immerhin waren sie in der Lage, sich im harten und wechselvollen Klima der Eiszeiten zu behaupten. Nur der letzten waren sie nicht mehr gewachsen.

Mag der kulturelle Vorsprung von Homo sapiens gegenüber dem

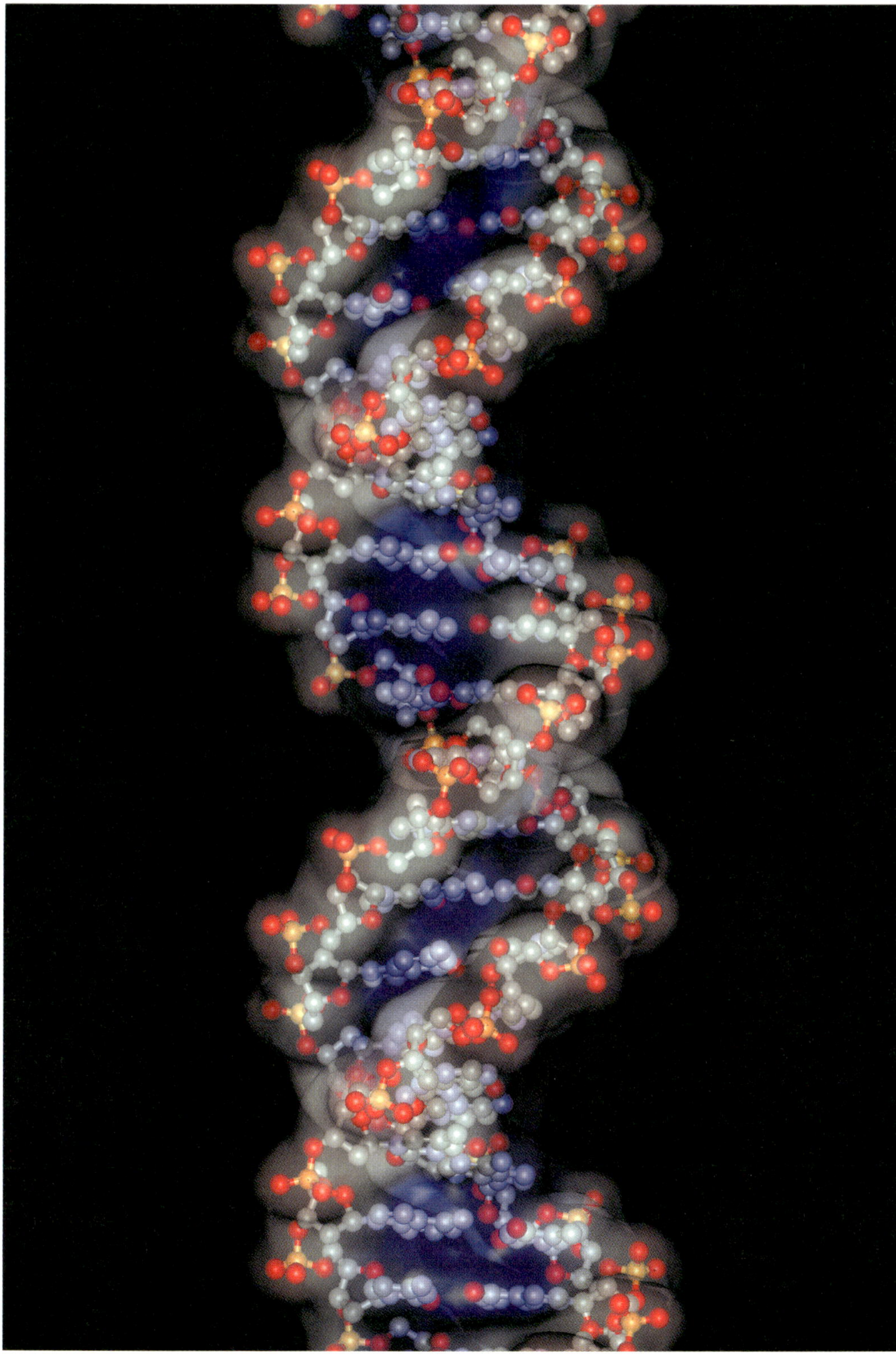

Doppelhelix der DNS

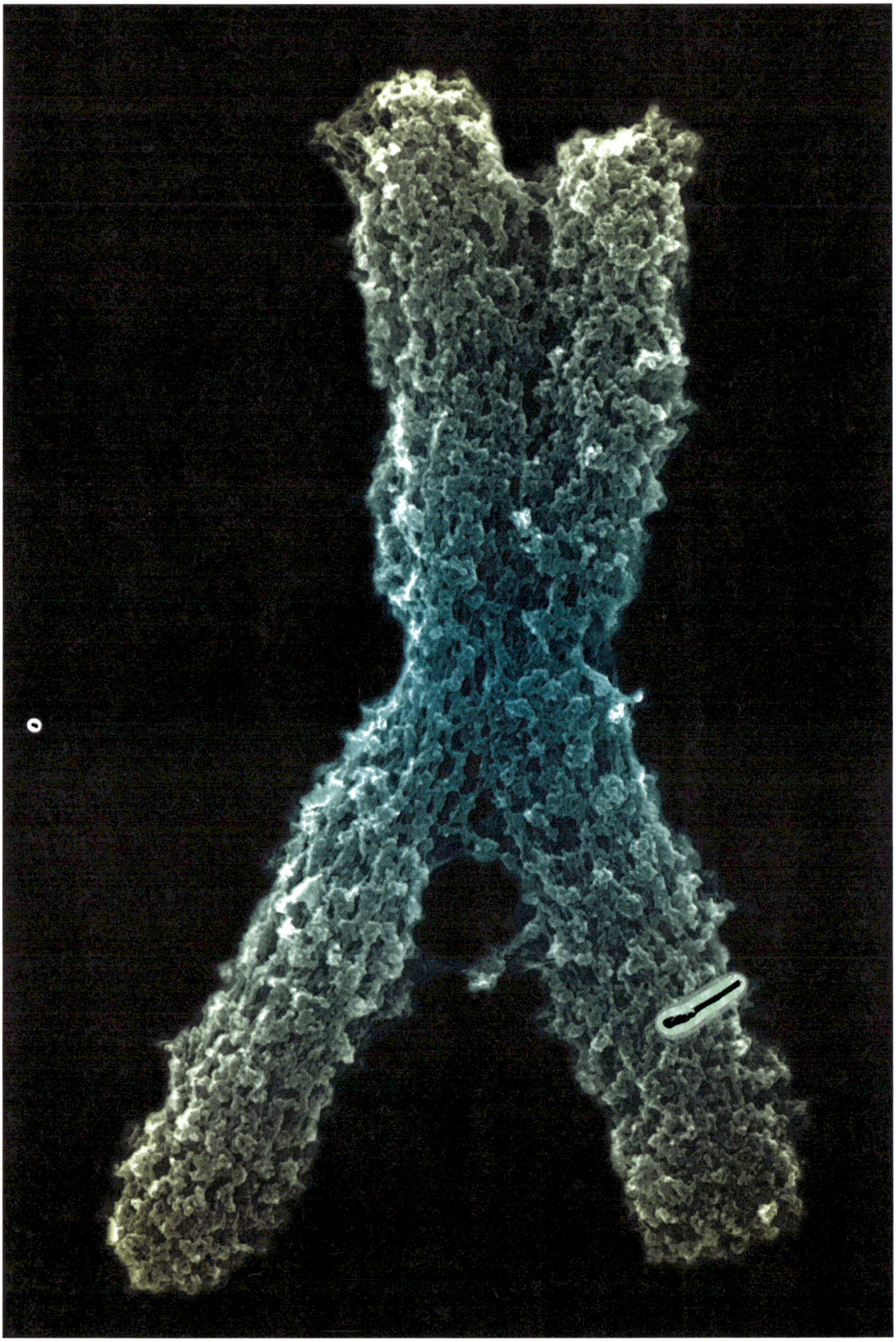

Chromosom

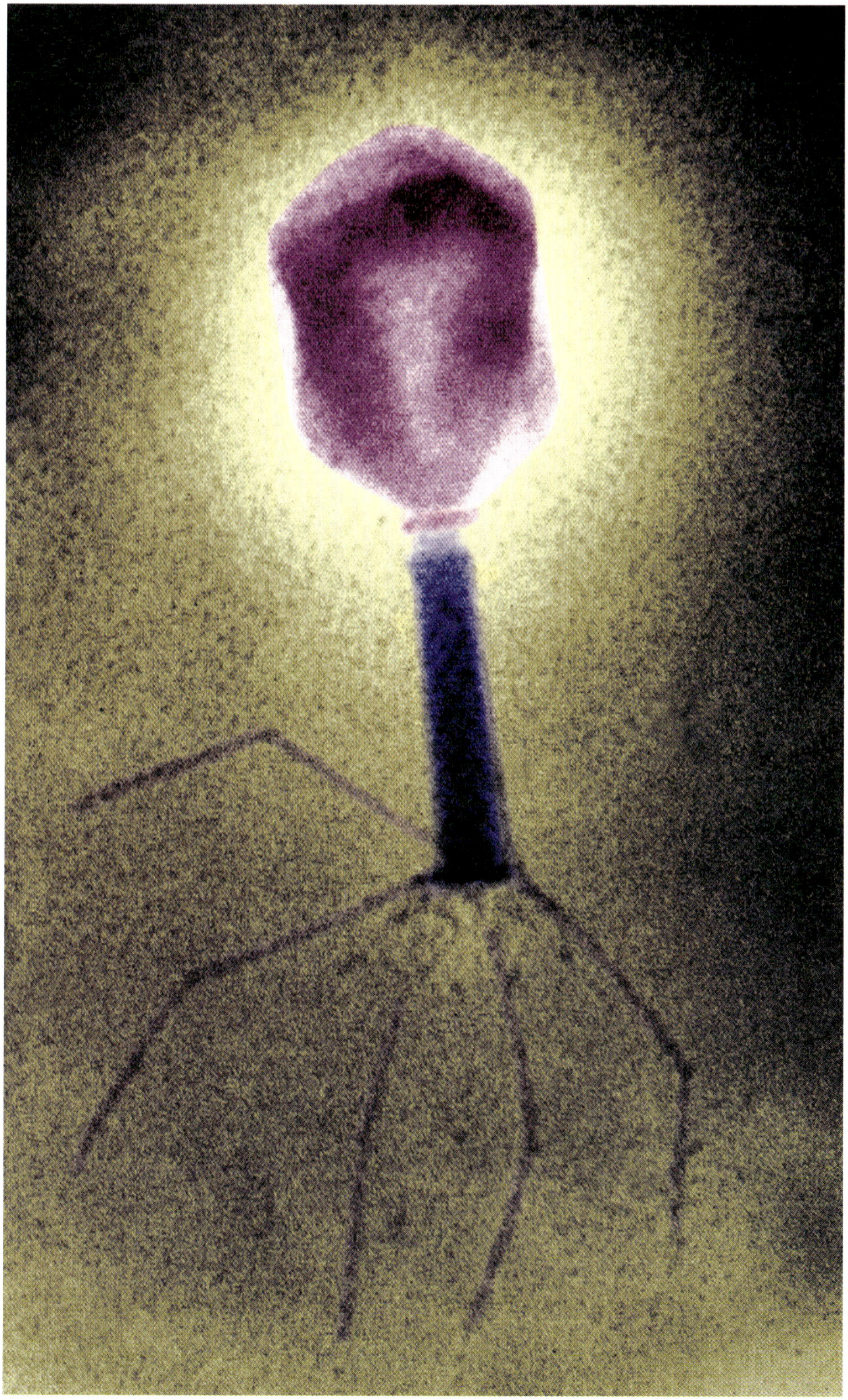

Bakteriophage – ein Virus, das Bakterien befällt

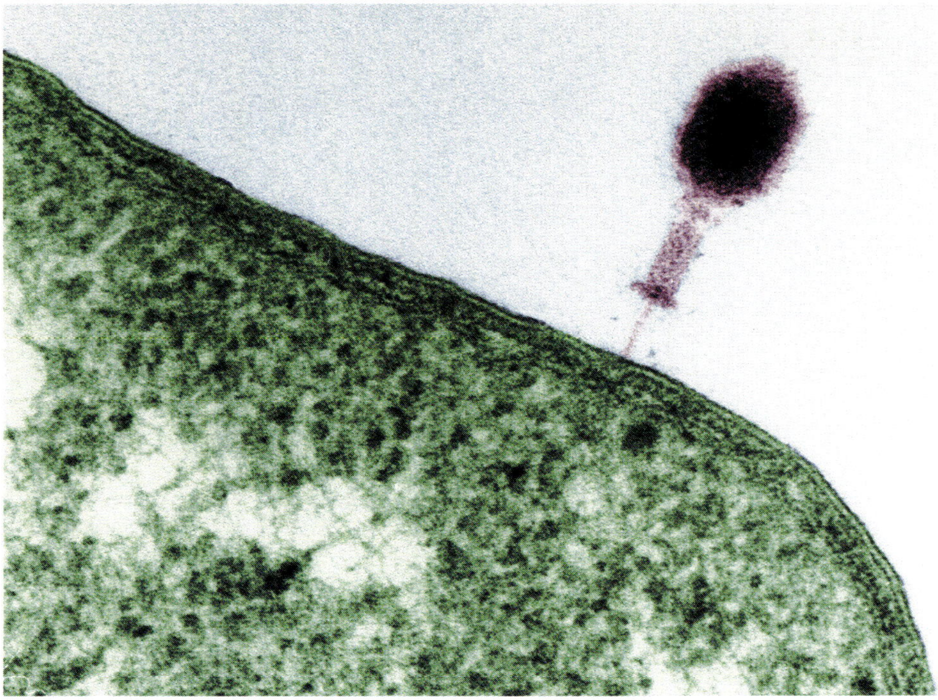

Ein Bakteriophage hat an einem Bakterium angedockt und spritzt ihm seine DNS ein

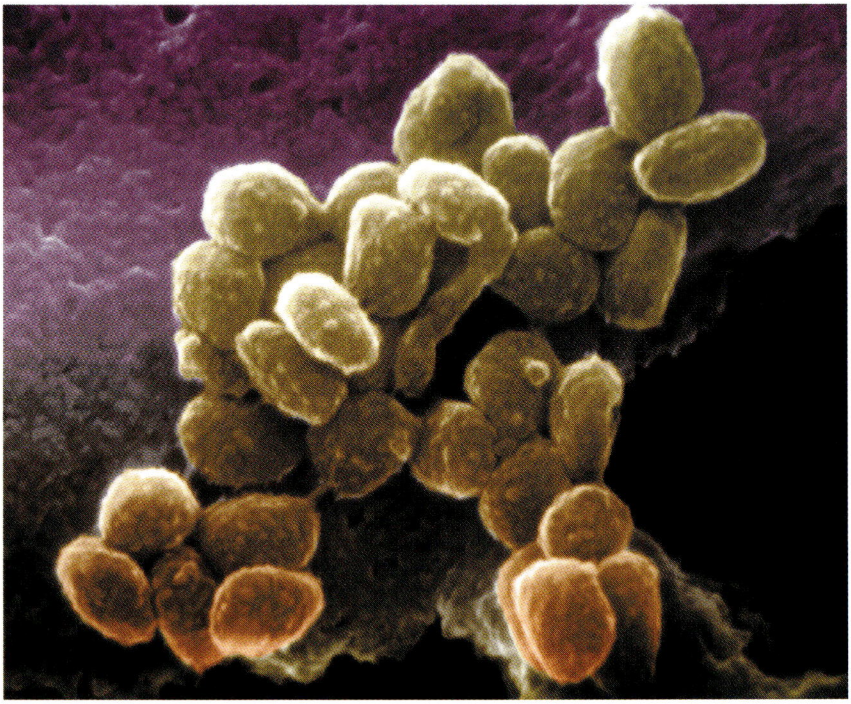

Pocken-Viren

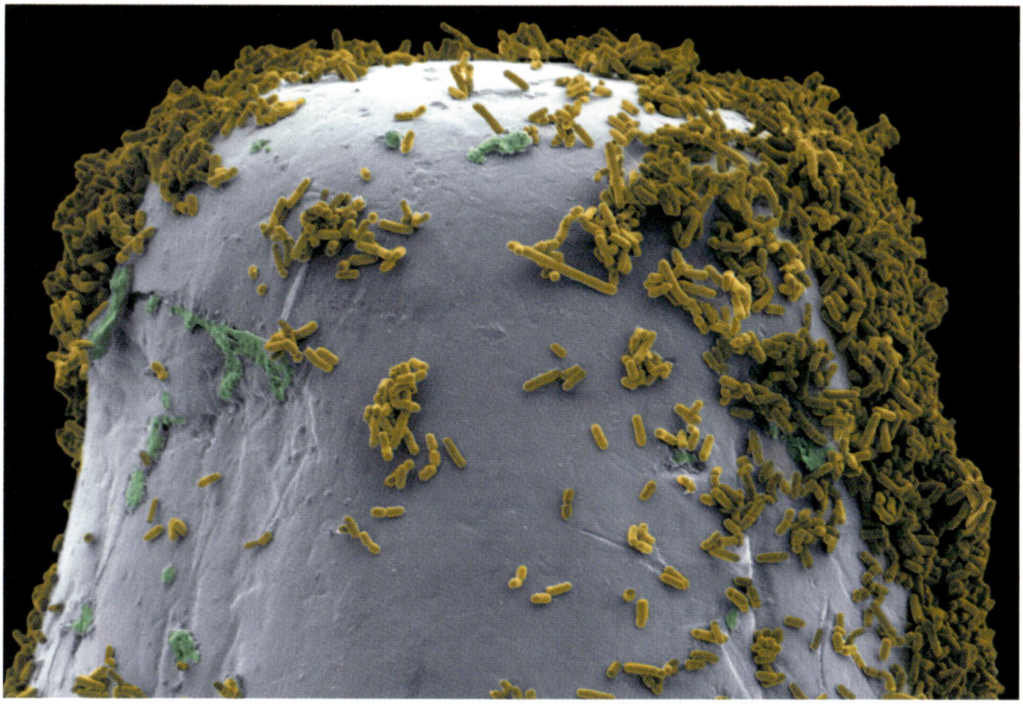

Bakterien auf einer Stecknadelspitze

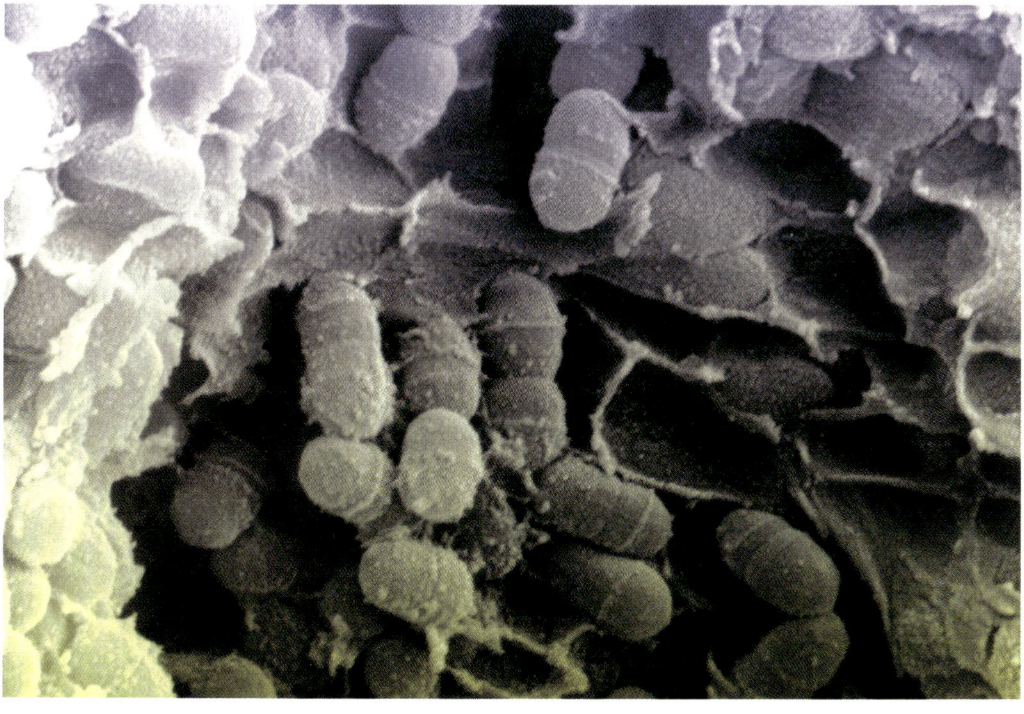

Zahnbelag (Plaque) mit Bakterien

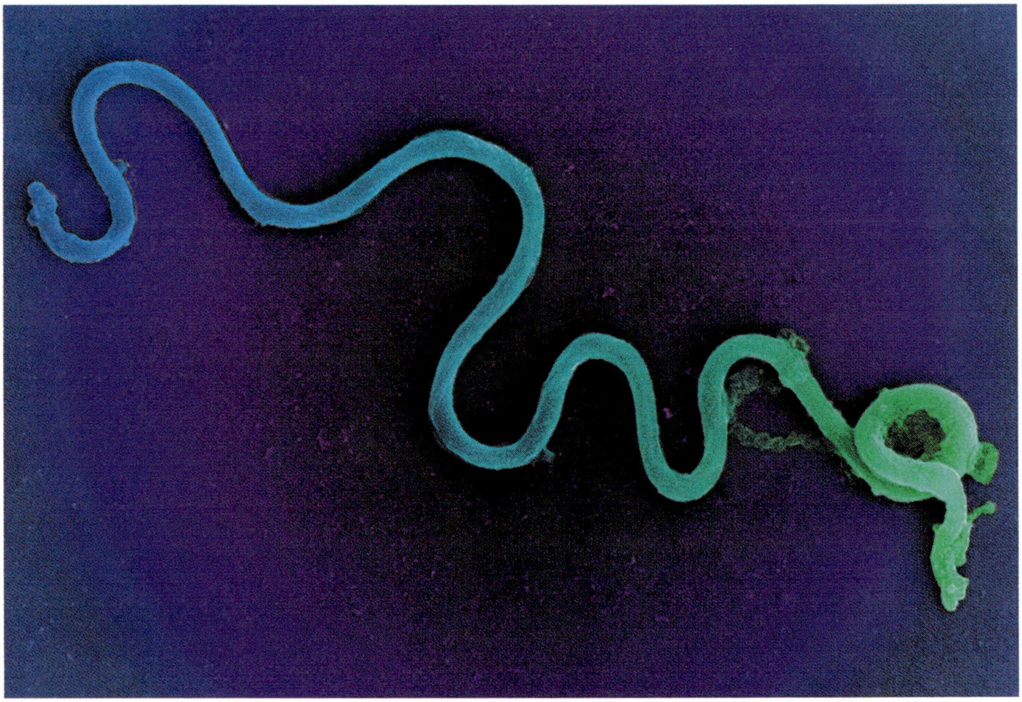

Borrelia-Bakterium, das u. a. durch Zeckenbiss übertragen werden kann

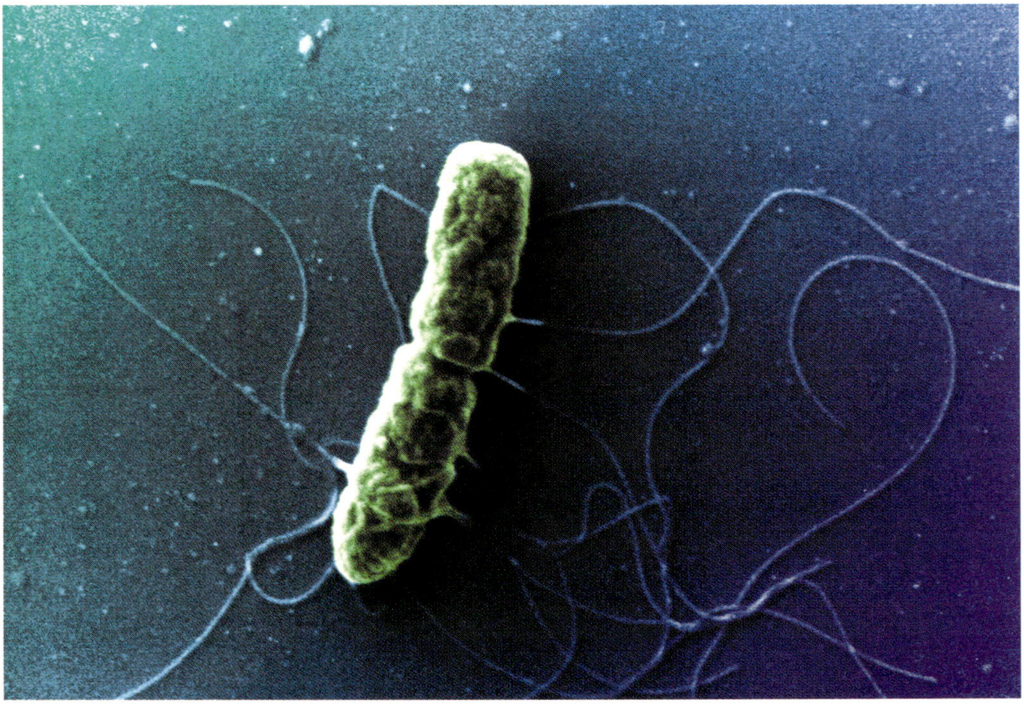

Salmonella-Bakterium mit langen Geißelfäden

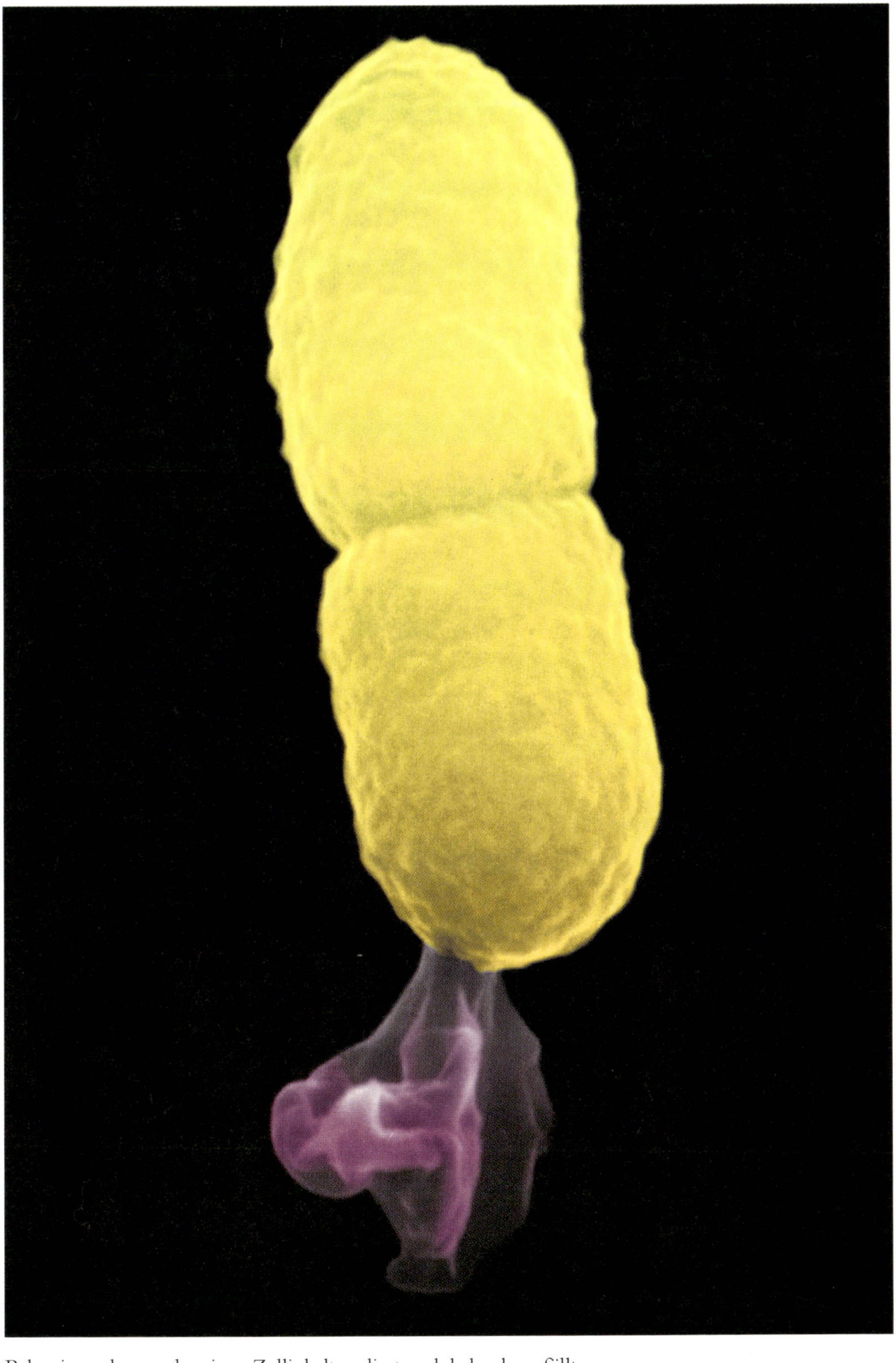

Bakterium, das gerade seinen Zellinhalt verliert und dadurch zerfällt

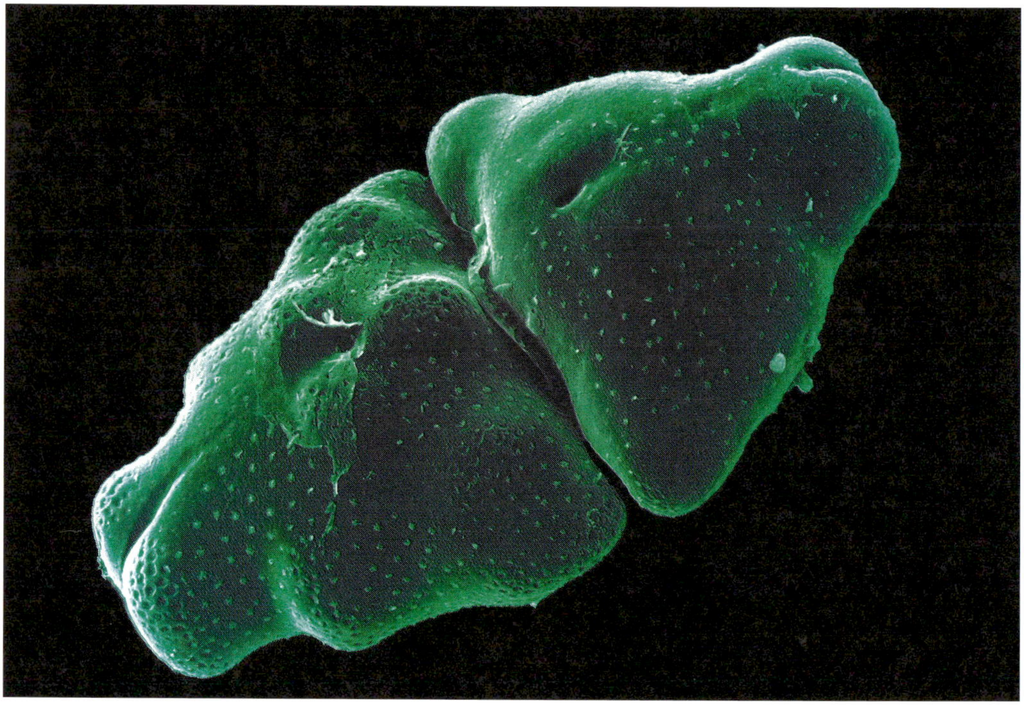
Joch-Alge

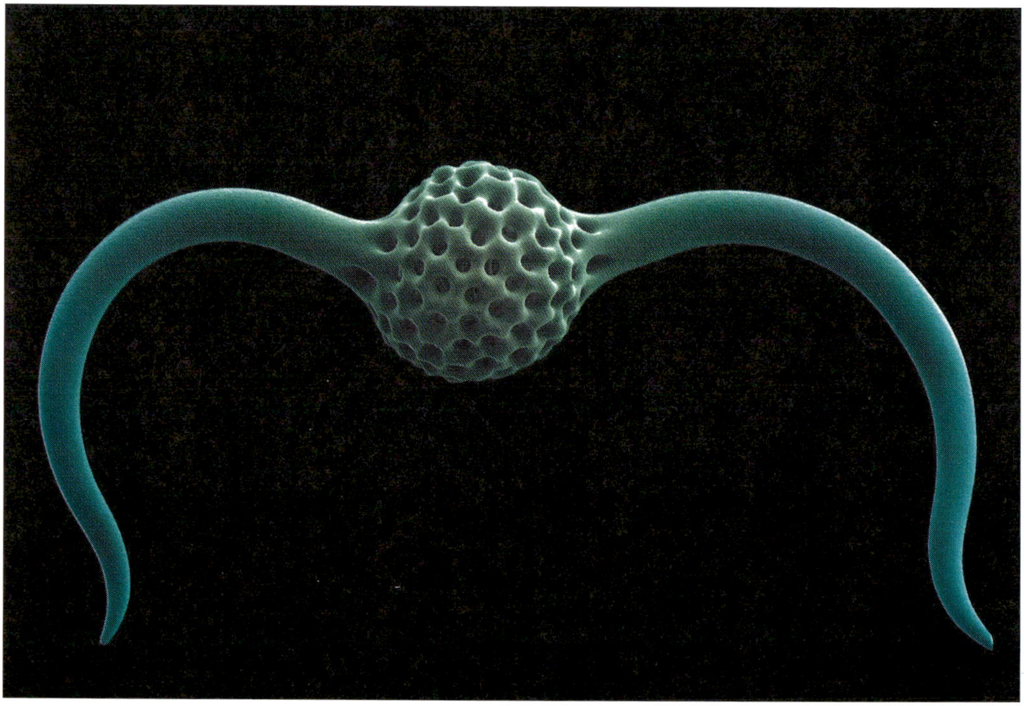
Radiolaria-Alge

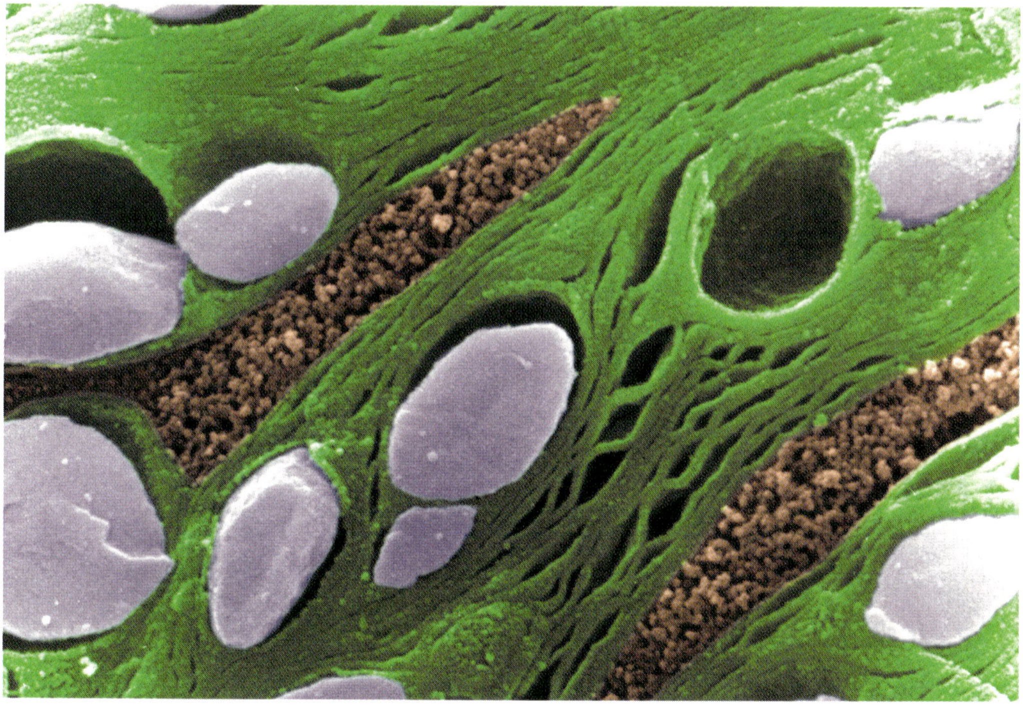

Sogenannter Chloroplast einer Maispflanze; er ist entscheidend an der Photosynthese beteiligt

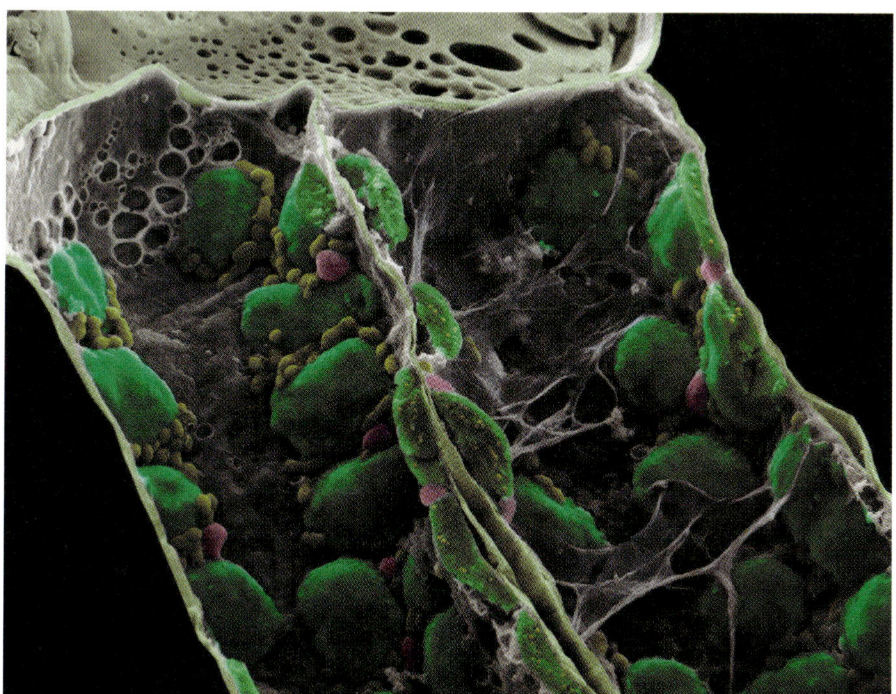

Blattzellen einer Christrose

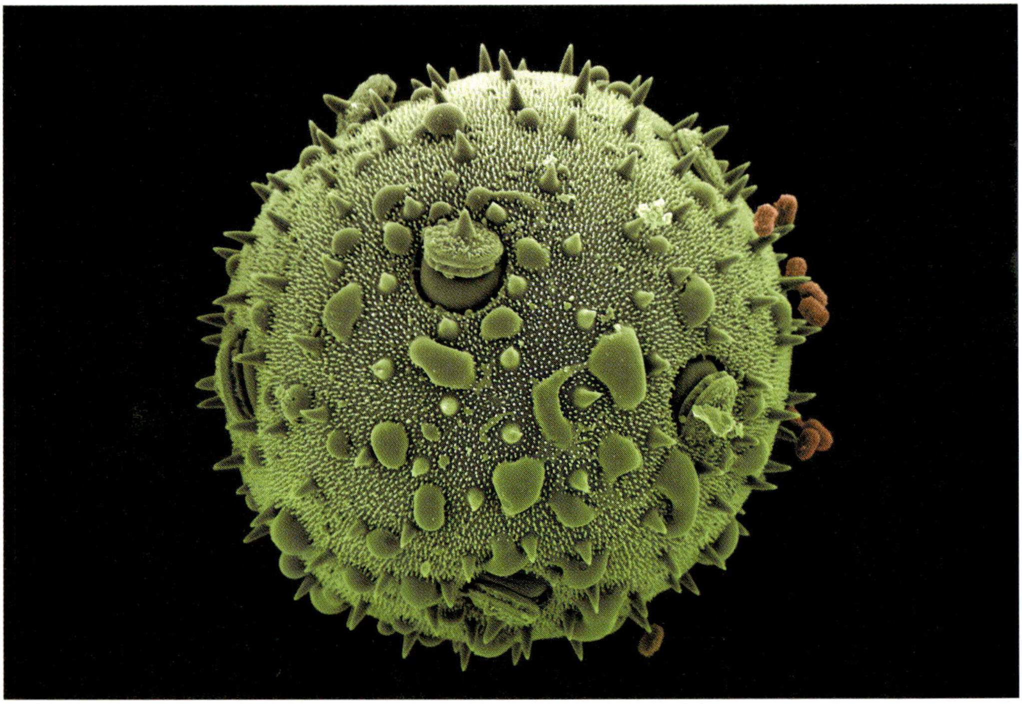

Großer Kürbis-Pollen, an dem kleine Vergissmeinicht-Pollen haften

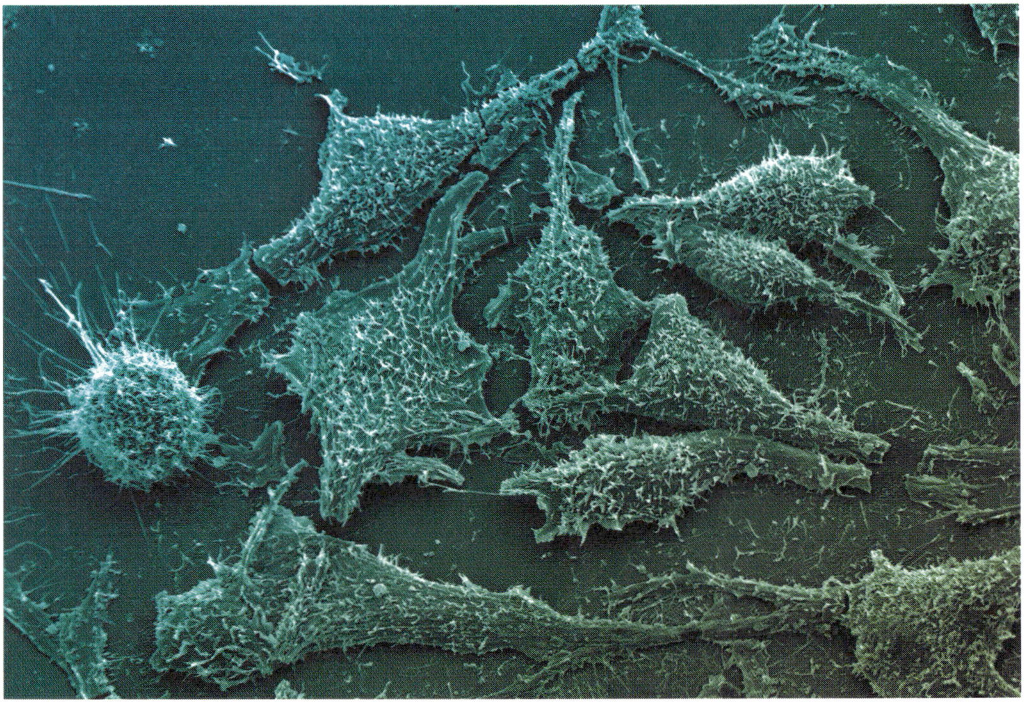

Krebszelle der Haut (am linken Bildrand)

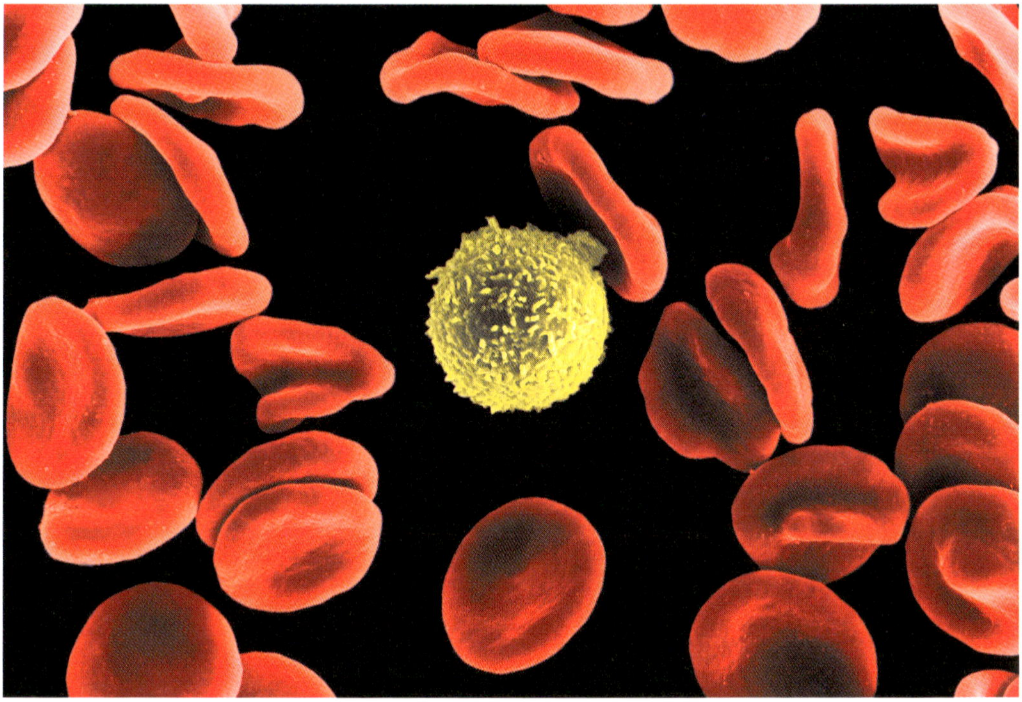

Weißes Blutkörperchen, umgeben von roten

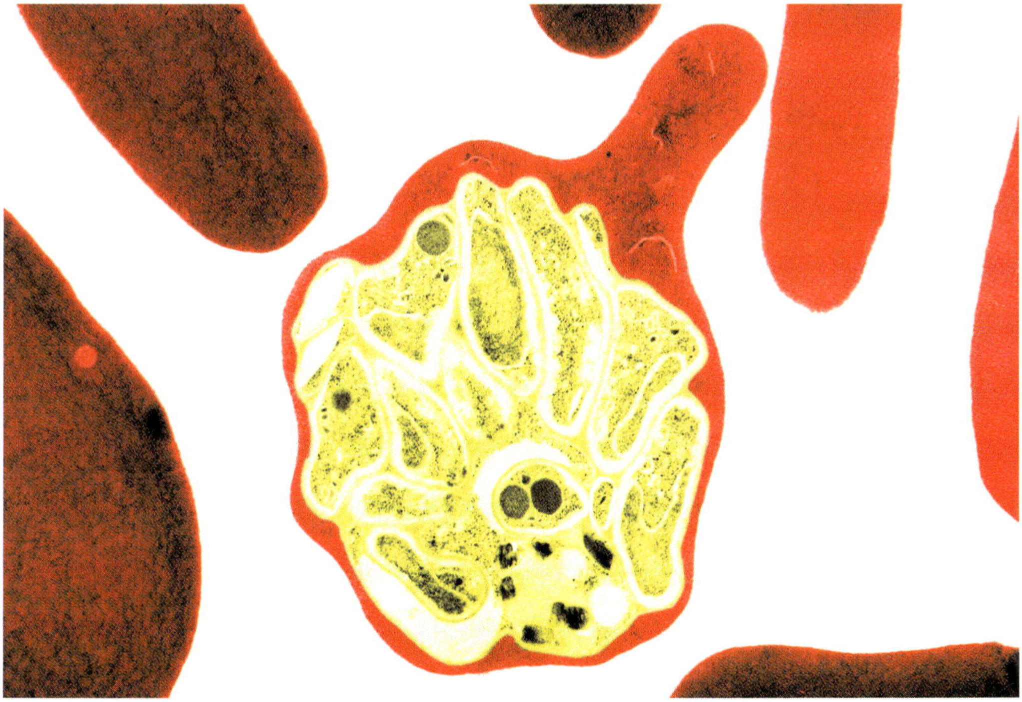

Malaria-Erreger in rotem Blutkörperchen

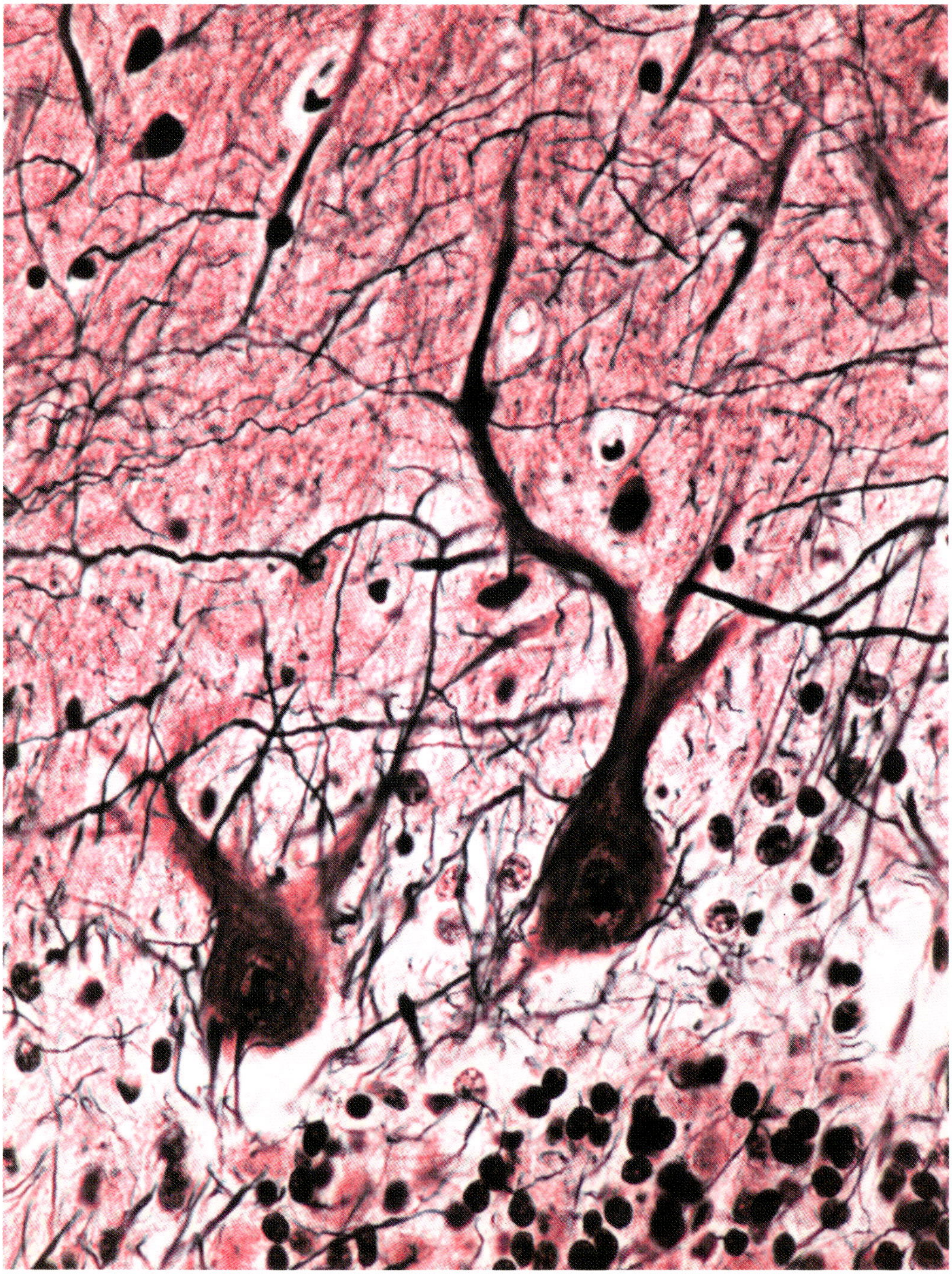

Zwei Nervenzellen (Neuronen)

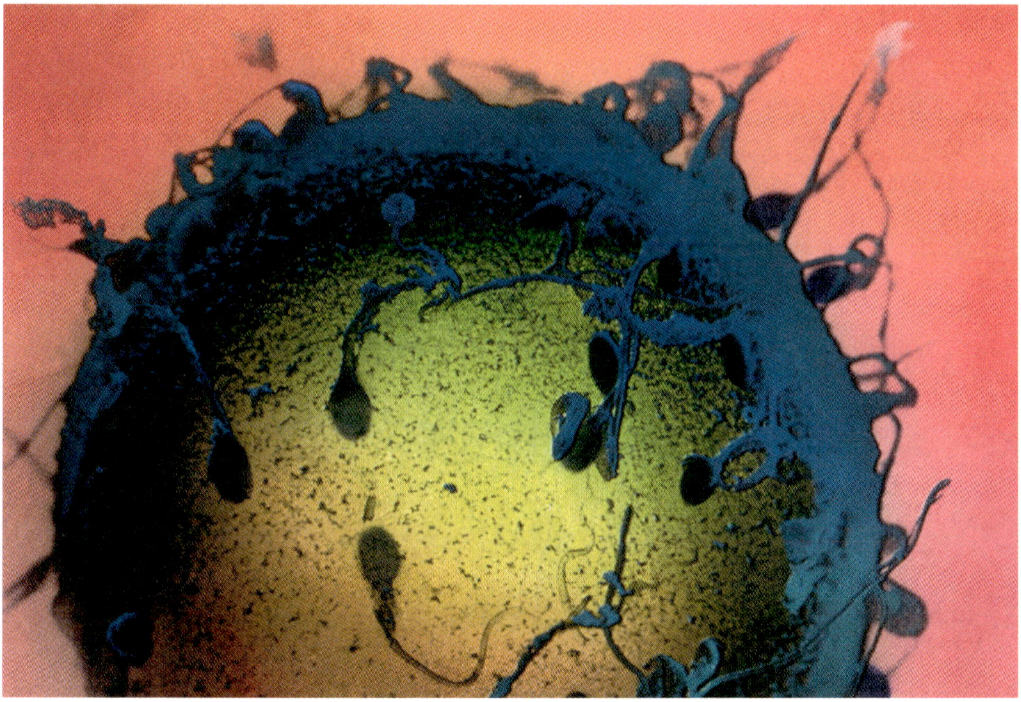

Eizelle, von Spermien umringt

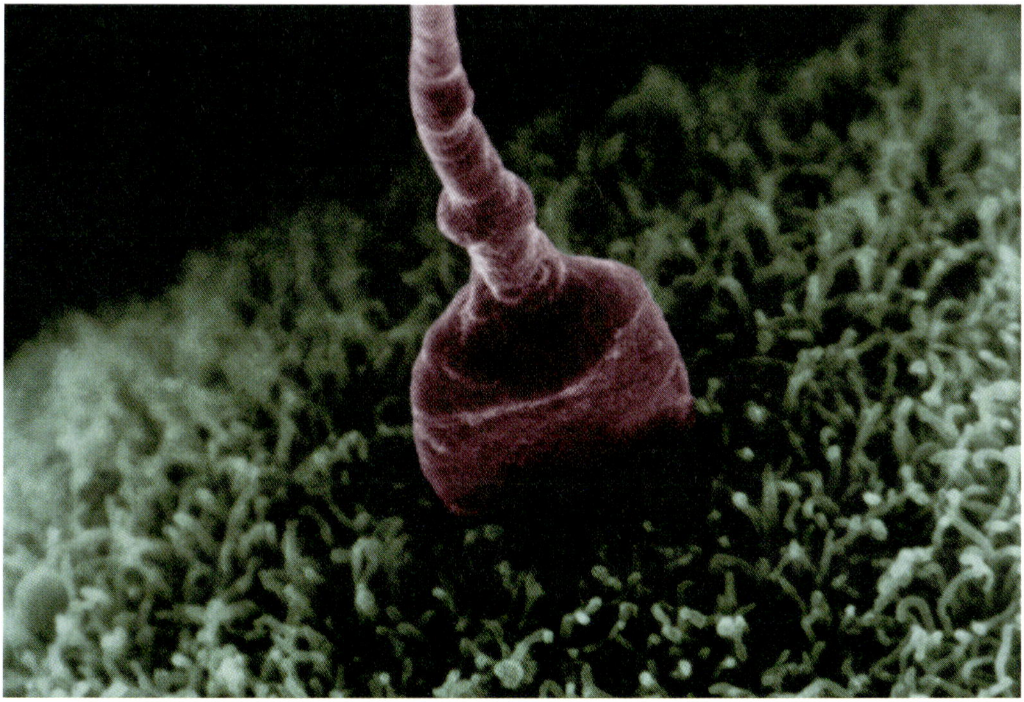

Samenzelle dringt in Eizelle ein

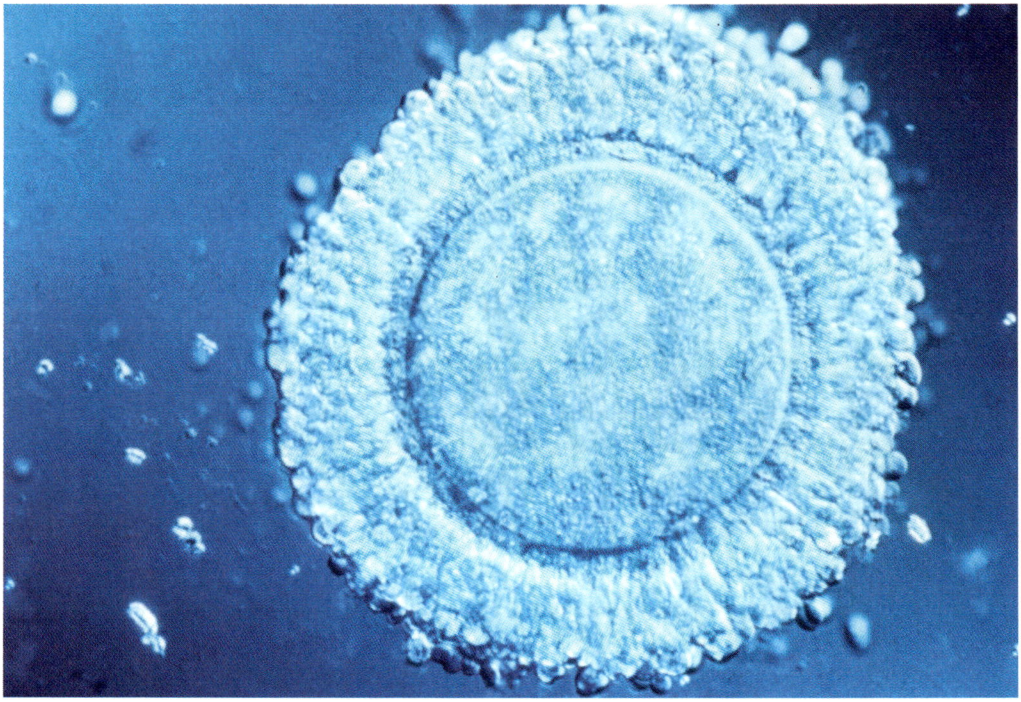

Eizelle kurz nach der Befruchtung

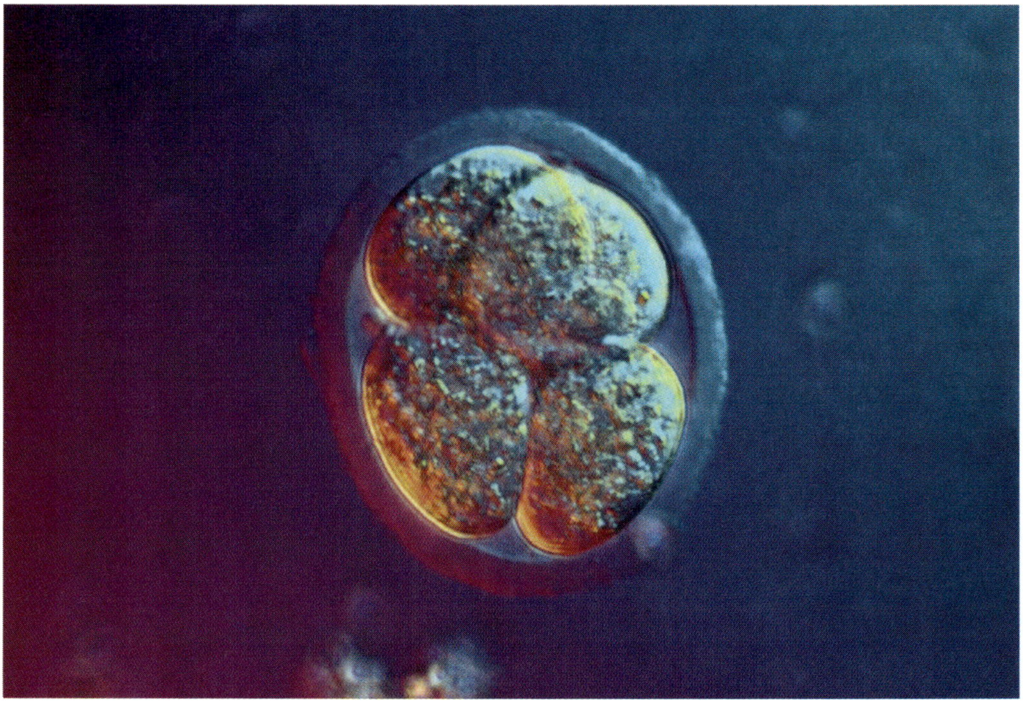

Frühes Teilungsstadium der befruchteten Eizelle

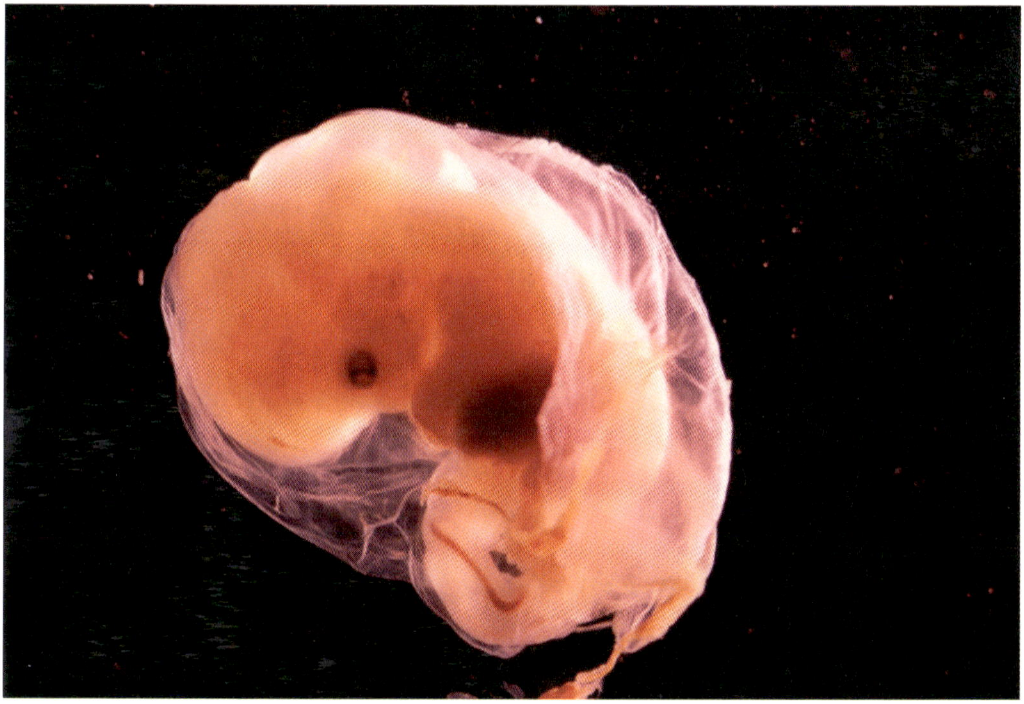

5 Wochen alter menschlicher Embryo

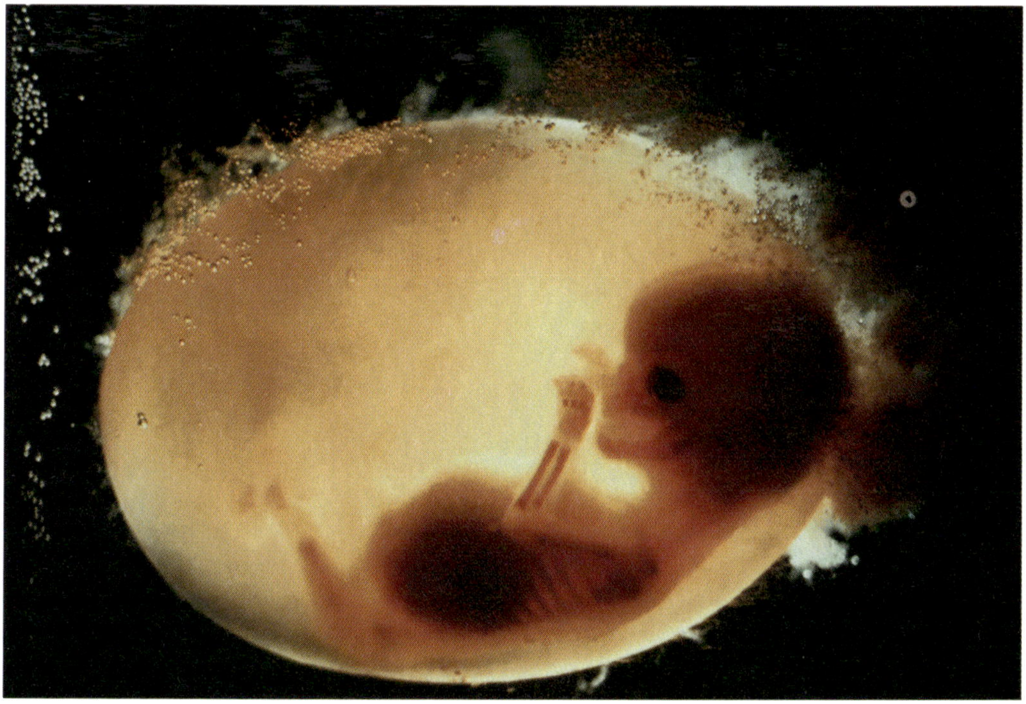

10 Wochen alter menschlicher Embryo in Fruchtblase

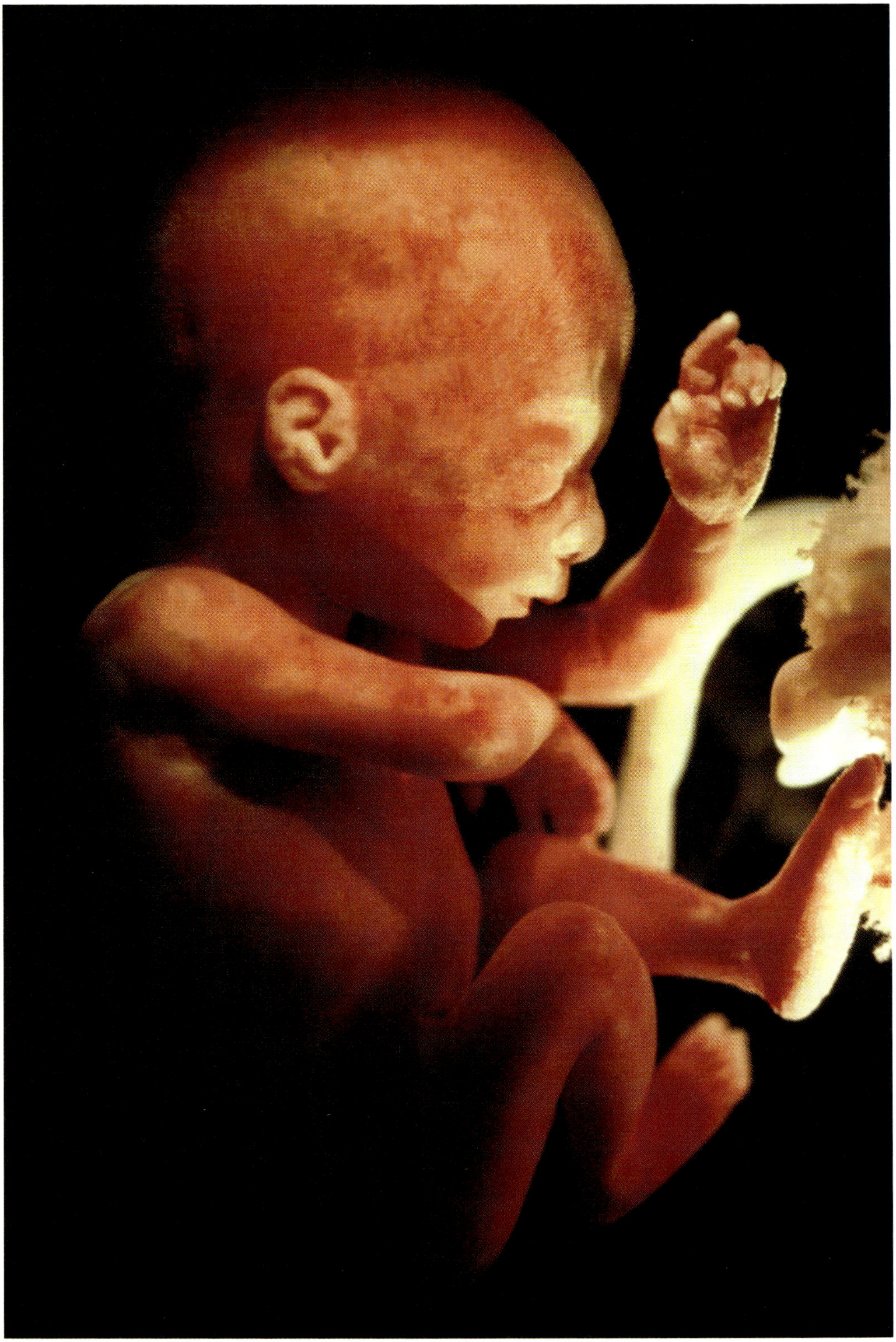
20 Wochen alter menschlicher Embryo

Neandertaler auch noch so gering gewesen sein – er reichte aus, um sich innerhalb von nur 10 000 Jahren als einzige Menschenart durchzusetzen. Homo sapiens, so ist zu vermuten, besaß schon vor 30 000 Jahren einen Wesenszug, der dem Neandertaler fehlte und den man vielleicht am besten mit »modernes geistig-seelisches Empfinden« umschreiben kann. Dieses drückte sich zum Beispiel in wesentlich differenzierteren Werkzeugen aus, die Homo sapiens nicht nur aus Stein, sondern auch aus Knochen und Geweihen fertigte, wobei er ein ausgeprägtes Gespür für die besonderen Materialeigenschaften zeigte.

Aber noch wesentlich deutlicher drückt sich der Unterschied im künstlerischen Schaffen aus, das bei Homo sapiens einherging mit einem religiös-symbolischen Empfinden. Hingegen gibt es beim Neandertaler für ein ästhetisches und künstlerisches Empfinden und Verhalten so gut wie keine Hinweise. Mit Einritzungen verzierte Waffen sind so ziemlich die einzigen Belege für eine künstlerische Betätigung. Sichere und vor allem endgültige Erkenntnisse haben wir darüber freilich auch nicht.

Immerhin scheint sicher, dass auch die Neandertaler ihre Toten begraben haben. Fraglich ist allerdings, ob sie regelrechte Bestattungen ausführten. Es könnte auch sein, dass sie ihre Toten nur verscharrten, damit sie nicht von Tieren gefressen wurden.

Körperbestattung eines Neandertalers. Rekonstruktion

Allerdings gibt es auch deutliche Hinweise auf Menschenfresserei beim Neandertaler, was nicht heißt, dass alle Neandertaler-Sippen den Kannibalismus praktizierten. Denkbar ist, dass auch Homo sapiens seinesgleichen verzehrte. Das Verspeisen von Artgenossen dürfte in der Frühzeit des Menschen ein weitverbreitetes Phänomen gewesen sein.

Beigaben, die auf einen Jenseitsglauben verweisen, hat man bislang in Neandertaler-Gräbern nicht finden können. Homo sapiens hingegen veranstaltete schon vor 30 000 Jahren aufwändige Begräbnisse mit kunstvollen Grabbeigaben, darunter auch rein symbolhafte Gegenstände, etwa kleine Skulpturen oder ganz persönliche Schmuckstücke. Homo sapiens dachte also bereits über den Tod hinaus, hatte womöglich schon den Glauben an ein Weiterleben nach dem Tod. Jedenfalls kannte er magisch-rituelle Kultformen, wie sie auch in den wunderbaren Höhlenmalereien zum Ausdruck kommen.

Doch was Homo sapiens vielleicht am stärksten vom Neandertaler abhob, war sein innerer Antrieb, das erlangte Können immer weiter zu verfeinern – ein unablässiges Suchen nach Verbesserung und Neuerung. Dieses neugierige Suchen war beim Neandertaler wohl weniger stark ausgeprägt. Mehr noch: Bei ihm ist geradezu ein Stillstand in seiner kulturellen Entwicklung über Jahrtausende festzustellen. Mögen sich beide Hominidenarten vor 40 000 Jahren auch nur ganz wenig voneinander unterschieden haben – es reichte aus, um Homo sapiens innerhalb von nur 10 000 Jahren zur überlegenen Art zu machen.

Es könnte sein, dass sich für Homo sapiens mit zunehmender Kulturentwicklung die Nachbarschaft des Neandertalers mehr und mehr als störend erwies. Man könnte vielleicht sogar die These wagen, dass Homo sapiens den Neandertaler nicht nur verdrängte, sondern bewusst verfolgte und schließlich ausrottete. Damit wäre sehr früh in der Menschheitsgeschichte der Krieg »erfunden« worden – eine Art von Bruderkrieg, wie er in der Bibel als Kains Mord an Abel seinen mythischen Niederschlag gefunden hat.

Wenn man bedenkt, dass unser nächster Verwandter, der Schimpanse, auch eine Art von Krieg gegen Artgenossen führt, so erscheint es durchaus einleuchtend, dass Homo sapiens den Neandertaler ausgerottet hat. Es wäre dies der erste Völkermord in der

Menschheitsgeschichte. Dass wir, wie bereits erwähnt, 98,4 Prozent der Erbsubstanz DNS mit den Schimpansen gemeinsam haben, rückt uns diesen haarigen Verwandten auf fast schon unangenehme Weise nahe. Man bedenke: Genetisch herrscht zwischen Mensch und Schimpanse eine größere Nähe als zwischen indischem und afrikanischem Elefant.

Was die Schimpansen betrifft, so wurde das Bild von den friedlichen Urwaldbewohnern, die sich hauptsächlich von Früchten ernähren, bereits in den siebziger Jahren zerstört. 1974 berichtete die Schimpansen-Forscherin Jane Goodall von gewaltsamen Auseinandersetzungen zwischen zwei benachbarten Schimpansen-Gruppen, die in engen Verwandtschaftsbeziehungen zueinander standen. Beide Gruppen führten einen gnadenlosen Krieg, bei dem auch Gegenstände als Waffen eingesetzt wurden. Er ging erst zu Ende, als die schwächere Gruppe vollständig ausgerottet war. Daraus lässt sich der Schluss ziehen, dass Krieg und Völkermord durchaus biologische Wurzeln haben könnten. Unter den Säugetieren zeigen nur Schimpansen und Menschen kriegerische Verhaltensweisen gegen Artgenossen. Wieso sollte sie der Homo sapiens vor 40 000 Jahren nicht gehabt haben, wo sie doch der heutige Homo sapiens noch immer hat!

Aber jetzt sind wir ein wenig abgeschweift. Beweise für diese Ausrottungstheorie gibt es vorerst keine. Neueste Forschungen weisen sogar in die entgegengesetzte Richtung: Homo sapiens habe den Neandertaler weder verdrängt noch ausgerottet, sondern sich mit ihm sogar vermischt. Damit gibt es derzeit gleich drei Thesen zum Verhältnis Neandertaler – Mensch: Verdrängungs-, Ausrottungs- und Vermischungs-These. Letztere wurde im Januar 1999 durch den Fund eines portugiesischen Grabungsteams nachhaltig gestützt: Man fand das Skelett eines etwa vierjährigen Kindes, das vor rund 24 500 Jahren starb. In seinem Grab lagen verschiedene Beigaben, wie sie für Homo sapiens zu jener Zeit typisch waren. Zuerst deutete also alles darauf hin, dass es sich hier um das Kinderskelett eines frühmodernen Menschen handelte. Es stammte ja aus einer Zeit, da der Neandertaler aus Europa bereits verschwunden war. Bei der genaueren Untersuchung des Skeletts fand man jedoch einige Merkmale – etwa den nach hinten fliehenden Unterkiefer und die kurzen, kräftigen Unterschenkelknochen –, die für den Neandertaler typisch sind.

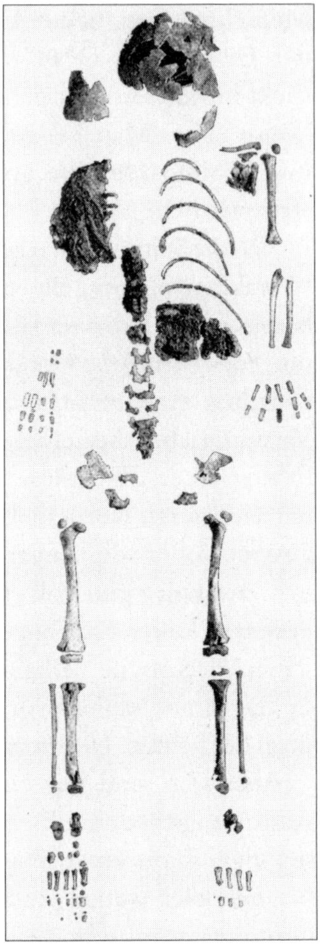

Das Skelett eines etwa vierjährigen Kindes, das vor 24500 Jahren gelebt hat. Der Körperbau zeigt überwiegend Merkmale von Homo sapiens. Doch einige Details – etwa die kurzen Beine – weisen auf Erbgut des Neandertalers hin. Es könnte somit eine Mischung von beiden Hominidenarten stattgefunden haben.

Andere Merkmale des Skeletts sind hingegen typisch für den frühmodernen Homo sapiens. Daraus zogen die Forscher den nahe liegenden Schluss, dass es sich bei diesem Fund nur um ein Mischlingskind aus Neandertaler und Homo sapiens handeln könne. Oder mit den Worten der Wissenschaftler: »Der Fund ist für Westeuropa einmalig. Wir vermuten, dass Neandertaler und frühmoderne Menschen noch eine Zeit lang gemeinsam Nachkommen hatten. Beide Populationen haben sich wahrscheinlich wirklich genetisch vermischt, denn das Kind lebte einige tausend Jahre, nachdem die Neandertaler nach gängiger Meinung verschwunden waren.«

Hierzu passt auch die Tatsache, dass sich Neandertaler-Fossilien von verschiedenen Orten oft recht stark in ihren typischen Merkmalen unterscheiden. Besonders der Hinterschädel wirkt bei manchen Funden moderner als bei anderen. Auch das könnte auf eine Mischung mit Homo sapiens hinweisen.

Falls diese Deutung des Fundes richtig ist, wäre natürlich die These von der rein afrikanischen Herkunft des modernen Menschen nicht mehr haltbar. Gestärkt wäre hingegen die These, dass Neandertaler und Homo sapiens einander doch ähnlicher waren, als lange Zeit gedacht, dass ihre Kulturen auf annähernd gleichem Niveau und beide Hominiden auch in der Lage waren, sich miteinander zu verständigen. Das heißt: Für Homo sapiens waren die Neandertaler nichts anderes als er selbst: Jäger und Sammler, Menschen wie er. Und für uns Menschen von heute hieße das: Wir tragen auch Neandertaler-Blut oder besser: Neandertaler-Gene in uns.

Dem stehen allerdings wieder Gen-Untersuchungen an Neandertaler-Knochen entgegen. 1997 gelang es erstmals, die DNS eines Neandertalers zu isolieren und mit Gen-Abschnitten heutiger Menschen zu vergleichen. Es fanden sich keine genetischen Überbleibsel im Erbgut des modernen Menschen. Dieses Ergebnis spricht jedoch nicht dagegen, dass sich hin und wieder Neandertaler und Homo sapiens miteinander gepaart haben könnten. Doch nach 40 000 Jahren sind die genetischen Spuren solcher gelegentlichen Vermischungen längst wieder verwischt.

Die Frage, wieso der Neandertaler ausgestorben ist und trotz Mischung nur die Homo-sapiens-Linie überdauert hat, ist damit nicht geklärt. Wenn Homo sapiens den Neandertaler weder verdrängte noch ausrottete, sondern friedlich mit ihm zusammenlebte und sogar Nachkommen mit ihm zeugte, ist es doch sehr rätselhaft, dass nur eine Art von Mensch übrig geblieben ist. Vielleicht wurde der Neandertaler nicht aktiv von Homo sapiens verdrängt, sondern ist ganz allmählich ins Hintertreffen geraten. Geringste Vorteile von Homo sapiens – etwa ein besseres soziales Netz untereinander oder ein bisschen mehr geistige Kreativität – könnten sich im Lauf der Jahrtausende zu immer größeren Vorteilen summiert haben. Das müsste freilich nicht notgedrungen das Verschwinden des Neandertalers zur Folge gehabt haben; er hätte ja trotzdem weiterbestehen können.

Wir sehen: Hier sind noch viele wichtige Fragen offen. Es herrscht ein bunter Mischmasch von Meinungen unter den Fachleuten. Nur eines scheint ziemlich sicher: Das Bild von den plumpen, kulturlosen Neandertalern gehört der Vergangenheit an.

Die Evolution des Menschen erweist sich von Anbeginn als ziemlich verwirrend und unübersichtlich, was natürlich vor allem mit den großen Erkenntnislücken zu tun hat. Aus langen Phasen der Menschheitsentwicklung fehlen uns aussagekräftige Ausgrabungsfunde. So oder so werden die Abläufe eher kompliziert als einfach gewesen sein. Unzählige Faktoren, zu denen uns die Daten fehlen, dürften dabei eine Rolle gespielt haben.

Entsprechend schwierig sind auch die Versuche, sich ein wissenschaftlich fundiertes Bild von der Lebensweise der Menschen vor 30 000, 100 000 oder gar 1 Million Jahren zu machen. Dieses Bild wird auch in Zukunft unscharf bis dunkel bleiben. Dabei erweist es sich, wie in anderen Wissenschaftszweigen auch, dass neue Entdeckungen – etwa die des portugiesischen Mischlingskinds – weit mehr neue Fragen aufwerfen, als sie alte beantworten können.

Die Evolution des Menschen wird mit zunehmendem Wissensstand nicht einfacher, sondern immer komplexer und damit auch komplizierter. Wirklich sicher scheint inzwischen nur Folgendes: Mensch und Affe haben einen gemeinsamen Vorfahren. Die Wiege der Menschheit stand in Afrika. Seit etwa 30 000 Jahren ist die Art Homo sapiens ohne jede Konkurrenz.

Die zweite Schöpfung – ein gefährliches Unterfangen

Mittlerweile mehren sich aber die Zeichen, dass der Mensch darangeht, sich selber einen Konkurrenten zu schaffen, eine Art Über-Menschen. Dazu scheint ihn ein Forschungszweig zu befähigen, den wir in diesem Buch bereits kennen gelernt haben: die Genforschung.

Aus der Erforschung der Gene, also des Erbguts von Lebewesen aller Art, ergibt sich zumindest theoretisch die Möglichkeit, an diesem Erbgut Manipulationen vorzunehmen, d.h. Gene zu verändern. Damit verändert man die Lebewesen, denen diese Gene gehören. Im Prinzip ist es dadurch möglich, Lebewesen zu schaffen, die in der Natur nicht vorkommen, weil sie von der Evolution so nicht vorgesehen waren.

Der Mensch ist in der Tat seit geraumer Zeit in der Lage, eine vollkommen neue, künstliche Evolution in Gang zu setzen, eine zweite Schöpfung, wenn man so will. In der Genforschung, genauer: in der Genmanipulation, spielt der Mensch Gott. Wie dieses Spiel funktioniert, soll im Folgenden gezeigt werden.

Von »Spiel« zu reden ist allerdings ziemlich naiv. Es ist der pure Ernst, der da ans Werk geht, gepaart mit nüchternen, aber massiven wirtschaftlichen Interessen, die hinter der Forschung stecken. Auch die Genforschung unterliegt den Gesetzen des Marktes. Doch das gilt heute für fast jeden Forschungszweig. Erforscht wird vor allem, was finanziellen Gewinn verspricht. Der Gewinn aber setzt die technologische Anwendung der Forschungsergebnisse voraus. Forschung um ihrer selbst willen gibt es nicht mehr. Gentechnologen behaupten, beim Zukunftsmarkt der Genforschung gehe es nicht mehr um jährliche Milliardengewinne, sondern um Billionen.

Seit gut 25 Jahren werden die Gene nicht mehr bloß erforscht, sondern es wird auch versucht, die Forschungsergebnisse technisch umzusetzen, also eine spezielle Gentechnologie zu entwickeln. Und mit dieser Entwicklung entsteht ganz automatisch ein Markt für Gentechnik.

Die Anfänge der Gentechnik sind eng verknüpft mit dem Namen Paul Berg. Dieser amerikanische Biochemiker arbeitet an der Universität von Stanford südlich von San Francisco. 1972 entwickelte er dort seine bahnbrechende Erfindung: die Wiederverknüpfung (Rekombination) von zerstückelten DNS-Fäden unterschiedlicher Organismen. Paul Berg gelang es als Erstem, im Labor das Erbgut eines Organismus mit dem eines andern zu verknüpfen. 1980 erhielt er dafür den Nobelpreis für Chemie. Er war es, der die erste künstliche Veränderung an den Bauplänen des Lebens durchführte, also das, was uns inzwischen unter dem Begriff »Genmanipulation« vertraut ist. Berg drang damit in einen Bereich des Lebens vor, den viele als eine absolute Tabuzone betrachten, die der Mensch besser nicht betreten sollte.

In der Tat rührt die Gentechnik an den Grundlagen des Lebens. Das erzeugt bei vielen Menschen Misstrauen und Angst. Diese Angst hatten auch Paul Berg und seine Mitarbeiter. Allen war klar, dass die neue Technologie gefährlich ist, nicht weniger gefährlich als die Atomtechnologie. Wie diese, so ist auch die Gentechnologie eine elementare Technologie, weil sie, radikal durchgeführt, im Grunde das gesamte Leben auf der Erde in Frage stellt. Auch in der Gentechnologie besteht die Möglichkeit, eine Kraft zu entfesseln, die bislang verborgen in den winzigen Zellkernen schlummerte – so wie die gefährliche Kernkraft in den unsichtbaren Atomkernen steckt. In beiden Winzigkeiten stecken Kräfte, die, einmal freigesetzt, womöglich nicht mehr zu bändigen sind. Nach den Atomphysikern schicken sich nun also die Biochemiker an, einen Geist aus der Flasche zu lassen, von dem keiner weiß, ob er gut oder böse ist.

Klar ist freilich schon jetzt, dass dieser »Geist« auch Gutes zu bewirken vermag – zum Beispiel im Kampf gegen erblich bedingte Krankheiten. Doch bevor wir uns diesen wirklich wichtigen Fragen zuwenden, sollten wir erst mal zu verstehen versuchen, was die Gentechnik überhaupt ist, wie sie funktioniert.

Auch DNS-Fäden kann man zerschneiden

Ausgangspunkt für Bergs Forschung war die Frage, wie die Zellen ihre Proteine herstellen. Dass dieser Vorgang irgendwie durch Gene gesteuert wird, wusste man damals schon – aber eben nur irgendwie. Um Genaueres herauszufinden, musste Paul Berg die fadenartig aneinander gereihten und in den Chromosomen zu Knäueln aufgerollten Gene eingehender untersuchen.

Paul Berg fragte sich, was passieren würde, wenn er das Erbgut eines Virus in eine Bakterienzelle einschleuste. Was würde die Bakterienzelle mit dem fremden Erbgut machen, wenn es gelänge, die Genfäden von Bakterium und Virus miteinander zu verknüpfen?

Diese Frage stellte sich fast zwangsläufig, seit den Biochemikern eine Technik zur Verfügung stand, mit der man DNS zerschneiden kann. Dazu bediente man sich ganz bestimmter Proteine, die eine Art von Scherenfunktion haben. Schon in den sechziger Jahren hatte der Mikrobiologe Werner Arber beobachtet, dass sich einige Bakterien gegen Viren zur Wehr setzen können. Sie verwenden dazu bestimmte Proteine, so genannte Enzyme (vgl. Seite 42). Die sind in der Lage, als molekulare Scheren DNS-Fäden zu zerschneiden. Die Enzyme zerstückeln also die DNS des Virus und zerstören so den Krankheitserreger.

Viren bestehen ja im Grunde nur aus genetischem Material, das in fremde Zellen eindringt und deren biochemischen Apparat so umprogrammiert, dass er neue Viren derselben Art produziert. Viren, so könnte man sagen, sind außer Kontrolle geratene Gene. Viren haben keinen eigenen Stoffwechsel wie etwa die Bakterien, sondern sind für ihre Vermehrung auf den Stoffwechsel anderer lebender Zellen angewiesen, die sie wie Schmarotzer als Wirtszellen benützen.

Einige Forscher hatten sich seit Jahren mit diesen »Scheren-Proteinen« beschäftigt, mit deren Hilfe sich die Abschnitte von Genen aus der DNS herausschneiden lassen. Paul Berg baute auf ihrer Arbeit auf. Seine Überlegungen bestanden eigentlich nur darin, die isolierten, aus einem DNS-Faden herausgeschnittenen Gene neu miteinander zu verknüpfen, zu rekombinieren, wie die Wissenschaftler sagen. Berg rekombinierte Gene des so genannten SV 40-Virus mit denen des Darmbakteriums Escherichia coli.

Im Vergleich zur menschlichen DNS ist der Genfaden eines Bakteriums einigermaßen überschaubar; er ist etwa tausendmal kürzer und nicht als dicht verschnürtes Knäuel, sondern als einfacher Ring angelegt. Einen solchen DNS-Ring hat Berg zerschnitten und mit dem Erbgut des SV 40-Virus neu verknüpft. Das war, vereinfacht, seine revolutionäre Leistung. Wichtig war dabei die Erkenntnis, dass das eingesetzte »Scheren-Protein« den Genfaden nicht willkürlich, sondern immer nur an ganz bestimmten Stellen zerschneidet.

Man musste also zuerst mal die Schnittstellen genauestens untersuchen, um herauszufinden, welche der vier molekularen Gen-Bausteine A, G, C, T dort sitzen. Es zeigte sich, dass das Protein keine »glatte« Schnittkante erzeugt, sondern »ausgefranste« Enden oder, wie die Forscher sagen, »klebrige« Enden. Das Protein schneidet so, dass sich an den Enden beider Fadenstücke spiegelverkehrte Abfolgen der Buchstaben ergeben. Wenn also am Ende des einen Fadenstücks die Buchstabenfolge G, A, T, C steht, dann steht am Ende des andern Fadenstücks C, T, A, G. Wo immer das eingesetzte Protein den Faden durchschneidet, findet man diese spiegelverkehrte Buchstabenfolge an den Fadenenden.

Zerschneidet man nun den DNS-Faden eines Bakteriums und den eines Virus mit ein und derselben »Protein-Schere«, so erhält man lauter Fadenstücke, die diese gleichen spiegelverkehrten Buchstabenfolgen an ihren Enden aufweisen. Somit kann man aber Genfadenstücke des Bakteriums problemlos mit Genfadenstücken des Virus verknüpfen oder besser: verkleben. Sie lassen sich fugenlos zusammenstecken wie verzapfte Möbel- oder Puzzleteile. Man muss als »Schere« immer nur das gleiche Protein verwenden, um passende spiegelverkehrte Schnittstellen zu erhalten. Das ist, wenn auch stark vereinfacht, die Technik der DNS-Zerstückelung.

1973 gelang es den amerikanischen Biochemikern Herbert Boyer und Stanley Cohen erstmals, Gene von einem Bakterium auf ein anderes zu übertragen. Als »Transporter« dienten dabei Viren, deren eigene DNS zugunsten der fremden Gene entfernt wurde.

Um bestimmte Gene in Zellen einzuschleusen und in deren DNS einzubauen, bedienen sich die Forscher bestimmter Viren. Die tun ja von Natur aus nichts anderes, als Erbgut – nämlich ihr eigenes – in Zellen einzuschleusen und in die DNS der Zellen einzufügen. So entwickeln sie neue Viren. Im Bild sieht man einen so genannten Bakteriophagen – das sind Viren, die speziell Bakterien befallen –, der gerade an einer Bakterienzelle angedockt hat, um seine DNS in die Zelle einzuspritzen.

Was Gene alles können

In den vergangenen dreißig Jahren hat sich die Gentechnologie in immer rascherem Tempo weiterentwickelt. Dieses rasante Tempo birgt natürlich die Gefahr, dass die überwiegende Mehrzahl der Menschen nicht mehr in der Lage ist, die Entwicklungen nachzuvollziehen. Die Folgen sind Ratlosigkeit und Gleichgültigkeit gegenüber dieser höchst brisanten Technologie.

Was also ist die Gentechnologie? Was wird da gemacht? Worauf könnten all diese enormen wissenschaftlichen Anstrengungen hinauslaufen? Worin könnte bei dieser Technologie der Segen für die Menschheit liegen? Und worin liegen die Gefahren? Was kommt da möglicherweise auf uns zu? Und was ist schon da?

Das Grundprinzip der Gentechnik kennen wir bereits: Zerstückeln von DNS-Fäden in einzelne Genabschnitte. Und dann das Neuverknüpfen der Gene, wobei diese auch von einem Organismus auf einen andern übertragen werden können.

Um zu erfahren, welche Funktionen ein bestimmtes Gen hat, ist es am sinnvollsten, es bei einem Organismus auszuschalten, also herauszuschneiden. Danach vergleicht man den Organismus, bei dem das Gen ausgeschaltet wurde, mit einem gleichen Organismus, bei dem das Gen noch intakt ist. Auf diese Weise kann man vergleichen, in welchen Eigenschaften sich die beiden Organismen unterscheiden. Nur so kann man herausfinden, welche Gene welche Aufgaben haben.

Um etwas über die Funktionen einzelner Gene zu erfahren, werden in den Labors der Genforscher so genannte »Knock-out-Mutanten« gezüchtet. Dabei werden Abschnitte im Erbgut eines Lebewesens ausgeschaltet (»ausgeknockt«). Anschließend werden die Auswirkungen dieses Eingriffs untersucht. Den »Knock-out« besorgen auch hier »Scheren-Proteine«, die man ins Erbgut einer frisch befruchteten Eizelle einschleust.

Bei diesen Versuchen bedienten sich die Genforscher zuerst einmal solcher Tiere, die seit langem schon bei der Erforschung der Vererbungsprozesse eine Rolle spielen, etwa der Fadenwurm Caenorhabditis elegans oder die Taufliege Drosophila melanogaster. Die relativ einfach gebauten Tiere haben den Vorteil, dass ihr Genom – das ist die Gesamtheit aller Gene eines Lebewesens – einigermaßen übersichtlich ist. Dabei ist es aber immer noch kompliziert genug. Das Genom des Fadenwurms zum Beispiel besteht aus etwa 19 000 Genen, während man beim Menschen zwischen 30 000 und 40 000 Gene annimmt. Der nur etwa ein Millimeter lange Wurm war 1998 das erste vielzellige Lebewesen, dessen Erbgut vollständig entschlüsselt wurde. Das heißt: Man kennt die Abfolge der Gene auf seinem DNS-Faden, ohne freilich zu wissen, welche Aufgaben sie im Einzelnen haben. Nur von einigen Genen dieses Wurms kennt man inzwischen die Funktion.

Das Verblüffende ist nun aber, dass das Genom eines so einfach gebauten Fadenwurms durchaus Rückschlüsse auf den Menschen zulässt. Immer deutlicher zeigt sich, dass sich viele Tier-Gene – auch solche von Würmern – im menschlichen Genom befinden. Zum Beispiel gibt es so genannte »Präsenilin-Gene«, die beim Menschen eine Rolle bei der Alzheimer-Erkrankung spielen, wenn sie nicht richtig funktionieren. Diese Gene hat auch der Fadenwurm. Funktionieren sie bei ihm nicht, kann er keine Eier legen. Nun hat Alzheimer natürlich nichts mit Eierlegen zu tun. Auf der molekularen Ebene funktionieren diese Gene aber gleich, was man daran sieht, dass man kranke Würmer, die also keine Eier legen konnten, geheilt hat, indem man ihnen ein intaktes menschliches Präsenilin-Gen einsetzte.

Man geht davon aus, dass etwa 50 Prozent der Wurmgene ein entsprechendes Pendant beim Menschen haben. Genetisch unterscheidet uns also gar nicht so viel von einem Wurm.

Die Taufliege Drosophila eignet sich sogar noch besser zur Erforschung einzelner Genfunktionen, da sie einige tausend Gene weniger hat als der Fadenwurm. 60 Prozent ihrer Gene, so schätzt man, haben ein Pendant im menschlichen Erbgut. So hat man im menschlichen Erbgut bislang 289 Gene gefunden, die, wenn sie defekt sind, Erbkrankheiten auslösen können. 177 von ihnen fand man auch im Erbgut der Taufliege. Viele dieser Gene sind beim Menschen irgendwie an der Entstehung von Krebs beteiligt. Aus diesem Grund erhofft man sich durch die Analyse des Taufliegen-Erbguts wichtige Erkenntnisse über die Entstehung von bösartigen Tumoren beim Menschen. Aber auch als Modell für Nervenleiden wie die Parkinson-Krankheit könnte Drosophila nützlich sein. Denn die kleine Fliege hat ein für Insekten erstaunlich komplexes Gehirn und von daher auch ein vielfältiges Verhaltensrepertoire.

So schleusten Genforscher ein defektes Menschen-Gen, das eine wichtige Rolle bei der Entstehung von Parkinson spielt, ins Erbgut von Taufliegen ein. Die kleinen Insekten zeigten daraufhin Gleichgewichtsstörungen.

Bei Fruchtfliegen haben vor kurzem amerikanische Genforscher vom California Institute of Technology in Pasadena eine Genmutation entdeckt, die bewirkt, dass die betroffenen Insekten doppelt so lange leben wie gewöhnlich.

Das gleiche Gen, freilich ohne diese Mutation, findet sich auch im menschlichen Erbgut. Damit erscheint es durchaus realistisch, die Lebensspanne des Menschen eines Tages durch Manipulation an diesem Gen zu verdoppeln.

Die Forscher vermuten, dass das fünffach mutierte Gen den Stoffwechsel verlangsamt. Dennoch zeigen die Fruchtfliegen-Mutanten keine Anzeichen einer schwächeren Lebensaktivität; sie fliegen genauso schnell und ausdauernd, nehmen ebenso viel Nahrung zu sich und vermehren sich sogar stärker als normale Fruchtfliegen.

Dieses »Alterungs-Gen« bei den Fruchtfliegen ist nicht das erste, sondern bereits das dritte, das Genforscher entdeckt haben. Das belebt natürlich den uralten Menschheitstraum vom ewigen Leben. Seit den sechziger Jahren weiß man, dass Krebszellen der Unsterblichkeit bereits sehr nahe sind. Das hört sich unsinnig an, weil Krebszellen den raschen Tod des kranken Organismus bewirken und damit ihren eigenen Untergang. Doch die »Uhr« von Krebszellen tickt nicht wie die von gewöhnlichen Zellen, bei denen nach etwa 60 Teilungen die Lebenszeit zu Ende geht. Labors besitzen Kulturen von Krebszellen, die vor einem halben Jahrhundert Krebspatienten entnommen wurden und noch immer am Leben sind. Das heißt, dass sie sich weiterhin teilen. Auf der zellularen Ebene ist der Alterungsprozess nichts anderes als die zunehmende Verlangsamung der Zellteilung in den Organen. Krebszellen zeigen jedoch anomale Eigenschaften, die das Altern ausschalten. Und diese Eigenschaften müssen in der DNS zu finden sein. Das weiß man seit über vierzig Jahren, doch erst jetzt kennt man die ersten drei Erbanlagen für das Altern.

So verständlich der Wunsch des Menschen nach einem langen oder gar ewigen Leben ist – es bleibt die Frage, ob dieser Wunsch auch vernünftig ist. Denn der Tod ist ja keine Böswilligkeit der Natur gegenüber dem Leben, sondern eine durchaus sinnvolle »Einrichtung«, die für das Leben an sich von unschätzbarem Wert ist. Eltern-Generationen müssen sterben, um Platz zu machen für die Nachkommen. Denn nur diese garantieren die nötige Anpassung an Veränderungen in der Umwelt. Nur so kann die Art als Ganze überdauern. Hinzu kommt das Platzproblem: Würden alle Lebewesen ewig leben, würde auf der begrenzten Erdkugel sehr schnell geeigneter Lebensraum fehlen. Das ewige Leben käme rasch an seine Grenzen – und wäre damit kein ewiges Leben mehr.

So hat die Evolution nicht aus purer Laune Tod und Fortpflanzung in alle Lebewesen genetisch einprogrammiert, sondern aus reinen Sicherheitsgründen für das Leben schlechthin. Deshalb wäre nichts dümmer, als Leben verlängern oder gar verewigen zu wollen. Das widerspräche der Grundidee der Evolution des Lebens. Davon abgesehen: Das ewige Leben wäre gewiss unerträglich.

Neben den Würmern und Fliegen sind für die Genforscher vor allem noch Mäuse und Ratten interessant. Sie sind ebenfalls sehr gute Modellorganismen, weil sich die Tiere aufgrund jahrzehntelanger Inzucht in den Labors der Biologen genetisch kaum mehr voneinander unterscheiden. Dadurch kann man leicht feststellen, welche Genmanipulationen welche Merkmalsänderungen bewirken. In der Folge sind auch Gemeinsamkeiten mit dem Erbgut des Menschen leichter zu erkennen. So weiß man inzwischen, dass bestimmte Genabschnitte, die das An- und Abschalten von Genen regeln, bei Mensch und Maus sehr ähnlich sind. Mittlerweile sind die Genforscher in der Lage, Mäuse-Gene gezielt an- und auszuschalten.

Um Erbkrankheiten zu erforschen, die auf »Schreibfehlern« in mehreren Genen beruhen, spritzt man Mäusen Chemikalien, damit sie mutierte Nachkommen haben, die zum Beispiel an Fettsucht, Blindheit oder Bluthochdruck leiden. So können Beziehungen zwischen dem Krankheitsbild und den Genstörungen hergestellt werden, die möglicherweise auch für den Menschen gültig sind.

Ein Beispiel hierfür ist die so genannte Plakoglobin-Maus. Die

Molekularbiologin Patricia Ruiz vom Max-Planck-Institut für molekulare Genetik in Berlin hatte ein ganz bestimmtes Gen der Maus verändert. Es war nur ein winziges Gen, bestehend aus gerade mal 200 Buchstaben – von insgesamt mehreren Milliarden. Doch die genmanipulierte Maus zeigte als Folge eine schwere Erkrankung des Herzens, seltsame Hornhautbildungen und ein untypisches Fell. Das Herz blähte sich schließlich auf wie ein Luftballon und platzte. Nachdem Ruiz ihre Forschungsergebnisse veröffentlicht hatte, berichteten englische Wissenschaftler von einem ähnlichen, aber äußerst seltenen Defekt beim Menschen: Hornhaut an Hand- und Fußsohlen schon bei Babys, wolliges Haar fast wie bei Schafen und Herzschwäche, die rasch zum Tod führen kann. Die englischen Forscher lokalisierten die Krankheit im Chromosom 17, Abschnitt Q21.

Auf der genetischen Ebene unterscheiden sich tierische Organismen also nicht grundlegend voneinander. Es scheint so, als ob die Natur bei der Organisation von Lebewesen immer wieder die gleichen Grundprinzipien verwendet hätte. Und das leuchtet auch ein: Wurde im Lauf der Evolution ein Problem auf eine bestimmte Weise gelöst – etwa das Wahrnehmen von Licht durch Augen –, so wird dieses Lösungsprinzip immer wieder verwendet und nur je nach Bedarf abgewandelt. Daher rührt die Tatsache, dass wir uns von einer Maus genetisch wenig, von einem Schimpansen fast gar nicht unterscheiden. Man weiß ja inzwischen, dass nur ganz wenige spezielle genetische Schaltungen für die geistigen Fähigkeiten verantwortlich sind, die uns vom Schimpansen unterscheiden. Nachdem die DNS des Menschen weitgehend entziffert ist, wollen die Forscher nun darangehen, das Schimpansen-Erbgut zu entschlüsseln. Ein Vergleich beider Genome wird eine Liste all jener Abweichungen ergeben, die den Affen von Homo sapiens unterscheiden – und diese Liste wird ziemlich kurz sein.

Den Genforschern war sehr bald klar, dass sich hinter dieser Grundlagenforschung, die sie leisteten, ein weites Wirkungsfeld für eine zukünftige Medizin – eine Gen-Medizin – auftat. Das erste Gen-Medikament kam bereits in den achtziger Jahren auf den Markt: ein Hefepilz, der Insulin produziert. Er tat dies, nachdem man ihm das menschliche Gen für das Insulin-Hormon eingesetzt hatte.

Seit 1981 versuchen amerikanische Forscher, auch ins Erbgut von Tieren – vor allem von Mäusen – menschliche Gene einzuschleusen, etwa das Gen für das menschliche Eiweiß Globin. Man machte allerdings nicht bei den Mäusen Halt. Vielmehr fing man an, derartige Genmanipulationen auch an Nutztieren wie Rindern, Schafen und Ziegen auszuführen. Auf diese Weise gelang es zum Beispiel, Kühe dazu zu bringen, in ihrer Milch einen menschlichen Blutgerinnungsstoff zu produzieren. Denkbar sind in naher Zukunft Kühe, die mit ihrer Milch Impfstoffe ausscheiden. Inzwischen ist das Feld derartiger Versuche nicht mehr zu überschauen.

Seit 1983 gibt es auch eine so genannte »grüne Gentechnik«, also eine, bei der mit Pflanzen experimentiert wird. Damals wurde zum ersten Mal einer Tabakpflanze ein fremdes Gen eingesetzt. Seitdem wurden unzählige Pflanzenarten – meist Gewinn versprechende Nutzpflanzen – genetisch verändert. Eine gewisse Berühmtheit erlangte 1994 die »Antimatsch-Tomate«. Man hatte im Erbgut der Tomate jenes Gen ausgeschaltet, das für den Reifungsprozess von Früchten verantwortlich ist. Und Sojapflanzen schleuste man das Gen eines Boden-Bakteriums ein, das die Pflanze gegen Unkrautvernichtungsmittel widerstandsfähig macht. Maisgene wurden so verändert, dass die Pflanze vor Insektenfraß geschützt ist. Inzwischen gibt es sogar Baumwolle – von Natur aus weiß –, die blau, d. h. in der Farbe der Jeans, an den Büschen hängt.

Die vorerst letzte Errungenschaft auf dem Gebiet der Genmanipulation ist das Einschleusen von künstlichen Genen in das Erbgut von Mäusen. Kanadische Forscher injizierten einen kleinen Strang genetischen Materials, den sie aus Nukleinsäuren künstlich hergestellt hatten, in die befruchtete Eizelle einer Maus. Diese eingeschleusten künstlichen Gene legten sich dicht an eines der Maus-Chromosomen. Damit trug die Maus-Eizelle plötzlich Informationen, die Mäuse von Natur aus gar nicht besitzen. Aus der befruchteten Eizelle entwickelte sich eine Maus, die nun diese künstliche Erbinformation in allen Zellen hervorruft, einschließlich ihren Eizellen. Aus diesem Grund werden auch sämtliche Nachkommen dieser Maus über die zusätzlichen künstlichen Gene verfügen.

Was ist Klonen?

Wenn die Manipulation einzelner Gene möglich ist, indem ich sie entweder ganz ausschalte oder durch künstliche Gene und Gene anderer Lebewesen ersetze, so ist natürlich der Gedanke nahe liegend, statt einzelner Gene gleich das ganze Erbgut eines Lebewesens auszutauschen: Der ganze Zellkern soll aus einer Zelle in eine andere, genauer: in eine reife weibliche Keimzelle übertragen werden. Diese Kernübertragung (Kerntransfer) nennt man Klonen.

Das Wort »Klon« ist griechischen Ursprungs und bedeutet Steckling oder Setzling. In gewisser Weise wird schon geklont, seit es den Gartenbau gibt. Die Praxis des Veredelns von Wildpflanzen, bei der zum Beispiel der Zweig einer edlen Apfelsorte auf eine Wildform aufgepfropft wird, ist nichts anderes als Klonen. Ja, manche Pflanzen lassen sich vermehren, indem man nur einen Zweig – und nicht den Samen – in die Erde steckt und daraus eine neue Pflanze wächst. Klonen ist also eine Art von ungeschlechtlicher Vermehrung, die bei Pflanzen, aber auch bei einigen niederen Tieren, ganz natürlich ist.

Bei Säugetieren hingegen kennt die Natur das Klonen nicht. Hier entsteht neues Leben nur aus einer befruchteten Eizelle. Das heißt: Das neue Lebewesen geht aus der Genvermischung zweier Eltern hervor und ist dadurch einmalig und unverwechselbar. Denn bei jeder Verschmelzung einer weiblichen mit einer männlichen Keimzelle werden die Gene nach bestimmten biologischen Regeln neu kombiniert, ähnlich wie Karten, die bei jedem Spiel neu gemischt werden.

Diese Mischungsregeln entdeckte bereits vor 150 Jahren der Augustinermönch Gregor Mendel (1822–1884), weshalb sie als Mendel-Regeln bezeichnet werden. An einfachen Erbsenpflanzen unterschiedlicher Größe und Farbe, die er miteinander kreuzte, bewies er, dass die Natur in ihren Erscheinungsformen nicht nur Vielfalt hervorbringt, sondern dass sich diese Vielfalt nach logischen Gesetzen vollzieht. Allerdings wusste Mendel noch nichts von Genen und Chromosomen. Er konnte grundsätzliche Vererbungsregeln formulieren, ohne sagen zu können, welche Ursachen sie haben. Die Neukombination der Gene bei jeder Befruchtung ist dafür verantwortlich, dass Geschwister zwar gewisse Ähnlichkeiten haben, aber nicht gleich sind, obwohl sie die gleichen Eltern haben.

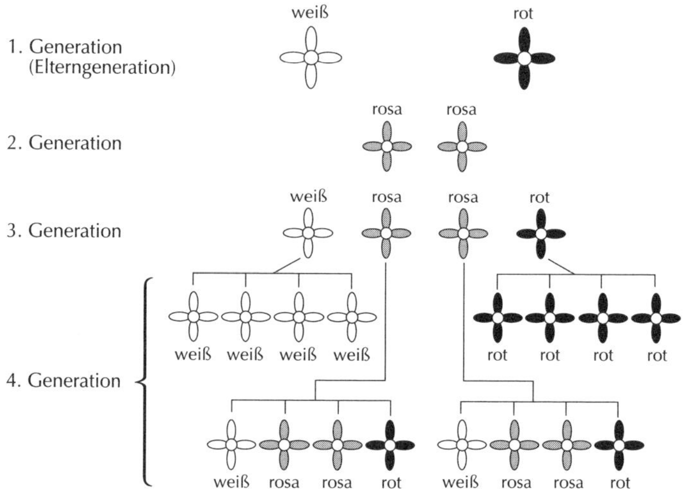

Die Mendel-Regeln: Kreuzt man zwei reinerbige Individuen einer Art miteinander, die sich nur in einem einzigen Merkmal (=Gen) unterscheiden (z. B. in der Blütenfarbe Weiß und Rot), so sind deren Nachkommen (2. Generation) untereinander alle gleich (rosa). Das heißt: Für das betreffende Gen sind sie mischerbig. Züchtet man diese rosa blühende Mischlings-Generation unter sich weiter, so erhält man nicht, wie man annehmen könnte, in der 3. Generation lauter rosafarbene Blüten, sondern weiße, rosafarbene und rote – und zwar im Verhältnis 1:2:1. Man bezeichnet das als so genannte Mendel-Spaltung. Züchtet man nun aus diesen die nächste Generation, also die vierte, so erzeugen die weißen miteinander immer wieder weiß blühende Pflanzen, entsprechend die roten nur rote. Die rosafarbenen Pflanzen der 3. Generation spalten sich wieder nach dem bekannten Muster auf. Setzt man das Züchten auf diese Weise fort, so werden die reinerbigen Pflanzen (weiß und rot) die mischerbigen (rosa) sehr bald an Zahl übertreffen. Es tritt also von selbst wieder eine Entmischung ein.

Die Natur hat also das offensichtliche Bestreben nach genetischer Variation: Die wird durch geschlechtliche Fortpflanzung gewährleistet, da nur so die »Gen-Karten« für das Lebensspiel immer wieder neu gemischt werden können. Dieses ständige Neukombinieren von Generation zu Generation schafft erst die Vielgestaltigkeit der Lebewesen innerhalb einer Art und ist ebenso eine wichtige Voraussetzung für evolutionäre Weiterentwicklung und Anpassung an Veränderungen in der Umwelt. Die Natur verwendet dazu spezielle Geschlechtszellen, weil diese weit besser vor Schädigungen geschützt sind als die reifen Körperzellen.

Bis zum Frühjahr 1997 war auf unserer Erde jedes Säugetier aus der Verschmelzung einer weiblichen Eizelle und einer männlichen

Samenzelle hervorgegangen. Einen andern Weg für die Entstehung eines Säugetiers gab es bis dahin nicht. Das galt bis zu dem Tag, als in einem Forschungsinstitut bei Edinburgh in Schottland ein Schaf geboren wurde, dem die Forscher den Namen Dolly gaben. Es war das erste Säugetier, das ohne geschlechtliche Zeugung entstanden war – der erste Säugetier-Klon, also »Schaf-Setzling«.

Dolly wurde von einer Leihmutter geboren. In deren Gebärmutter hatte man ein Ei eingepflanzt, dessen Erbgut nicht wie gewöhnlich durch Verschmelzung zweier Keimzellen zustande kam, sondern durch Aktivierung des bereits vorhandenen Erbguts eines erwachsenen Spender-Schafs, das dieses Tier in jeder seiner Körperzellen trägt. Dem Spenderschaf hatte man aus dem Euter eine ganz normale Gewebezelle entnommen und sie im Reagenzglas so umprogrammiert, dass sie die Fähigkeit erhielt, sich wie eine Embryo-Zelle zu einem vollständigen Organismus zu entwickeln. Und das ist das eigentlich Sensationelle an dem Vorgang: die Herstellung eines neuen Schafs aus einer Körperzelle eines andern Schafs. So schafft man die exakte Kopie eines existierenden Lebewesens.

Man hätte dazu im Prinzip auch jede andere Zelle aus dem Körper des Spenderschafs nehmen können, doch gewisse Eigenschaften der Euterzellen erleichterten das Experiment.

Spenderschaf und Dolly waren mithin eineiige Zwillinge, die zeitlich freilich mehrere Jahre voneinander getrennt waren: ein Zwillingsverhältnis zwischen einem ausgewachsenen Schaf und einem Lamm. Erwachsen ist das Klonschaf Dolly eine vollkommene Kopie des Spenderschafs – und davon könnte man theoretisch mindestens so viele produzieren, wie das Spenderschaf Euterzellen hat. Dolly hatte die gleichen Eltern wie das Spenderschaf, ohne sie direkt als Eltern zu haben. Das hört sich ziemlich verrückt an, spiegelt aber nur die Verrücktheit des Experiments wider. Dollys Eltern steckten gewissermaßen in der Euterzelle des Spenderschafs, das sie vor Jahren gezeugt hatten.

Der Vorgang des Klonens ist im Prinzip ganz einfach: Man benötigt zwei Zellen: eine reife, aber unbefruchtete Eizelle, die einem Tier kurz nach dem Eisprung entnommen wird, und eine Körperzelle jenes Tiers, das geklont werden soll. Von dieser Körperzelle braucht man nur den Zellkern, also das Erbgut, das der Zellkern enthält. Allerdings muss der Kern für die Prozedur nicht unbedingt aus der Spenderzelle isoliert werden. »Entkernt« werden muss allerdings die unbefruchtete Eizelle. Dazu kommt sie unter ein Hochleistungs-Mikroskop. Mit einem extrem feinen Saugröhrchen, einer so genannten Mikro-Pipette, sticht man in die Eizelle, um aus ihr die Chromosomen zu entfernen. Sie sind in diesem Stadium, also kurz nach dem Eisprung, noch nicht in einem abgegrenzten Zellkern eingeschlossen, sondern liegen lose in einem bestimmten Bereich des Zellplasmas beisammen. Der lässt sich problemlos absaugen. In diese entkernte Eizelle wird anschließend der Ersatzkern der Spenderzelle eingeführt. Durch fein dosierte Stromimpulse lässt sich dann der Entwicklungsstart, also die erste Zellteilung herbeiführen. Der Stromimpuls ersetzt gewissermaßen die Stimulierung, die sonst vom eindringenden männlichen Spermium ausgeht und die Eizelle zur ersten Teilung anregt (vgl. S. 61 ff.).

Allerdings funktioniert das nicht bei allen »aufgefüllten« Eizellen. Bei vielen tut sich gar nichts; sie widersetzen sich aus noch unbekannten Gründen der unnatürlichen Manipulation. Jene Zellen aber, die sich nach dem Eingriff teilen, können in die Gebärmutter eines Ersatz-Muttertiers eingepflanzt werden, um schließlich ein lebensfähiges Junges wie Dolly hervorzubringen.

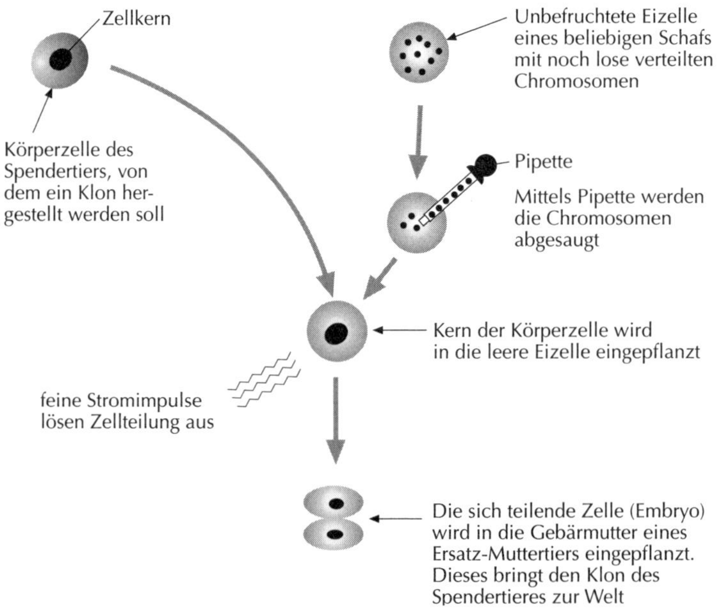

Das Prinzip des Klonens, wie es beim ersten Klon-Schaf Dolly praktiziert wurde.

Beim einfachen Klonen wird das Erbgut des Spendertiers unverändert in die unbefruchtete Eizelle verpflanzt. Inzwischen ist man aber dazu übergegangen, Klonzellen genetisch zu verändern, indem man dem Erbgut Gene hinzufügt oder von den vorhandenen einige verändert.

Beispielsweise wurden Schafe geklont, in deren Erbgut man menschliche Gene einschleuste. Die daraus entstandenen Schafe produzierten in ihrer Milch einen Eiweißstoff, mit dem ein erbliches Lungenleiden beim Menschen behandelt werden kann. Schafe oder Rinder könnten so nicht mehr nur als Lieferanten von Milch und Fleisch genutzt werden, sondern als »lebende Arzneifabriken«.

Was beim Schaf möglich ist, ist im Prinzip bei jedem andern Säugetier möglich, also auch beim Menschen. Es besteht zumindest theoretisch die Möglichkeit, von jedem von uns zahllose Kopien herzustellen. Inzwischen werden Klon-Tiere fast schon im Fließbandverfahren produziert. So haben Forscher der Kinki-Universität im japanischen Nara acht identische Kälber aus Körperzellen einer einzigen Kuh geklont. Vier der Kälber starben allerdings kurz nach der Geburt; die Gründe dafür kennt man nicht. Beim Dolly-Experiment war es noch so, dass man neben dem einen gelungenen Versuch 28 misslungene zu verzeichnen hatte. Die acht japanischen Klon-Kühe gingen aus zehn Versuchen hervor. Dass bei dem japanischen Experiment so viele Kälber lebend zur Welt kamen, hat wahrscheinlich damit zu tun, dass die japanischen Forscher das Erbgut von Körperzellen verwendeten, die direkt mit der Fortpflanzung zu tun haben, nämlich so genannte Kumulus-Zellen. Das sind Zellen aus dem Gewebe, das die Eizellen umgibt. Verwendet wurden auch noch Zellen aus der Innenhaut der Eileiter. Mittlerweile wurden in Japan schon Klone aus 20 verschiedenen Gewebetypen hergestellt, unter anderem aus Muskel-, Leber- und Herzzellen.

Man kann also sagen, dass das Klonen von Tieren innerhalb von nur fünf Jahren zur Routine geworden ist. Da stellt sich natürlich die Frage, wann der erste geklonte Mensch das Licht der Welt erblicken wird. Und mit dieser Frage sind viele andere Fragen verknüpft, die zweifellos zu den wichtigsten zählen, die sich der Menschheit zu Beginn des neuen Jahrhunderts stellen.

Das Klonen ermöglicht nicht nur die Züchtung von kompletten Kopien eines Lebewesens. Theoretisch ist es auch möglich, nur einzelne Klon-Organe herzustellen. Man spricht hier vom »therapeutischen Klonen«, also vom Klonen zu Heilzwecken. Der Vorgang des Klonens ist dabei der gleiche: Aus einer beliebigen Zelle des Patienten wird der Kern mit dem Erbgut entnommen und in die reife, ebenfalls entkernte Eizelle einer Spenderin eingesetzt. Fünf Tage später hat sich daraus ein Häufchen aus ungefähr 100 Zellen entwickelt, eine so genannte Blastozyste. Sie ist gleichsam die embryonale Kopie des Patienten.

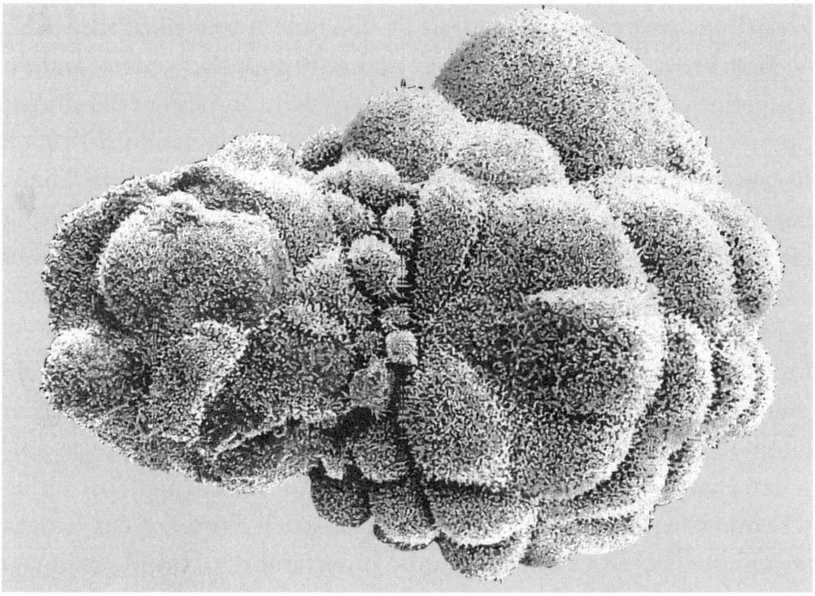

Der menschliche Embryo auf diesem Bild ist etwa sechs Tage alt und einen zehntel Millimeter groß – eine so genannte Blastozyste. Sie enthält Stammzellen, aus denen sich noch alle Gewebetypen des späteren Organismus entwickeln können.
Das wollen Mediziner nutzen, um Organ-Ersatzteile in der Retorte zu züchten und für Transplantationen zu verwenden. Man spricht vom »therapeutischen Klonen« im Gegensatz zum »reproduktiven Klonen«, bei dem Kopien ganzer Lebewesen geschaffen werden.

Etwa die Hälfte der Zellen, und zwar jene, die im Innern des Häufchens liegen, sind so genannte Stammzellen. Sie sind in der Lage, noch alle 210 menschlichen Gewebetypen zu bilden. Der fünf Tage alte Embryo wird zerlegt, wobei die Stammzellen das Ausgangsmaterial für die Züchtung von unterschiedlichem Organgewebe, ja theoretisch von ganzen Organen bildet. Bei der Zerstückelung des winzigen Embryos sterben die Stammzellen nicht ab, sondern können in einer Nährlösung beliebig lange am Leben gehalten werden. Allerdings können sich aus ihnen keine vollständigen Menschen mehr entwickeln, doch das ist ja auch gar nicht das Ziel. Dieses besteht vielmehr darin, für einen Menschen mit einem unheilbar kranken Organ ein Ersatzorgan zu züchten. Dieses Ersatzorgan würde dann vom Organismus auch nicht abgestoßen werden, weil es das gleiche Erbgut in seinen Zellen trüge wie der Organismus selbst.

Welche Gewebeart sich aus einer Stammzelle entwickelt, wird von einem komplizierten Informationssystem aus Botenstoffen bestimmt. Dieses Infosystem ist von der Wissenschaft erst in Ansätzen erforscht. Man hat bislang zwar schon über 100 verschiedene Wachstumsfaktoren gefunden, doch ständig kommen neue hinzu. Immerhin gelang es bereits, ein Klümpchen schlagender Herzzellen aus menschlichen Stammzellen herzustellen. Bei Mäusen gelang die Züchtung von Nerven- und Muskelzellen.

Gegen das therapeutische Klonen gibt es allerdings einen gewichtigen Einwand: Woher sollen die Unmengen von reifen Eizellen kommen, die man für eine solche Therapie bräuchte? Das weiß niemand. Schon wegen dieser kaum zu lösenden Frage suchen Forscher nach anderen Zellen, die für Zelltherapien geeignet wären. Immerhin hat man in den vergangenen Jahren in etwa zwanzig Organen des menschlichen Körpers Zellen entdeckt, die sich zumindest teilweise wie embryonale Stammzellen verhalten; man nennt sie »adulte Stammzellen« (von Lateinisch »adult« = erwachsen). Vor allem im Knochenmark ist man dabei fündig geworden.

In mehreren Versuchen ist in jüngster Zeit der Beweis erbracht worden, dass sich Knochenmarkzellen von selbst in andere Zelltypen verwandeln können. Bislang ging man davon aus, dass sich aus Knochenmarkzellen nur Blutzellen entwickeln können. Bereits 1998 fand man Hinweise dafür, dass sich Stammzellen des Bluts auch zu Skelettmuskel-Zellen oder Leberzellen verwandeln können. Vor kurzem haben Versuche an Ratten gezeigt, dass sich Blutzellen, die man in den Herzmuskel von Ratten injizierte, zu Herzmuskelzellen verwandelten.

Mittlerweile weiß man auch von Stammzellen im menschlichen

Gehirn, die ebenfalls wandlungsfähig sind und sich nahtlos in Herz-, Leber-, Muskel- oder Darmzellen verwandeln können, sobald man sie in diese Organe injiziert.

Von einer Therapie mit adulten Stammzellen ist man jedoch noch weit entfernt. Zu den zahlreichen Problemen, die dabei noch zu lösen sind, zählt die Frage, welche Signale eine Blutzelle dazu bringen, sich im Gehirn zu einer Nervenzelle zu verwandeln und in der Leber zu einer Leberzelle. Sie tut dies nicht einfach so, sondern nur, wenn sie dazu über irgendwelche Botenstoffe oder andere Informationskanäle aufgefordert wird.

Dennoch könnte es sein, dass sich mit dieser Methode die heikle, weil moralisch fragwürdige Forschung an Embryonen schon bald als überflüssig erweisen wird. Denn wir tragen jede Menge wandlungsfähiger Stammzellen in uns, aus denen sich Ersatzgewebe für alle möglichen Organe bilden lassen. Damit würde der Mensch gewissermaßen zu seinem eigenen Ersatzteillager.

Das Erbgut jedes Menschen lesbar machen

Neben dem Klonen ist die noch junge Genforschung vor allem damit beschäftigt, die Gesamtheit aller Gene, zumal die des Menschen, aufzulisten und in ihren Funktionen zu verstehen. Das ist ein ehrgeiziges Unternehmen, wenn man bedenkt, dass die DNS des Menschen aus schätzungsweise 30 000 bis 40 000 Genen besteht, die sich wiederum aus rund 3 Milliarden Bausteinen – den Gen-Buchstaben A, G, C, T – zusammensetzen.

Inzwischen ist die Buchstabenfolge für das menschliche Genom weitgehend niedergeschrieben, wenn auch in einer noch reichlich unsortierten und auch nicht ganz fehlerfreien Form. Man rechnet mit einer Quote von einem Fehler pro 100 000 Buchstaben. Das wären nur 30 000 »Druckfehler« in diesem Riesenbuch des Lebens. Ein Rest von etwa 3 Prozent der menschlichen Gene ist mit den bisherigen Methoden nicht zu entziffern – es sind regelrechte Buchstabenwüsten, deren Sinn rätselhaft ist.

Über weite Strecken enthält das menschliche Erbgut also gar keine Gene. Hinzu kommt, dass die vorhandenen Gene nicht mal alle Einzelstücke sind. Vielmehr gibt es von fast jedem zweiten Gen einen Doppelgänger, der sich an einer anderen Stelle im Erbgut findet. Wieso die Evolution beim Menschen so viele Leerstellen zwischen die Gene gepackt hat, kann derzeit noch niemand sagen. Im Erbgut eines Wurms zum Beispiel liegen die Gene etwa 20-mal dichter zusammen; es gibt dort kaum Leerstellen. Da ein Mensch nicht viel mehr Gene als ein Wurm hat, liegt der Unterschied wohl darin, dass die menschlichen Gene leistungsfähiger sind; aus den meisten der menschlichen Gene können drei oder mehr Proteinarten entstehen, beim Wurm wahrscheinlich nur eine.

Die Gen-Wüsten im menschlichen Erbgut sehen für den Laien genauso aus wie das übrige Erbgut; sie bestehen also ebenfalls aus den Bausteinen A, G, C und T, doch ihre Abfolge scheint keinerlei Informationen zu enthalten, die sich über die RNS in Proteine übersetzen ließen. Allerdings könnte es auch sein, dass in diesem genetischen »Leergut« doch Informationen versteckt sind, die vorerst noch nicht als solche zu erkennen sind. Vielleicht werden diese Leerstellen für eine zukünftige Evolution des Menschen gebraucht.

Etwa ein halbes Jahr nach Entschlüsselung des menschlichen Genoms wurde im Dezember 2000 die vollständige Entzifferung eines Pflanzen-Genoms bekannt gegeben: der unscheinbaren Acker-Schmalwand (Arabidopsis thaliana), einer Kreuzblütler-Art. Ihr Erbgut steht nunmehr stellvertretend für die genetische Grundausstattung aller Pflanzen. Damit haben die Genforscher ein Instrument an der Hand, mit dem sie die Funktion der Gene zahlreicher Pflanzen verstehen können – und damit die grundlegenden biochemischen Prozesse aller Pflanzen.

Das Genom der Acker-Schmalwand enthält etwa 120 Millionen Buchstaben (Basenpaare); das ist etwa ein Dreißigstel der genetischen Buchstaben des menschlichen Erbguts. Es ist dicht gepackt auf fünf Chromosomen verteilt. Allerdings werden noch Jahre vergehen, ehe man den Gencode dieses Pflänzchens verstanden hat, also weiß, aus wie viel Genen er besteht und welche Funktion jedes Gen hat. Vorerst hat man nur die Buchstabenfolge, aber die liegt immerhin vollständig vor.

Bei der Niederschrift des menschlichen Genoms waren einige deutsche Forschungsinstitute beteiligt, wenn auch nur in bescheidenem Umfang: etwa das Institut für Molekulare Biotechnologie in Jena. Es ist Teil des internationalen Human Genom Projects (HGP), eines Verbunds aus staatlichen Labors in den USA, Europa und Japan. In Konkurrenz dazu forschte eine private Genom-Firma mit Namen Celera unter Leitung des weltweit anerkannten Genforschers Craig Venter. Diese Konkurrenz war der Hauptgrund für die rasche Entschlüsselung des menschlichen Genoms. Die deutschen Forscher konnten sich im Mai 2000 immerhin rühmen, das kleinste der 24 menschlichen Chromosomen, Chromosom Nummer 21, nach fünfjähriger Arbeit entschlüsselt zu haben. Das Chromosom 21 ist wegen seiner geringen Größe relativ übersichtlich. Es besteht aus exakt 33 546 361 Gen-Buchstaben. Das ist gerade mal ein Prozent des gesamten Genoms. Darin verstreut stießen die Forscher auf 225 Gene. Das heißt: Durchschnittlich setzt sich ein einzelnes Gen aus ungefähr 100 000 Buchstaben zusammen.

Wenn das Chromosom Nummer 21 auch das kleinste ist, so ist es dennoch ein äußerst interessantes. Man weiß inzwischen, dass es unter anderem für das so genannte Down-Syndrom verantwortlich ist, eine der häufigsten erblich bedingten geistigen Behinderungen. Auch andere Erbkrankheiten wie die schwere Muskelerkrankung ALS, an der zum Beispiel der englische Astro-Physiker Stephen Hawking leidet, scheinen durch Defekte im Chromosom 21 hervorgerufen zu werden, ebenso einige Epilepsie- und verschiedene Krebsarten.

Ohne die neue Wissenschaft der Bioinformatik wäre die Entschlüsselung des menschlichen Genoms nicht so schnell möglich gewesen. Voraussetzungen dafür waren die Entwicklung von Hochleistungsrechnern und ausgefeilten Computerprogrammen. Nur so ließ sich das Gen-Puzzle aus unzähligen Teilen wieder zusammensetzen. In diese Teile hatten die Forscher das Erbgut zunächst grob zerteilt. Mit ihnen konnten die Sequenzier-Automaten (Sequenzer) »gefüttert« werden – gewissermaßen mit »mundgerechten« Stücken –, um auf ihnen die Abfolge der DNS-Bausteine zu entschlüsseln.

Hunderte solcher Geräte stehen in den Genlabors und jedes von ihnen entschlüsselt pro Stunde bis zu 500 DNS-Bausteine, also Basenpaare aus A, G, C und T. Nachdem diese Arbeit durch die

Sequenzer geleistet war, begann die Arbeit der Bioinformatiker – und der Computer: Anhand überlappender Abschnitte wurde das Genom wieder zusammengesetzt. Erst bei diesem Arbeitsschritt werden die einzelnen Gene sichtbar.

Es soll an dieser Stelle nicht unerwähnt bleiben, dass die Kunst der Genom-Entschlüsselung bereits vor 25 Jahren von dem britischen Chemiker Frederick Sanger entwickelt wurde. Ihm gelang in mühseliger Kleinarbeit – nachdem das Sequenzieren von ihm theoretisch entwickelt worden war – die erste vollständige Entschlüsselung eines Genoms: die 5386 Buchstaben in der DNS des Virus »Phi X175«. Wofür ein heutiger Sequenzier-Roboter etwa zehn Stunden benötigen würde, brauchte Sanger vier Jahre. Das menschliche Genom mit seinen über 3 Milliarden Bausteinen zu entziffern, war damals unmöglich und wurde deshalb erst gar nicht in Angriff genommen.

Ohne seine grundlegende Forschungsarbeit wäre es gewiss nicht möglich gewesen, das Human Genom Project, das als eine der ehrgeizigsten und revolutionärsten Forschungen in der Geschichte der Wissenschaft gilt, in wenigen Jahren zu Ende zu führen.

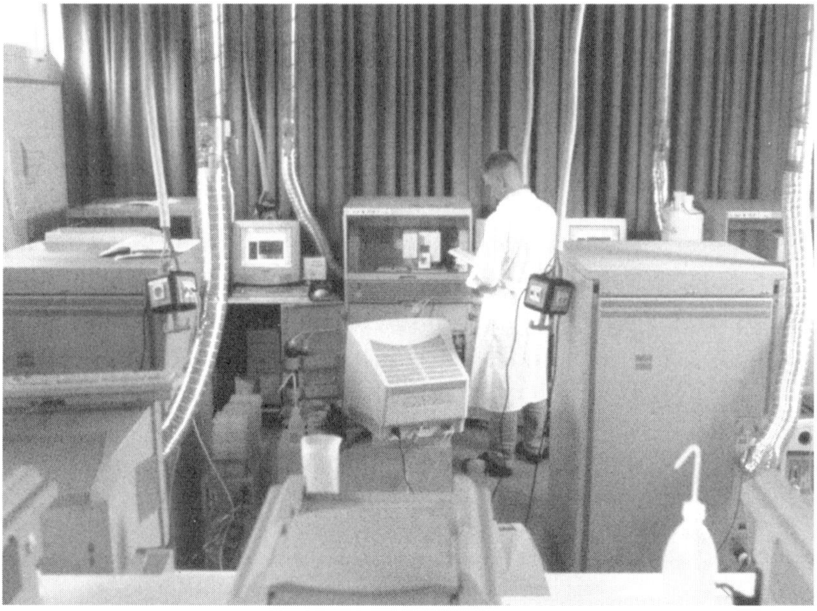

Die Entschlüsselung des Erbguts leisten vor allem Computer wie hier am Max-Planck-Institut für Molekulare Genetik in Berlin.

Tatsächlich ist dieses Ende aber erst der Anfang: der Beginn des Versuchs, das Genom des Menschen auch zu verstehen, also herauszufinden, was sich hinter der endlosen Buchstabenfolge verbirgt. Es geht jetzt um die Frage: Wofür stehen die Gene eigentlich? Das menschliche Genom ist inzwischen lesbar, doch den Inhalt des Gelesenen verstehen wir vorerst nur in winzigen Teilen. Ein Genforscher hat es so ausgedrückt: »Im Vergeben von Hausnummern kommen wir ein gutes Stück voran. Bis wir aber wissen, was in den Häusern dahinter abläuft, ist es ein weiter Weg.« Die Entschlüsselung des menschlichen Genoms ist vorerst nichts anderes als das Buchstabieren eines weitgehend unverstandenen Textes.

Die eigentliche Arbeit der Genforscher beginnt also erst. Aber auch die wird schneller Ergebnisse bringen, als viele heute noch glauben. Antriebsmotoren dieses Forschungszweigs sind der Biotech-Markt und die Arzneimittel-Industrie. Jeder will der Erste sein bei der Vermarktung von Genen, die zum Beispiel für die Herstellung neuartiger Medikamente wichtig sein könnten. Denn wenn man zum Beispiel weiß, welche Gene für eine bestimmte Art ererbter Krebsleiden mitverantwortlich sind, besteht die Möglichkeit, ein Arzneimittel herzustellen, das diese Gene im Organismus ausschaltet oder korrigiert und damit möglicherweise den Krebs heilt.

Abgesehen von sehr seltenen Erbkrankheiten, die allein von Defekten in einzelnen Genen herrühren, beruhen die meisten Krankheiten aber höchstwahrscheinlich auf einem komplizierten Wechselspiel von seelischen Störungen, Umwelteinflüssen, Defekten im Erbgut und den Eiweißen im Körper. Dieses Zusammenspiel verstehen zu wollen wäre vergleichbar mit dem aberwitzigen Versuch von Astronomen, unsere Milchstraße bis zum letzten Planeten erforschen zu wollen.

Warum die Genforschung Angst macht

Es bedarf keiner allzu großen Fantasie, sich vorzustellen, welche Möglichkeiten sich der Menschheit durch die biotechnologische Revolution, deren Beginn wir gerade miterleben, eröffnen. Wie jede Revolution birgt auch diese gewaltige Gefahren in sich. Es liegt auf der Hand, dass Segen und Fluch gerade auf dem Genforschungsgebiet nah beieinander liegen.

Das Problem hatten auch die ersten Erforscher der Gene sehr schnell erkannt. Das Klischee vom blind drauflos forschenden Wissenschaftler stimmt also zumindest im Fall der Genetiker nicht. Die Begeisterung, die vor 25 Jahren in den ersten Genforschungslabors der USA herrschte, war von Anfang an mit starken Zweifeln und Ängsten durchmischt. Die ersten Ängste betrafen die Forscher selbst wegen der Gefährlichkeit mancher Viren, mit denen sie experimentierten und von denen man zum Beispiel wusste, dass sie Krebs auslösen konnten. Sehr bald aber entstand eine allgemeinere Diskussion wegen der Ängste, die sich in der Öffentlichkeit breit machten. Wird mit diesen Manipulationen am Erbgut nicht etwas in Gang gesetzt, dessen Folgen noch niemand absehen kann, Folgen für die Gesundheit, für das Leben auf der Erde schlechthin, Folgen auch für das gesellschaftliche Miteinander, Folgen für die Gesetzgebung? So oder ähnlich lauteten die Fragen. Niemand war in der Lage, Antworten zu geben. Doch eines war allen – trotz der Ratlosigkeit – klar: Der Mensch stand an der Schwelle zu einem vollkommen neuen Selbstverständnis: Mit dem Eingriff ins Erbgut griff er in die Schöpfung selbst ein. Die hatte seit Milliarden Jahren nur ihren eigenen Gesetzen gehorcht. Freilich hat auch die Schöpfung niemals etwas anderes getan, als Gene zu verändern. Die Evolution gäbe es ohne genetische Veränderung nicht. Das Einzige, was an der Schöpfung gleich bleibend ist, ist die Veränderung. Die Genveränderung kann also nicht das Übel sein, denn ohne dieses »Übel« gäbe es uns gar nicht. Fortan besteht allerdings die Möglichkeit, sich über die Gesetze der Natur teilweise hinwegzusetzen. Die Gesetze von Zeugung, Geburt, Krankheit, Altern und Tod sind auf einmal in Frage gestellt.

In dem Augenblick, da der Mensch die Evolution selbst in die

Hand nimmt, legt er in gewisser Weise Hand an sich. Seine Eingriffe in die Evolution stellen eine Verletzung der Regeln der Evolution dar. Vom christlichen Standpunkt aus könnte man allerdings einwenden, dass Gott dem Menschen den Auftrag gab: »Macht euch die Erde untertan« – und mit »Erde« könnte durchaus auch die Evolution gemeint sein, die auf der Erde stattfand und noch stattfinden wird. Die christliche Lehre bestätigt in vieler Hinsicht die Machbarkeit der Welt durch den Menschen. Wenn Gott den Menschen erschaffen hat, dann hat er damit auch die Möglichkeiten mit erschaffen, die im Menschen liegen, etwa die, Atome zu zertrümmern oder die Gen-Texte des Lebens neu zu schreiben. Die Gefahren, die sich daraus ergeben, wird niemand abstreiten, doch die Natur selbst ist auch nicht ungefährlich. Wer sagt denn, dass die Macht des Menschen über den Menschen gefährlicher ist als die Macht der Natur über den Menschen? Und vergessen wird oft, dass der Mensch auch nichts anderes als Natur ist.

Diese und ähnliche Überlegungen verunsichern und ängstigen viele Menschen. Bei zahlreichen Genforschern ist allerdings von einer Verunsicherung oder gar Verängstigung nichts mehr zu spüren. Auch jenen Forschern, die noch Bedenken haben, ist inzwischen klar, dass die Entwicklung mit ihrem geradezu explosionsartigen Wissenszuwachs nicht mehr aufzuhalten ist.

Genmanipulationen bei Pflanzen und Tieren sind mittlerweile zum Alltag in den Genlabors geworden. Von allen Fragen, die dort mal gestellt wurden, ist nur noch eine übrig geblieben: Wie soll der Mensch mit seinem eigenen Genom umgehen? Soll es bei der Manipulation des menschlichen Erbguts Grenzen geben? Wo sollen diese Grenzen gezogen werden? Und wer zieht sie?

Wer einer Technologie Grenzen setzen möchte, muss wissen, was diese im äußersten Fall vermag. Die Gentechnologie vermag Ungeheuerliches. Sie ist zu nichts Geringerem in der Lage, als pflanzliches, tierisches und menschliches Leben nach Belieben zu gestalten. Das wird vor allem deshalb möglich, weil die Informations- und Biowissenschaften mehr und mehr zu einer einzigen mächtigen Technologie verschmelzen. Diese Verschmelzung liefert die Grundlage für das biotechnische Zeitalter, an dessen Schwelle wir stehen – und nicht so recht wissen, ob wir eintreten sollen oder nicht.

Die Versprechen dieses Zeitalters sind so faszinierend wie beängstigend: Möglich erscheint auf einmal der endgültige Sieg über den Hunger durch die Züchtung genetisch veränderter Nutzpflanzen und Nutztiere. Ebenso möglich erscheint der Sieg über erblich bedingte Krankheiten durch genetische Therapien. Möglich erscheint die Züchtung genetisch vorprogrammierter Nachkommen, die alle Eigenschaften in sich vereinen, die die Eltern sich wünschen. Möglich erscheint der Sieg über den Tod oder zumindest die Garantie eines langen Lebens, das weitgehend von Krankheit befreit ist. Kurzum: Das Ziel ist der perfekte, seelisch wie körperlich nicht mehr leidende Mensch. Das klingt wunderbar und scheint verführerisch. Doch wie alles Wunderbare hat auch dieses Ziel einen Haken. Er besteht darin, dass sich beim Aufzählen all der Möglichkeiten die bange Frage stellt, welchen Preis der Mensch für diese Wunderwelt wird zahlen müssen.

Fest steht, dass die Biotechnik gewaltige Risiken in sich birgt, und die sind durchaus vergleichbar mit denen, die die Atomtechnik gebracht hat. Beide Techniken haben eine starke Tendenz zum Katastrophischen. Das heißt: In ihnen schlummert die Möglichkeit der totalen Vernichtung von Natur. Bei der Kernkraft ist das sofort einzusehen, bei der »Genkraft« nicht unbedingt. Denn immerhin, so könnte man denken, ist auch das genmanipulierte Leben immer noch Leben. Der Mensch, könnte man weiter argumentieren, bedient sich bei der Gentechnik ja nur genetischer Mechanismen, die die Natur selber anwendet: Mischen und Variieren von Genen. Was soll schlecht daran sein, die Natur nachzuahmen?

Das Schlechte daran könnte sein, dass die ursprüngliche Natur nach und nach verschwindet und durch eine künstliche, »bio-industrielle« Natur ersetzt wird mit unabsehbaren Folgen für die Menschheit, von der man irgendwann gar nicht mehr sicher sagen könnte, ob sie noch die Menschheit wäre oder bereits etwas anderes – eine Art von Über-Menschheit oder Cyber-Menschheit.

Wäre der perfekt auf dem Gen-Computer konstruierte Mensch überhaupt noch Mensch? Zeichnet sich Menschsein nicht gerade dadurch aus, dass es begrenzt und fehlerhaft ist?

Damit drängt die Wissenschaft den Menschen wieder einmal an einen Scheideweg – ähnlich wie vor sechzig Jahren, als man sich in den USA für den Bau des ersten Kernkraftwerks und der ersten Atombombe entschied. Die Frage lautet allerdings schon längst nicht mehr: Gentechnik ja oder nein? Die Frage ist nur noch, *welche* Gentechniken angewandt werden sollen und welche nicht. Die Frage ist, ob der Mensch gentechnisch alles machen soll, was machbar ist, oder nur das, was sinnvoll erscheint? Doch wer entscheidet über Sinn und Unsinn?

Die Befürchtung ist wohl angebracht, dass letztlich der Markt, also die Aussicht auf riesige Profite, über diese Fragen entscheiden wird. Das lehrt auch die Geschichte: Alles, was denkbar und machbar ist und obendrein Gewinn verspricht, wird früher oder später gemacht. Die Goldgräberstimmung in der Biotech-Branche ist überall zu spüren. Alles dreht sich um die Gene, aber mit »Gen« ist vor allem das Geld gemeint, das mit der Gentechnologie zu machen sein wird. Dass Gene überhaupt patentiert, das heißt wie eine Erfindung rechtlich geschützt werden können, zeigt schon, in welche Richtung der (genmanipulierte) Hase läuft. Dabei sind Gene nicht erfunden, sondern nur entdeckt worden. Auf wissenschaftliche Entdeckungen hat es noch niemals Patente gegeben. Dann hätten sich nämlich Isaac Newton die Schwerkraft und Albert Einstein die Raumzeit patentieren lassen können.

Die soziale Sprengkraft der Gene

In der Gentechnik steckt vor allem die Gefahr der Unkontrollierbarkeit und Unumkehrbarkeit. Genmanipulierte Lebewesen, einmal in die Welt gesetzt, geben ihr manipuliertes Erbgut automatisch an die Nachkommen weiter. Die massenhafte Freisetzung solcher künstlich erzeugter Lebewesen könnte zu einer unumkehrbaren Beschädigung des »Biosystems Erde« führen. Die Frage ist nur, ob diese Beschädigung dann noch als solche erkannt oder nicht vielmehr als ganz normal betrachtet werden wird. Der genmanipulierte Mensch ist womöglich gar nicht mehr in der Lage, die Schäden des Manipulierens noch als solche zu erkennen.

Im Augenblick sieht es so aus, als stünden sich bei den Genforschern zwei gleich starke Lager gegenüber: die Verfechter einer harten und einer weichen Linie. Die »Hardliner« wollen einfach alles ausprobieren, was ihrem Forschergeist in den Sinn kommt und auf irgendeine Weise eine Vermarktbarkeit verspricht. Sie wollen eine »zweite Schöpfung« in Angriff nehmen, mit der alle vermeintlichen Mängel der ersten beseitigt werden sollen. Gott soll als Pfuscher entlarvt und entthront werden. In letzter Konsequenz geht es um die Schaffung von Lebewesen, die von der Natur nicht vorgesehen waren. Und was den Menschen betrifft: Wenn die genetische Manipulation am Menschen über viele Generationen praktiziert werden würde – etwa bei den Genen, die für das Gehirnvolumen und die Struktur des Gehirns verantwortlich sind –, könnte das eines Tages zur Geburt von »Menschen« führen, die sich von den zur Zeit lebenden Menschen in einem Maß unterscheiden wie wir vom Schimpansen.

Schließlich lassen sich auch jene Gene manipulieren, die für das Gehirnvolumen und die Struktur des Gehirns verantwortlich sind. Genau so ist in der Evolution eine derart umfassende »Denkmaschine« wie das Gehirn durch zufällige Mutationen von Genen entstanden. Auch bei der embryonalen Entwicklung des einzelnen Lebewesens sind Gene dafür verantwortlich, dass sich etwa Nase, Augen, ein Schädel und ein Gehirn in der richtigen Anordnung ausbilden. Dabei müssen die entsprechenden Gene an- oder abgeschaltet werden. Die »Schalter« hierfür sind wiederum andere Gene.

Das Interessante dabei ist, dass bei ganz einfachen Tieren, die gar keinen Kopf und somit auch kein Gehirn haben, bereits die Gene vorhanden sind, die die Bildung eines Kopfes und eines Gehirns steuern. Sie werden nur nicht aktiviert.

Um also in der Evolution zum ersten Mal Lebewesen mit einem Kopf zu bilden, griff die Natur auf längst vorhandenes Genmaterial zurück, das nur aktiviert werden musste. Wer weiß, welche Gene es noch gibt, die während der langen Evolution noch gar nicht voll zum Einsatz kamen? Wer sagt denn, dass es nicht noch leistungsfähigere Gehirne geben könnte als die des Menschen?

Die »Softliner« unter den Genforschern wollen hingegen die neue Technologie mit allergrößter Vorsicht in die Schöpfung einfügen, also nicht im Gegensatz zu ihr, sondern um das existierende evolutionäre Prinzip der Natur, das immerhin seit 4 Milliarden Jahren funktioniert, zu verbessern, wo es verbesserungswürdig erscheint.

Verbesserungswürdig ist die Natur überall dort, wo sie Leiden verursacht. Leid zu lindern ist schließlich eines der edelsten Motive, die der Mensch kennt. Ein Argument gegen dieses Motiv vorzubringen dürfte schwer fallen. Es wäre ein Argument gegen die Medizin schlechthin. Die Frage ist, welche Leiden eine derart rigorose Behandlung, wie sie die Genmanipulation darstellt, rechtfertigen. Gewiss könnte sich die Gesellschaft darauf einigen, all jene chronischen Krankheiten durch eine zukünftige Gen-Medizin zu heilen, die die Lebensqualität in hohem Maß einschränken und unabwendbar zum Tod führen, wenn die neue Medizin nicht angewandt wird. Aber wer bestimmt, wo das »hohe Maß« anfängt, denn streng genommen führt jede chronische Krankheit zum Tod, wenn sie nicht geheilt wird.

Man sollte sich aber von einer zukünftigen Gen-Medizin auch nicht zu viel erwarten. Schon jetzt zeigt sich, dass zwar viele sehr seltene Krankheiten – man zählt hierzu etwa 4000 Krankheiten, die nur bei einem halben Prozent der Bevölkerung auftreten – durch ein einziges geschädigtes Gen verursacht werden, doch bei häufigeren Krankheiten spielen meist viele verschiedene Ursachen eine Rolle.

Die meisten Krankheiten werden also mit Gentherapien allein nicht zu heilen sein. Andererseits spielt die Genetik bei jeder Krankheit eine mehr oder weniger wichtige Rolle. Nach derzeitigem Wissensstand haben alle Krebserkrankungen *auch* Gendefekte als Ursache. Allerdings hat eine umfangreiche skandinavische Studie an beinahe 45 000 Zwillingspaaren ergeben, dass das Erbgut bei der Entstehung von Krebs eine wesentlich geringere Rolle spielt als der Lebenswandel. Nach dieser Studie trägt die Umwelt zu zwei Dritteln zum Entstehen von Krebs bei, das Erbgut nur zu einem Drittel. Bei bestimmten Krebsarten, etwa Darm-, Brust- und Prostata-Krebs, spielen allerdings die Gene eine größere Rolle als bisher angenommen. Mit Gen-Therapie allein wird dennoch der Krebs nicht aus der Welt zu schaffen sein; Umweltfaktoren sind hier wichtiger als genetische.

Doch das eben Gesagte gilt nicht nur für Krankheiten, sondern für unser Dasein schlechthin: Die Grenzen unseres Verhaltens sind durch die Gene festgelegt, aber innerhalb dieser Grenzen gibt es unendlich viel Spielraum für Veränderungen und damit für individuelle Freiheit. Selbst eineiige Zwillinge, deren Gene ja zu hundert Prozent übereinstimmen, verhalten sich nicht alle gleich. Sie entwickeln sich zu ganz individuellen, eigenständigen Persönlichkeiten und gehen unterschiedliche Lebenswege. Schon im Mutterleib sind die »Umweltbedingungen« für beide nicht vollkommen gleich. Der eine hat etwas mehr Platz als der andere, der eine liegt näher am Herzen der Mutter, der eine kommt vor dem andern zur Welt. Man geht davon aus, dass die Persönlichkeit und die Fähigkeiten eines Menschen zu etwa 50 Prozent genetisch bedingt, also angeboren sind. Die andere Hälfte geht auf das Konto der Umwelt, ist also erworben. Sicherlich wird die weitere Erforschung der Gene zeigen, dass tausende von ihnen direkt oder indirekt menschliche Fähigkeiten und Verhaltensweisen beeinflussen. Doch die Karte der DNS wird niemals wie eine Landkarte funktionieren, auf der man den Weg des menschlichen Verhaltens exakt verfolgen kann.

Wenn Leiden etwas ganz und gar Individuelles ist, dann ist die Frage, wer welche Krankheit wie behandeln lässt, notgedrungen auch eine individuelle Frage. In einer Demokratie wird also der Einzelne sein Recht auf Gen-Therapie einklagen wollen, um auf diesem Weg ein für ihn unerträgliches Leiden loszuwerden. Wer wollte ihm dieses Recht verweigern? Damit aber wären die Schleusen für eine umfassende Gen-Medizin geöffnet, ohne dass jemand zu sagen wüsste, welche Folgen das auf längere Zeit haben würde – und zwar für die Gesellschaft als Ganzes. Was, wenn werdende Eltern über die Eigenschaften ihrer Kinder mitentscheiden wollen, und zwar nicht nur, was erbliche Krankheiten betrifft, sondern ebenso in Hinblick auf Aussehen, Intelligenz und andere Eigenschaften? Denn in der Tat machen Eingriffe ins Erbgut die Konstruktion von Menschen nach dem Baukasten-Prinzip möglich – zumindest in der Theorie. Wenn man voraussetzt, dass die Eltern immer nur das Beste für ihre Kinder wollen, sind kaum noch Argumente dagegen möglich. Andererseits – man weiß, dass vieles, was Eltern für das Beste halten, eher schlecht ist für ihre Kinder, zumal, wenn es sich nur um vorübergehende Moden handelt.

Am Ende führen uns solche Überlegungen zur Infragestellung dessen, was uns das Allergewisseste zu sein scheint: Was ist ein

Mensch? Die Qualität des Menschseins kann sich ja nicht auf das rein Biologische und schon gar nicht auf das rein Genetische beschränken. Bei all dem Herumexperimentieren am menschlichen Erbgut wird die Frage nach dem Menschsein zu einer immer drängenderen Frage. Dabei geht es vor allem um eine klare Definition von Menschenwürde, und die muss für alle – auch für die Genforscher – verbindlich sein.

An dieser Grundfrage scheiden sich bereits die Geister der Genforscher. Zu den radikalsten Befürwortern einer uneingeschränkten, von ethischen Fragen unbeeinflussten Gentechnologie zählt James Watson, der Entdecker der DNS-Struktur. Er glaubt fest daran, dass mit Hilfe der Gentechnik ein neuer, besserer Mensch geschaffen werden kann. »Wenn wir durch das Hinzufügen von Genen bessere Menschen machen könnten, warum sollten wir es nicht tun?«, fragt Watson. Er wettert leidenschaftlich gegen jegliche gesetzliche Beschränkung der Genforschung. Sonst, so meint er, werden wir Schuld auf uns laden, weil wir die Überwindung menschlichen Leids hinauszögern. Watson ist fasziniert von der Gentechnik, weil er in ihr viel mehr sieht als nur die Möglichkeit, das Erbmaterial zu entziffern und die eine oder andere Erbkrankheit zu heilen. Er glaubt an die totale Veränderbarkeit des Menschen zum Wohl des Menschen. Irgendwann soll es nur noch gesunde, intelligente, schöne und friedliche Menschen geben. Das mag verlockend sein. Nur, das Schreckliche daran ist, dass diese Menschen notgedrungen alle gleich sein werden, gleich gesund, gleich intelligent, gleich schön und gleich friedlich. Aber welchen Sinn soll das haben? Was für ein langweiliges Menschenbild tut sich darin kund! Soll das wirklich eine Verbesserung der Schöpfung sein? Skepsis und Misstrauen sind hier angebracht. Der Verdacht liegt nahe, dass mit »besserer Mensch« nur der besser funktionierende Mensch gemeint ist.

Das ursprüngliche Versprechen der Genforschung war es, jene Gene ausfindig zu machen, die Krankheiten bewirken oder beeinflussen. Aber was, wenn auch Gene gefunden werden, die Geist und Seele des Menschen mitbestimmen? Manche Genetiker neigen dazu, an die Allmacht der Gene zu glauben – und damit an ihre eigene Allmächtigkeit. Gottlob gibt es auch Genetiker – selbst in den

USA –, denen die Allmachtsfantasien ihrer Kollegen ziemlich absurd vorkommen. Mehr noch: Sie warnen vor Eingriffen in das Erbgut des Menschen, zumindest zum jetzigen Zeitpunkt. Denn die gängigen Verfahren, bei denen mit Hilfe von Viren oder anderen »Transportmitteln« Gene in Zellen eingeschleust werden, seien mit viel zu großen Risiken verbunden. Die eingeschleuste Viren-DNS könne unabsehbare Schäden bewirken. Die ganze Gentechnik sei, wenn überhaupt, frühestens in 50 Jahren wirklich beherrschbar und dann auch nur als reine Reparaturmethode, bei der kein Erbgut hinzugefügt wird, sondern nur fehlerhafte Buchstaben im Bauplan des Lebens korrigiert oder gestrichen werden.

Noch völlig unklar ist man sich über die sozialen Folgen einer breit angewandten Gentechnik. Würde zum Beispiel ein genetischer Test für Krebs entwickelt werden, wäre der Blick ins Erbgut für Versicherungen äußerst lohnend. Sie könnten Bewerber ablehnen, deren DNS ein erhöhtes Krebsrisiko anzeigt. Und für Menschen mit besonders »guten« Genen gäbe es Spezialtarife. Auch Arbeitgeber könnten genetische Tests zur Durchleuchtung von Stellenbewerbern verwenden. Der Mensch würde buchstäblich bis in seine Zellkerne hinein durchschaubar.

Aber das wären wahrscheinlich nur die kleineren Übel einer zukünftigen Informations- und Gen-Gesellschaft. Die genetische Revolution könnte die ganze Gesellschaft nach genetischen Prinzipien strukturieren und gewissermaßen eine Diktatur des Genoms errichten, eine Art Gen-Rassismus. Die Menschen würden nach ihrer genetischen Ausstattung eingeordnet beziehungsweise ausgesondert. Wer es sich leisten könnte, würde sich und seine Nachkommen genetisch »hochwertig« designen lassen. Wer das nicht könnte, müsste mit dem zufrieden sein, was ihm die Natur mitgegeben hätte. Der Glaube an die Allmacht der Gene drängt schon jetzt die Forschung in diese gefährliche Richtung. Deshalb wird eine klare Gesetzgebung zu diesen Fragen immer dringlicher. Ein solches Gesetz müsste zum Beispiel jedem das Recht geben, seinen genetischen Code *nicht* wissen zu wollen, ohne dass ihm sein Nicht-wissen-Wollen gesellschaftlich zum Nachteil gereichte.

Einer der letzten großen Philosophen hier zu Lande, Hans-Georg Gadamer, hat zur Gentechnik gemeint: »Für mich ist das alles ganz erschreckend. Ich sehe eine Entwicklung hin zum vollkommen künstlichen, seines Schicksals und seiner Individualität beraubten Menschen. Wir bauen uns einen Homunkulus.« Mit »Homunkulus« ist das künstliche Menschlein in der Retorte gemeint. Davon träumt der Mensch schon lange. Bereits während des 13. Jahrhunderts sollen Alchimisten versucht haben, einen künstlichen Menschen im Reagenzglas zu erzeugen. Im 21. Jahrhundert könnte dieser Traum Wirklichkeit werden: der wie ein Computer programmierbare menschliche Organismus. Ein Albtraum!

Ein Computer aus DNS

Die besondere Brisanz der Gentechnologie liegt nicht nur darin, dass sie aufs Engste mit der Computertechnologie verknüpft ist, sondern sich ebenso eng mit einem jungen Forschungszweig verbinden lässt, der das Selbstbild und das Selbstverständnis des Menschen in den kommenden Jahrzehnten radikal verändern wird: der Gehirnforschung oder Neuro-Wissenschaft.

Der Mensch der Moderne erlebt somit gleich drei Wissenschaftsrevolutionen in kürzester Zeit – eine wahre Flutwelle des Wissens, die über ihn hinweggeht, vorausgesetzt, er interessiert sich dafür. Die praktische Anwendung dieses Wissens aus Informatik, Genetik und Gehirnforschung wird das Menschsein verändern – und damit das Dasein jedes Einzelnen.

Es bedarf keiner allzu großen Vorstellungsgabe, sich auszumalen, wie die modernen Informationstechnologien buchstäblich mit Erbgut und Gehirn des Menschen vernetzt werden. Alle drei Systeme – digitales Computersystem, genetisches Vererbungssystem und neuronales Hirnsystem – sind Informations- und Speichersysteme im weitesten Sinn. Biologie und Informatik – Leben und Berechnen – sind eng miteinander verflochten. Man könnte auch sagen: Das Leben rechnet gern, zumindest auf der genetischen Ebene.

Zur Kartierung des Erbguts kommt also die Kartierung des Gehirns hinzu. Es liegt auf der Hand, dass beide Karten sich irgendwann zu einer einzigen komplexen digitalen Karte des Menschseins zusammenfügen werden. Denn wie die Information in den Genen wird sich auch die Information in den Gehirnzellen digitalisieren lassen. Dabei ist es gleichgültig, ob man die Information auf der Basis von 0 und 1 oder von A, G, C und T niederschreibt, also mit elektronischen oder biochemischen Computern arbeitet.

In den Forschungslabors wird bereits intensiv nach einem vollkommen neuen Computertyp geforscht: einem flüssigen Computer, der mit in Wasser gelösten DNS-Molekülen rechnet. Denn das strickleiterförmige Molekül hat man inzwischen als idealen Datenspeicher erkannt. Es hat eine wesentlich höhere Speicherdichte als Computerchips und auch die Nutzung der DNS als Informationsspeicher wäre mit weniger Aufwand verbunden. Zudem hat die DNS den großen Vorteil, dass sie ein biologisches Molekül ist; man kann sie in Flüssigkeiten mischen, aber ebenso auf feste Stoffe prägen.

Die Grundidee besteht darin, dass die DNS nicht nur ein natürliches Speichersystem darstellt, sondern die gespeicherte Information auch zu verarbeiten versteht. Die natürliche DNS macht ja nichts anderes, als die in den Genen gespeicherte Information anhand eines Codes in Proteine zu übersetzen. Wieso sollte es nicht umgekehrt möglich sein, beliebige Informationen gezielt als DNS zu verschlüsseln, nämlich in winzige Ketten aus den vier DNS-Grundbausteinen Adenin (A), Guanin (G), Cytosin (C) und Thymin (T). Damit nutzt man die uns längst vertraute Tatsache, dass sich Adenin (A) nur mit Thymin (T), und Guanin (G) nur mit Cytosin (C) verbindet. An eine Molekülkette ATG kann sich nur eine Kette TAC anlagern.

Der Rechenvorgang in einem DNS-Computer wäre also ein stetes Übersetzen von einem einzelnen DNS-Strang in einen neuen. Möglich wäre das aufgrund von Techniken, die in der Bio-Technologie bereits angewandt werden: DNS-Moleküle können mit Hilfe von Enzymen, also besonderen Eiweißen, getrennt und neu kombiniert werden (vgl. S. 121 f.).

Ein so genanntes Polymerase-Enzym kann unter geeigneten Bedingungen zu einem DNS-Einzelstrang den dazu passenden Gegenstrang erzeugen. Zum Beispiel bildet es zu einem Strang mit der Basenfolge CATGTC einen neuen mit der dazu passenden Basenfolge GTACAG. Die Polymerase schreibt gewissermaßen eine Negativkopie des ursprünglichen DNS-Strangs. Ohne diese Fähigkeit, zu einem DNS-Strang einen passenden Gegenstrang zu erzeugen, könnte sich keine Zelle und letztlich auch kein Mensch vermehren. Streng genommen liegt das Wesen des Lebens in der Vervielfältigung von DNS durch das Polymerase-Enzym.

Dieses Verfahren der Natur, DNS-Stränge in den Zellen beliebig oft zu kopieren, können die Forscher seit 1985 auch im Labor künstlich in Gang setzen. Man spricht von der Polymerase-Kettenreaktion (PCR); sie ist inzwischen zu einem der wichtigsten Werkzeuge in der molekularbiologischen Forschung geworden. Nicht nur ganze DNS-Stränge, sondern winzige Spuren von Erbsubstanz lassen sich auf diese Weise vervielfältigen und dadurch genaustens untersuchen, etwa beim Bestimmen von Erbkrankheiten oder dem Feststellen der Täterschaft einer verdächtigen Person.

Um eine DNS-Probe beziehungsweise ein bestimmtes zu untersuchendes Stück davon zu vervielfältigen, muss sie zuerst auf etwa 95 Grad Celsius erhitzt werden. In lebenden Zellen geschieht das Ganze bereits bei Körpertemperatur; das ermöglichen so genannte Katalysator-Enzyme. Im Reagenzglas des Forschers trennen sich durch das Erhitzen die gepaarten Stränge der DNS voneinander, weil sich bei dieser Temperatur die schwachen Wasserstoffbrücken-Bindungen zwischen den Basenpaaren auflösen.

Anschließend werden der Lösung aus DNS-Einzelsträngen so genannte Starter (englisch: primer) zugesetzt. Das sind kurze, künstlich hergestellte DNS-Abschnitte. Diese zeichnen sich dadurch aus, dass sie einem Anfangs- und einem Endabschnitt des zu vervielfältigenden DNS-Strangs entsprechen. Beim Abkühlen der Mischung lagern sie sich an diese Stellen an. Besondere hitzestabile Enzyme verlängern daraufhin die Starter, bis schließlich zu jedem ursprünglichen Einzelstrang das passende vollständige Gegenstück gebildet ist.

Erhitzt man DNS auf 95 Grad Celsius, dann brechen die atomaren Bindungen – es sind so genannte Wasserstoffbrücken-Bindungen – zwischen den beiden Strängen der Doppelhelix (von a zu b). Fügt man anschließend so genannte DNS-Starter hinzu, so binden sich diese bei 50 bis 65 Grad Celsius an die entsprechenden Stellen eines jeden Einzelstrangs (c). Bei 72 Grad Celsius werden die angedockten Starter durch spezielle Polymerase-Enzyme in einer Richtung verlängert (d). Dabei dient die ursprüngliche DNS gewissermaßen als Druckstock (Matrize). Auf diese Weise entstehen aus dem ursprünglichen Doppelstrang zwei neue (e).

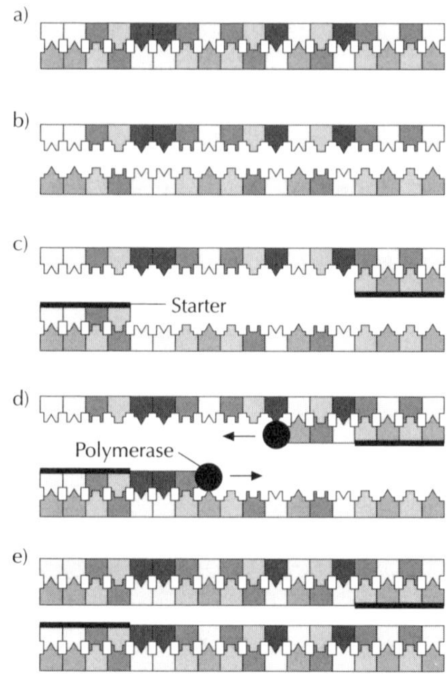

Um den zugegebenen Starter zu verlängern, nimmt das Polymerase-Enzym nach und nach die passenden DNS-Bausteine aus der Lösung und ergänzt die nächste offene Stelle gegenüber dem Matrizenstrang.

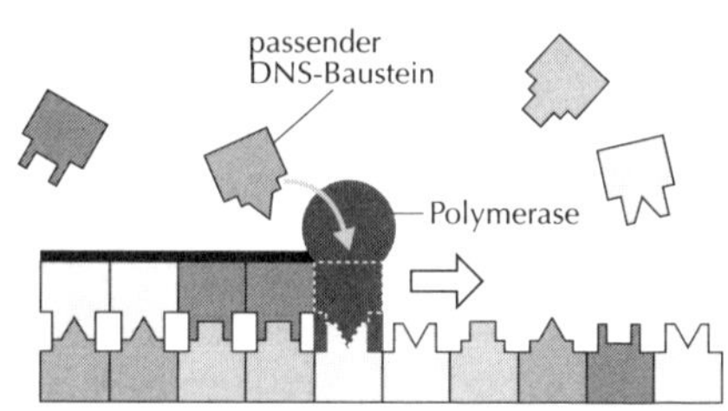

Die DNS-Bausteine zur Verfielfältigung müssen extra der Lösung zugegeben werden. Am Ende dieses nur wenige Minuten dauernden Zyklus hat sich die Ausgangsmenge der Erbsubstanz verdoppelt. Auf diese Weise kann man einen einzelnen DNS-Abschnitt beliebig oft kopieren. Nach 30 Zyklen hat man vom Ausgangsstrang etwa eine Milliarde identischer Kopien erzeugt.

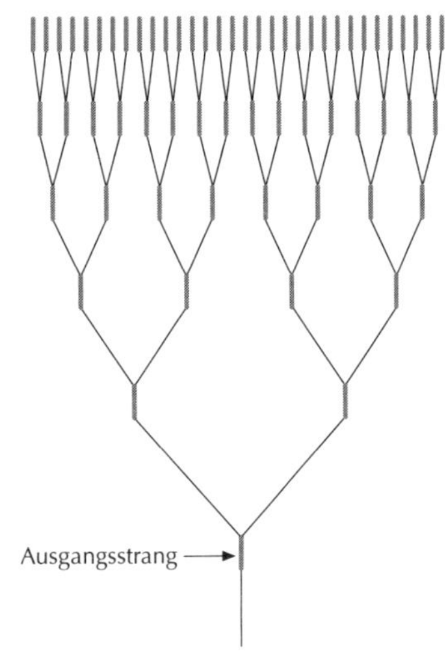

Durch die Polymerase-Kettenreaktion lässt sich ein DNS-Abschnitt beliebig oft kopieren. Nach 5 Zyklen hat man vom Ausgangsstrang bereits 32 Kopien, nach 30 Zyklen sind es etwa 1 Milliarde.

Dieses Kopierverfahren, das in den Zellen bei jeder Teilung angewendet wird, ist auch die molekularbiologische Grundlage eines DNS-Computers. Durch beliebiges Zusammenbauen von DNS-Molekülen mittels Polymerase-Enzymen »programmiert« man einen DNS-Computer. Statt wie in einem herkömmlichen Computer die Information in Speicherzeilen aus 0 und 1 zu schreiben und mit einem Prozessor auszulesen, bestünde der Rechenvorgang beim DNS-Computer in der Umformung der DNS-Moleküle. Nicht mehr Schaltkreise stellen die Berechnungen an, sondern Molekülschnipsel der DNS. Zur Speicherung von Information ist die DNS ohnehin bestens geeignet. Schließlich benützen Zellen sie seit Milliarden von Jahren genau dafür. Und sie verarbeiten die Information mit Hilfe von Enzymen. Ein Computer macht letztlich auch nichts anderes, als Daten zu speichern und diese zu verarbeiten.

Das Ergebnis der Datenverarbeitung in einem DNS-Computer

würde also wiederum mit DNS-Molekülen ausgelesen. Diese wären in großer Zahl auf winzigen Eisenkugeln angebracht, so genannten »beads«. Jene DNS-Moleküle, die exakt zu den DNS-Abschnitten auf den »beads« passten, bildeten das Rechenergebnis.

Bereits 1993 zeigte der amerikanische Mathematiker Leonard Adleman, wie mit DNS ein Rechenproblem zu lösen ist. Es galt, die kürzeste Route zwischen sieben Städten zu finden. Adleman entwickelte hierfür einen eigenen Code für die Städte und Entfernungen in Form von einzelnen DNS-Abschnitten. Am Ende erhielt er ein Molekül, das die gesuchte Route ergab.

Ein DNS-Computer könnte in einer halben Stunde Aufgaben lösen, für die ein herkömmlicher Computer Monate braucht. Schon sechs Gramm DNS würden theoretisch genügen, um eine Trillion Rechenoperationen pro Sekunde auszuführen. Die praktische Umsetzung bereitet allerdings noch große Schwierigkeiten. Eines der Hauptprobleme liegt in der Herstellung von exakten DNS-Abschnitten. Sie müssen so zusammengebastelt werden, dass sie nicht irgendwelche Informationen haben, sondern genau die, die man sich wünscht. Zu entwickeln wäre also eine Rechner-Technologie, die aus DNS-Molekülen einen Computer herstellt, der exakt auf die jeweiligen Anforderungen zugeschnitten ist. Dabei müssten auf kleinster Fläche tausende von »Mikro-Reagenzgläsern« untergebracht werden. Bis das gelingt, ist noch sehr viel Forschungsarbeit nötig. Hierfür müssten vor allem auch die Kopiermechanismen der Natur bei der Vervielfältigung von DNS noch besser erforscht werden.

Was ist Bewusstsein?

Aber wer weiß, ob die Entwicklung auf diesem Forschungsgebiet nicht andere Wege gehen wird, von denen wir jetzt noch nicht mal eine Ahnung haben. Es ist hier nichts mit Sicherheit vorauszusagen. Es könnte sich sogar irgendwann herausstellen, dass die Gene gar nicht so wichtig sind, wie wir heute denken.

Tatsache ist, dass Genetiker und Gehirnforscher auf der Grundlage der modernen Computertechnologie längst zusammenarbeiten. Im Zentrum dieser Arbeit steht die Frage, was Bewusstsein eigentlich ist und welche Rolle die Gene dabei spielen. Oder anders gefragt: Lässt sich Bewusstsein, also Denken und Fühlen, über die Gene verändern?

Doch bevor wir uns mit dieser interessanten Frage genauer befassen, sollten wir erst einmal zu klären versuchen, wie Denken und Fühlen überhaupt zustande kommen. Welche biologischen Prozesse laufen dabei ab?

Um es gleich vorweg zu sagen: Auch hier steht die Forschung noch ziemlich am Anfang. Das Bewusstsein ist weiterhin eines der größten Rätsel des Lebens, eine der letzten großen Fragen der Biologie, vergleichbar mit der Frage, wie Leben aus toter Materie hervorgegangen ist. Das Gehirn ist wahrscheinlich das komplizierteste Stück Materie, das es im Universum gibt.

Das menschliche Bewusstsein steht also vor der widersinnigen Aufgabe, sich selbst enträtseln zu müssen. Das kommt dem Versuch gleich, sich selber zu betrachten, ohne einen Spiegel zu benützen.

Ähnlich wie die Genforscher, die vor rund zehn Jahren das Human Genom Project begründeten mit dem Ziel der vollständigen Entschlüsselung des menschlichen Erbguts, hatten sich damals auch Gehirnforscher zusammengetan. Sie setzten sich zum Ziel, eine dreidimensionale Karte des menschlichen Gehirns zu erstellen. »Brainmapping«, also »Gehirnkartierung«, wurde das Projekt genannt. Das Gehirn als unerforschter Kontinent.

Die zentrale Frage lautete: In welchen Gebieten (Arealen) des Gehirns sitzen welche Gehirnfunktionen? Jedem von uns dürfte sofort klar sein, dass ein genaues Verständnis dieser Vorgänge nicht weniger bedeutsam wäre als die Entschlüsselung des Erbguts. Der Mensch könnte buchstäblich Gedanken lesen, wie er im andern Fall Gene lesen kann.

Doch wie will man dem Gehirn bei seiner Arbeit zusehen – und damit dem Menschen beim Denken? Schließlich liegt das Gehirn verborgen unter der Schädeldecke. Auf diese Frage wusste die Wissenschaft vor zwanzig Jahren noch keine Antwort. Dann aber wurde eine Reihe von elektrischen und biochemischen Verfahren entwickelt, mit denen sich die Funktionen der Nervenzellen im Gehirn

»belauschen« lassen. Mit Hilfe der so genannten Positronen-Emissions-Tomografie (PET) sind die Gehirnforscher beispielsweise in der Lage, millimetergenau sichtbar zu machen, welche Hirnareale aktiv werden, wenn sich eine Versuchsperson mit geschlossenen Augen Gegenstände vorstellt. Allerdings hat dieses Verfahren nur eine begrenzte Messgenauigkeit. Es können nur Gehirnareale beobachtet werden, die nicht kleiner als etwa 3 Millimeter sind. Doch was in feineren Bereichen unterhalb von 3 Millimetern passiert, wäre äußerst wichtig für ein Verständnis des Denkvorgangs. Aber diese Präzision erreichen die derzeitigen Maschinen nicht und so bleibt die Feinstruktur des Denkens vorerst noch verborgen.

Auf dem Computerbildschirm erscheinen Bilder, die die PET aus dem unzugänglichen Innern des Kopfs liefert. Jene Regionen des Gehirns leuchten auf, die gerade aktiv sind und deren Stoffwechsel deswegen erhöht ist. Auf diese Weise wird ein Aktivitätsmuster des Gehirns erstellt. Die arbeitenden Gehirnzellen werden sichtbar gemacht.

Die Testpersonen schauen beispielsweise auf einen Monitor mit bewegten Punkten. Einmal ist die Aufgabenstellung so, dass nur die Bewegungen zu beobachten sind; ein andermal sollen Veränderungen in den Bewegungen erkannt werden. Beim Vergleich dieser beiden ähnlichen Aufgaben zeigt sich, dass viele Teile des Gehirns sehr unterschiedlich aktiv werden. Schon wenn der Teilnehmer nur an das Tempo der Punkte denkt, er sich also vornimmt, darauf zu achten, wird das Sehzentrum im Hinterkopfbereich des Gehirns besonders aktiviert. Das tatsächliche Registrieren des Tempos bewegter Punkte findet ganz woanders statt, nämlich im Stirnhirn und in den so genannten Scheitellappen des Hirns.

Die PET funktioniert nach folgendem Prinzip: Der Versuchsperson werden zunächst leicht radioaktive Zuckermoleküle ins Blut gespritzt. Die sammeln sich in jenen Bereichen des Gehirns, wo Sauerstoff verbraucht wird, also Nervenzellen aktiv sind und deshalb der Blutfluss erhöht ist. Danach wird der Kopf der Versuchsperson in ein ringförmiges Messgerät gesteckt. Das reagiert äußerst empfindlich auf Gammastrahlen, das sind besonders energiereiche, unsichtbare Lichtteilchen. Sie entstehen überall dort, wo der radioaktive Zucker zerfällt. Beim Zerfall entsteht nämlich ein so genanntes Positron; das ist das positiv geladene Antiteilchen zum negativen Elektron. Positronen haben allerdings nur eine extrem kurze »Lebensdauer«. Es vergehen nur winzige Bruchteile einer Sekunde, ehe sie auf ein Elektron treffen, von denen ja unzählige überall in den Atomen herumschwirren, aus denen die Nervenzellen bestehen. Trifft aber ein Positron auf ein Elektron, löschen sich beide gegenseitig aus, wobei zwei Gamma-Lichtteilchen entstehen, die in entgegengesetzter Richtung davonfliegen. Die werden von den empfindlichen Gamma-Messgeräten am Kopf der Versuchsperson registriert. Die Gamma-Blitze zeigen also ganz genau an, wo sich die radioaktiven Zucker-Moleküle und damit die gerade arbeitenden Nervenzellen, die viel Sauerstoff verbrauchen, befinden. Mit Hilfe eines angeschlossenen Computers können die Gamma-Signale zu einem Bild des arbeitenden Gehirns zusammengesetzt werden. Das Wort »Tomografie« bedeutet, dass das Bild ein Schicht- oder Schnittbild ist. Das Gehirn wird grafisch in viele Millimeter dünne Scheiben zerlegt.

Ein anderes Verfahren, das bei der Erforschung des Gehirns ebenfalls eine wichtige Rolle spielt, ist die so genannte Kernspin-Tomografie. Sie wird vor allem auch in der Medizin bei der Suche nach Gehirn-Tumoren eingesetzt. Es wird das Bild eines Gehirnschnitts geliefert. Allerdings ist dieses Bild statisch, zeigt also keine Gehirnaktivitäten an, sondern nur die innere Struktur des Organs. Die Kernspin-Tomografie beruht auf einem besonderen physikalischen Effekt: Die Kerne von Wasserstoff verhalten sich wie winzige Kompassnadeln. Setzt man sie einem starken Magnetfeld aus, stellen sie sich alle parallel und kreisen um die eigene Achse. Der Trick bei der Kernspin-Tomografie besteht nun darin, dass man die Ausrichtung der Wasserstoffkerne durch Radiowellen stören kann. Sie kippen dann in eine andere Richtung. Nach Abschalten der Radiowellen schwenken sie wieder zurück und die atomaren Kompassnadeln zeigen in die ursprüngliche Richtung. Dabei senden Wasserstoffkerne ihrerseits Radiowellen aus, die aufgezeichnet werden können. Da das Gehirn zu etwa 75 Prozent aus Wasser, also auch aus Wasserstoff besteht, ist das Verfahren ebenso für das Gehirn anwendbar. Weil die verschiedenen Gehirnareale nicht alle gleich viel Wasser enthalten, erscheinen die Unterschiede bei der Kernspin-Tomografie als Struktur des Gehirns auf dem Computerbildschirm. Bei der Anwendung des Verfahrens wird die Versuchsperson in eine große Röhre geschoben, in der sie von einem starken Magnetfeld umgeben ist. Während der Aufnahme wird das Magnetfeld verändert – und damit ändern sich auch die Radiowellen, die auf das Gehirn einwirken. Aus den Radiosignalen, die aus dem Kopf zurückkommen, fertigt der Computer eine Tomografie, also ein Schnittbild des Gehirns an. Mit diesen beiden technischen Hilfsmitteln – der PET und der Kernspin-Tomografie – konnten einige wichtige Erkenntnisse zu Struktur und Arbeitsweise des Gehirns gewonnen werden.

Trotz zahlloser offener Fragen scheint eines inzwischen sicher: Unser gesamtes Denken und Fühlen verdanken wir dem Gehirn. Geist und Seele des Menschen sind die Folge komplexer und komplizierter Gehirnaktivitäten. Nach allem, was wir bisher wissen – und das ist freilich noch sehr wenig –, sind Geist und Seele nichts, was vom Gehirn zu trennen wäre. Das Gehirn ist das Zentrum unserer Persönlichkeit. Religiöse Theorien, nach denen Geist und Seele unsterblich sind, von außen in den Körper gelangen und ihn im Tod auch wieder verlassen, haben keine wissenschaftliche Grundlage. Man muss allerdings hinzufügen, dass die uns derzeit zur Verfügung stehende Wissenschaft keine endgültige ist und wir unser immer noch bescheidenes Wissen nicht als Allwissenheit verstehen sollten.

Im Moment sieht es freilich so aus, als wären keine mystischen Konstruktionen mehr nötig, um dem Phänomen Seele gerecht werden zu können. Bewusstsein und Seele werden auf ihre molekularen und zellulären Grundlagen zurückgeführt. Ganz nüchtern ausgedrückt: Geist und Seele sind Produkte physikalisch-chemischer Prozesse im Gehirn, Denken und Fühlen sind nicht mehr als ein geordnetes Durcheinander von elektro-chemischen Reaktionen. Moleküle sind die Grundlage unseres Geistes. Diese nüchterne und gewiss auch ernüchternde Feststellung ändert nichts daran, dass das Bewusstsein weiterhin etwas äußerst Rätselhaftes ist – und am Ende vielleicht doch mehr als nur das nicht stoffliche Produkt einer genial konstruierten Maschine.

Normalerweise bringen Maschinen nur Stoffliches hervor oder wandeln Stoffliches in rein Energetisches um, etwa ein Automotor den Stoff Benzin in Bewegung – und diese Bewegung ist an den bewegten Körper des Autos gebunden. Das Gehirn produziert auch Bewegung – die bewegten Gedanken und bewegenden Gefühle –, aber diese sind nicht mehr stofflicher Natur, sie entspringen zwar unserem Gehirn, scheinen sich aber doch von ihm auf geheimnisvolle Weise abzulösen, was durch das Wort »entspringen« ausgedrückt wird. Die Gedanken und Gefühle sind nicht wirklich im Kopf; es ist, als schwebten sie in einer nicht exakt begrenzten Sphäre des Kopfs, in einem Zwischenreich.

Das Gehirn – ein sich selbst programmierender Computer

Das Gehirn könnte man als eine geniale Maschine zur Herstellung von Gedanken und Gefühlen betrachten, als einen extrem leistungsfähigen Computer. Aber wird man damit dem Gehirn gerecht? Bestimmt nicht. Schon dadurch unterscheidet sich ein Gehirn von einem Computer, dass es bei ersterem keine Trennung von Hardware und Software gibt. Das »Programm« für die Hirnfunktionen ergibt sich von selbst aus den hoch spezifischen Verschaltungen der Nervenzellen. Die Art der Verschaltung, die vollkommen anders ist als bei einem Computer, enthält schon das Programm für sämtliche Hirnaktivitäten. Beim Gehirn *ist* die Schaltung das Programm. In gewisser Weise programmiert sich das Gehirn selbst, und zwar von dem Moment an, da sich im Embryo die Gehirnanlage ausbildet. Hierbei kommt sofort die im Lauf der Evolution erworbene und in den Genen gespeicherte Erbinformation zum Tragen. Alle Funktionsabläufe im Gehirn sind in hohem Maß genetisch vorherbestimmt, das heißt durch die stammesgeschichtliche Prägung in jedem von uns festgeschrieben.

Unser Gehirn ist mit einem enormen Vorwissen über die Welt ausgestattet, noch ehe wir wirklich in dieser Welt angekommen sind, d. h. geboren werden. Dieses Wissen ist im Lauf der Milliarden Jahre währenden Evolution in die DNS eingeprägt worden. Es ist aber nicht nur in den Genen gespeichert, sondern auch in den Funktionen eines werdenden Gehirns. Das genetische Vorwissen ist allen

Menschen im gleichen Maß eigen, was zur Folge hat, dass alle Menschen die Welt in ähnlicher Weise wahrnehmen und ihre Wahrnehmungen miteinander austauschen können.

So hat man zum Beispiel herausgefunden, dass Babys bereits von den ersten Lebensmonaten an in der Lage sind, die Grundregeln der Sprache zu erkennen, also den Mechanismus der Satzbildung zu verstehen. Sie können beispielsweise erkennen, dass die Lautfolge »ga – ti – ga« die gleiche Struktur hat wie die Lautfolge »wo – fe – wo«. Genauso stellen sie einen Zusammenhang zwischen »ga – ti – ti« und »wo – fe – fe« her. Das Gehirn der Babys ist also von der Natur derart entworfen worden, dass es einfache abstrakte Regeln erkennen kann, ohne dass sie den Babys beigebracht werden müssen.

Dass unsere Hirnleistungen entwicklungsgeschichtlich bedingt sind, zeigt sich ganz deutlich in der biologischen Tatsache, dass Nervenzellen sich seit ihrem ersten Auftreten bei den Weichtieren in ihren Eigenschaften kaum verändert haben. Im Gehirn eines Tintenfischs zum Beispiel arbeiten die Nervenzellen nicht grundlegend anders als bei uns Menschen. Dass ein menschliches Gehirn viel mehr zu leisten vermag als ein Tintenfisch-Hirn, hat letztlich nur damit zu tun, dass die Nervenzellen beim Menschen komplexer verschaltet sind. Das wiederum hängt von der Vermehrung der Großhirnrinde bei Wirbeltieren ab. Demnach wäre der Mensch nichts weiter als ein komplizierter Tintenfisch: Die Nervenzellen sind die gleichen und ebenso der Informationsaustausch zwischen ihnen.

Die Großhirnrinde, so könnte man sagen, ist die vorerst letzte große Errungenschaft der Evolution. Ihre Funktionen haben sich seit ihrem ersten Erscheinen vor 400 Millionen Jahren nicht grundlegend geändert. Das hoch spezialisierte Gehirn des Menschen unterscheidet sich von weniger komplexen Wirbeltier-Gehirnen eigentlich nur durch die gewaltige Zunahme des Volumens der Großhirnrinde. Das Besondere am Menschsein hat also direkt zu tun mit der besonderen Struktur des menschlichen Gehirns. Dieses ist besonders stark gefurcht, was mit einer starken Vermehrung der Nervenzellen einhergeht. Denn je stärker die Furchung, um so größer wird die Oberfläche der Großhirnrinde. Die aber ist der Sitz der höchsten geistigen Fähigkeiten.

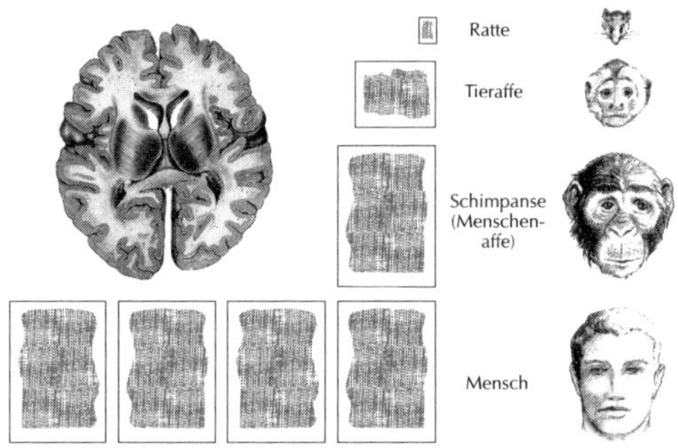

Die stark gefurchte Großhirnrinde ist jener Teil des menschlichen Gehirns, der wohl am stärksten für die außergewöhnliche Intelligenz von Homo sapiens verantwortlich ist. Ausgebreitet würde die Großhirnrinde des menschlichen Gehirns vier DIN-A4-Blätter bedecken, beim Schimpansen nur eines, obwohl dieser sich genetisch kaum vom Menschen unterscheidet.

Das bedeutet natürlich nicht, dass das, was den menschlichen Geist ausmacht, allein in den Funktionen der Großhirnrinde begründet ist. Doch wenn man diese Funktionen ausschalten würde, bliebe vom menschlichen Geist nicht mehr viel übrig.

Das Wunderbare an der »Maschine« Gehirn ist, dass sie auf ihr genetisches Programm nicht festgelegt ist. Das Gehirn kann durch Erfahrung Programmänderungen herbeiführen. Hierin liegt die geistige Freiheit des Menschen begründet. Das menschliche Gehirn entwickelt sich bis zur Pubertät weiter; erst dann sind alle Nervenverbindungen in ihren Funktionen ausgereift. Dieser Reifungsprozess läuft aber nicht automatisch ab, sondern wird von den Erfahrungen in Kindheit und Jugend entscheidend beeinflusst. Es gibt also schlechte Erfahrungen, etwa seelische oder körperliche Gewalt in früher Kindheit, die diese Reifungsprozesse des Gehirns stören können. Wie die Signale der Umwelt die Hirnentwicklung beeinflussen, ist allerdings noch weitgehend unklar. Klar ist nur, dass hierbei Signal-Moleküle im Spiel sind, die den Aufbau von Verschaltungen organisieren beziehungsweise bei deren Abänderung eingebunden sind.

Die Persönlichkeit eines Menschen ist – grob gesagt – die Summe aus genetischer Information und sozialer Erfahrung. Im genetischen Programm sind wir festgelegt; in unseren Erfahrungen verwirklicht sich unsere Freiheit, natürlich immer im Zusammenspiel mit unserem evolutionären, in den Genen gespeicherten Wissen.

Die »Hardware« des Gehirns

Sehen wir uns jetzt die »Hardware« der »Denkmaschine« Gehirn mal etwas genauer an. Sie hat die Form zweier stark gefurchter Halbkugeln aus einer weißlich-grauen gallertigen Masse von etwa 1300 Gramm Gewicht. Diese Halbkugeln sind durch einen tiefen Einschnitt voneinander getrennt. Die Verbindung zwischen beiden Gehirnhälften wird durch einen dicken Nervenstrang, den so genannten Balken, hergestellt. Mehr ist aufs Erste nicht festzustellen – eine wirklich simpel gebaute Maschine, die eigentlich gar nichts Maschinenhaftes an sich hat.

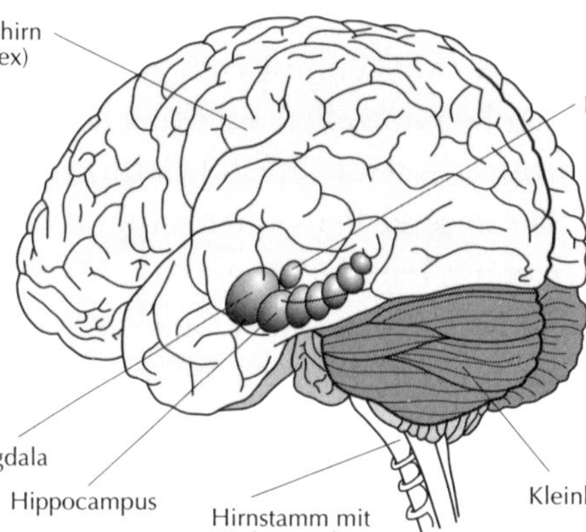

Grobe schematische Darstellung des Gehirns. Der oberflächliche, dünne und stark gefurchte Teil des Gehirns wird Großhirn oder Cortex genannt. Er ist der Sitz unserer höchsten geistigen Fähigkeiten. Verborgen im Innern des Gehirns (in der Zeichnung an die Oberfläche geholt) liegen die mandelförmige Amygdala und der Hippocampus, die zusammen als »limbisches System« bezeichnet werden. Dieses ist vor allem für unsere Gefühlserregungen verantwortlich. Die Amygdala ist gleichsam das »Tor« zum limbischen System. In ihr laufen jene Sinneseindrücke zusammen, die Gefühle wie Angst oder Beklemmung auslösen. Sie ist also eine Art Gefahrenmelder. Der Hippocampus nimmt wichtige Gedächtnisfunktionen wahr, die Gefühle betreffen. Vom limbischen System wird der Hypothalamus kontrolliert. Er ist gewissermaßen die Schaltzentrale zwischen Gehirn und Hormonsystem und regelt wichtige Körperfunktionen wie Blutdruck, Sexualverhalten, Körpertemperatur, Hungergefühl oder Wasserhaushalt. Das Kleinhirn ist Zentrum für die Abstimmung von Bewegungsabläufen und die Orientierung im Raum. Der Hirnstamm ist das Kontrollsystem für Atmung, Stoffwechsel, Herzschlag und Schlaf. Er kontrolliert aber auch die Körperstellung im Raum. Das Rückenmark ist eine Art Durchgangsstation für die Informationen vom und zum Gehirn.

In diesem kugeligen Zellhaufen verbirgt sich also das ganze Geheimnis unserer geistigen Fähigkeiten, unserer Intelligenz, unserer Träume, unserer Ängste, auch das Geheimnis von Liebe und Hass und aller anderen Gefühle, kurzum: unseres Menschseins. Das Gehirn zieht auch die Grenzlinie zwischen Leben und Tod. Der Tod ist – zumindest in unserer Gesellschaft – definiert als Stillstand sämtlicher Gehirnfunktionen.

Aber wie sehen nun diese Funktionen aus und was sind die Träger dieser Funktionen? Wie jedes Organ, so besteht auch das Gehirn aus nichts anderem als Zellen, eben den Gehirnzellen. Drei- bis vierhundert Milliarden dieser mikroskopisch kleinen Einheiten, die die Wissenschaftler Neuronen nennen, bilden die Masse des Gehirns. In der Hirnrinde, dieser grauen, stark gefalteten und in Windungen gelegten, etwa 3 Millimeter dicken äußeren Schicht des Großhirns sind etwa 14 Milliarden Nervenzellen am Werk. Das ergibt pro Kubikmillimeter der Hirnrinde etwa 150 000 Gehirnzellen. Sie sind in gewisser Weise der Sitz unserer Persönlichkeit und damit der wichtigste Teil des ganzen zentralen Nervensystems, als das man das Gehirn auch bezeichnet. Dort sitzen Wille, Gedächtnis, Lernfähigkeit, Intelligenz, dort laufen auch die Eindrücke von den Sinnesorganen zusammen und werden zu Seh-, Hör- oder Geschmacksbildern zusammengesetzt.

Wie schon erwähnt: Die Gehirnarbeit leisten die Gehirnzellen (Neuronen), von denen es verschiedene Arten gibt, die jedoch in ihrem Aufbau sehr ähnlich sind. Jedes Neuron besitzt einen Zellkörper, der nur wenige hundertstel Millimeter groß ist.

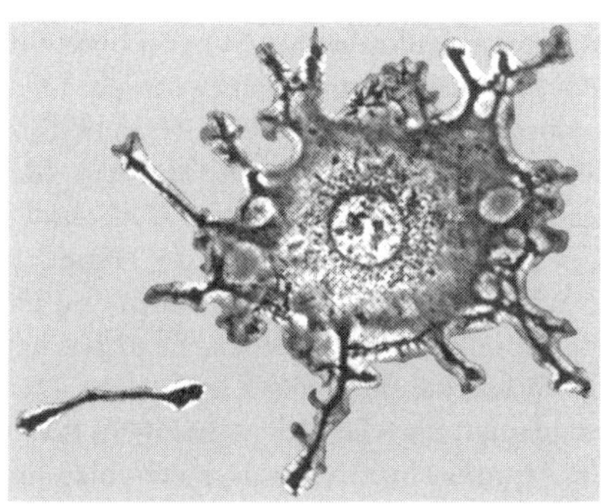

Mikroskopische Aufnahme einer einzelnen Nervenzelle

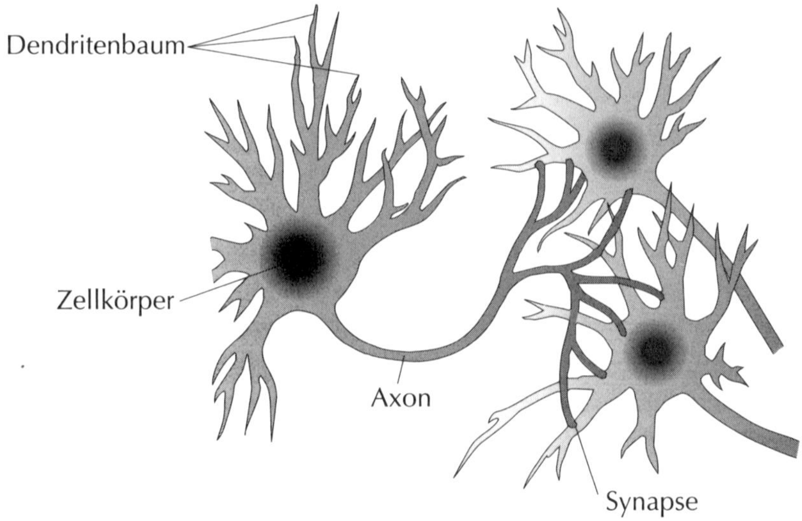

Schematische Darstellung eines Nervengeflechts. Das menschliche Gehirn enthält mehrere hundert Milliarden Nervenzellen (Neuronen). Jedes Neuron besitzt einen Zellkörper und tausende von winzigen Verzweigungen, so genannte Dendriten. Diese empfangen die Informationen anderer Neuronen. Zudem verfügt jedes Neuron über ein Axon, das sich an seinem Ende verzweigt und über weitere Entfernungen des Gehirns reichen kann. Das Axon sendet Informationen an andere Neuronen. Die Kontaktstellen zwischen Axon (der einen Zelle) und Dendrit (der andern Zelle) heißt Synapse. Jedes Neuron bildet zwischen tausend und zehntausend Synapsen mit anderen Neuronen. Ein winziges Stück Gehirnmasse von der Größe eines Stecknadelkopfs enthält etwa 150 000 Neuronen. Das Axon ist also der Sender der Nervenzelle, die Dendriten sind die Empfänger. Die Synapse ist gleichsam die Schaltstelle zwischen beiden. Sie sorgt dafür, dass eine Nervenzelle nur jene Informationen empfängt, mit denen sie auch etwas anfangen kann.

Vom Zellkörper zweigen an einer Seite zahlreiche Fasern ab, die so genannten Dendriten. Die andere Seite mündet in eine Art Kabel, das so genannte Axon. Dieses verzweigt sich am Ende. Wenn eine Nervenzelle mit anderen kommuniziert, dann empfangen die Dendriten die Signale und das Axon sendet eines aus. Das geht natürlich nur, wenn die Zellen miteinander verbunden sind. Solche Verbindungen werden durch so genannte Synapsen hergestellt: winzige Knospen, die an den Enden der Dendriten sitzen. Davon hat eine Nervenzelle zwischen 1000 und 10 000. Sie kann also bis zu maximal 10 000 Verbindungen mit anderen Nervenzellen knüpfen.

An die Knospen heften sich die Enden der Axone anderer Zellen an. Wenn nun jeder Kubikmillimeter Gehirnrinde 150 000 dicht gepackte Nervenzellen aufweist, so kann man sich vorstellen, welches Gewirr aus Dendriten und Axonen sich daraus ergibt – ein Gewirr von etlichen Kilometern Nervenfasern. Mehrere hundert Billionen Synapsen stellen in unserem Hirn die Verbindungen zwischen den Neuronen her. Ein Wunder, dass unsere Gedanken in der Regel ziemlich geordnet ablaufen. Das Durcheinander ist nur scheinbar, denn die Neuronen bilden größere Einheiten, die bestimmte Aufgaben übernehmen. Das heißt: Zellen, die gleiche oder ähnliche Aufgaben übernehmen, liegen im Gehirn in enger Nachbarschaft zueinander. Jedes Neuron hat also vor allem Kontakte zu seinen nächsten Nachbarn und nicht zu entfernten Arealen des Gehirns. So entsteht auch kein »Kabelsalat« im Gehirn. Es gibt zwar auch einige Langstrecken-Verbindungen, doch die meisten Axone sind relativ kurz, also örtlich begrenzt. Daraus ergeben sich stark spezialisierte Gehirnbereiche. Die meisten Neuronen wissen also gar nicht, was in entfernteren Arealen des Gehirns gerade passiert.

Das Sehzentrum zum Beispiel, das inzwischen das am besten erforschte Areal des Gehirns ist, besitzt Zellgruppen, die auf Ecken und Kanten von Körpern spezialisiert sind, während andere nur Farben erkennen, wieder andere nur runde Formen. Das Bild eines Körpers wird also aus verschiedenen Teilbildern zusammengesetzt.

Die Gehirnzellen arbeiten als Simultanübersetzer

Wie aber verständigen sich die Nervenzellen untereinander? Sie bedienen sich zweier Mitteilungsarten: einer elektrischen und einer chemischen. Als Erstes entsteht im Innern einer Nervenzelle ein kurzer elektrischer Impuls. Der wandert im »Axon-Kabel« bis zu dessen verzweigten Enden. Dort trifft er auf die Kontaktstellen (Synapsen) zu den anderen Nervenzellen. In den Synapsen wird der elektrische Impuls in ein chemisches Signal übertragen. Der elektrische Impuls wird also nicht einfach vom Axonende der einen Nervenzelle zur dendritischen Knospe der andern weitergeleitet. Das wird durch einen Spalt verhindert, der zwar nur Bruchteile eines tausendstel Millimeters breit ist, aber dennoch das Weiterwandern des elektischen Impulses verhindert.

Und wie setzt sich dann das Signal über diesen Spalt hinweg zur benachbarten Nervenzelle fort? Mit Luftpost, könnte man sagen. Wenn nämlich der winzige elektrische Stromstoß an der Synapse ankommt, bewirkt er, dass sich kleine, mit chemischen Stoffen gefüllte Bläschen öffnen. Diese chemischen Stoffe tragen die elektrische Information wie Boten weiter, allerdings in die Sprache der Chemie übersetzt. Deshalb nennt man die Stoffe auch Botenstoffe oder in der Sprache der Wissenschaftler: Neurotransmitter. Sie können den trennenden Zwischenraum zwischen zwei Nervenzellen überbrücken. Auf der anderen Seite treffen sie auf ein Zellhäutchen (Membran) mit äußerst feinen Poren. Die Membran enthält chemische Stoffe, so genannte Rezeptoren, in die sich die ankommenden Neurotransmitter einklinken können, ähnlich wie sich ein Schlüssel ins passende Schloss stecken lässt. Wenn mehrere Botenmoleküle ihr Schloss gefunden haben, ändert sich die elektrische Spannung der Zellmembran. Damit kann nun auch diese Zelle einen elektrischen Impuls erzeugen und weiterleiten.

Freilich setzt sich der Weg eines bestimmten Signals nicht endlos fort, sonst würden letztlich alle Signale überall ankommen. In den Synapsen entscheidet sich, welche Signale den Spalt passieren dürfen und welche nicht. Nur ganz bestimmte Signale, also elektrische Impulse mit ganz bestimmter Frequenz, aktivieren in den Synapsen einer bestimmten Nervenzelle die Botenstoffe; andere Signale, deren Frequenz nicht passt, werden blockiert und nicht weitergeleitet.

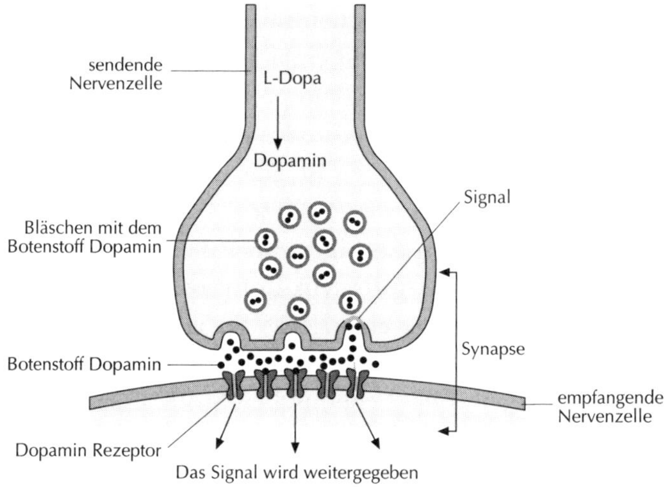

Nervensignale pflanzen sich als feine Stromimpulse im Gehirn fort. Doch wenn sie von einer Nervenzelle zur nächsten weitergegeben werden, spielt auch die Chemie eine Rolle, zum Beispiel in Form des Botenstoffs Dopamin. Diesen bildet die sendende Nervenzelle aus dem Vorläuferstoff L-Dopa.
Winzige, mit Dopamin gefüllte Bläschen wandern zur Wand der sendenden Nervenzelle und schütten ihren Inhalt in den synaptischen Spalt, der sich zwischen zwei Nervenzellen auftut. Über den Spalt hinweg gelangt das Dopamin zu den Rezeptoren der empfangenden Zelle und dockt dort an. Von den Rezeptoren wird das aufgenommene chemische Signal wieder als elektrisches Signal weitergegeben.

In unserem Gehirn findet also ein Dauerfeuer feinster elektrischer Impulse statt, die in den Synapsen fünfzig verschiedene Arten von Botenstoffen aktivieren können. Um wenigstens ein paar von ihnen zu nennen: Adrenalin, Noradrenalin, Serotonin, Dopamin und Glutamat. Letzterer ist einer der wichtigsten Neurotransmitter. Der Stoff wird auch künstlich hergestellt und von Köchen als Geschmacksverstärker eingesetzt, worauf manche Menschen allerdings allergisch reagieren und unter Kopfschmerzen, Schwindelgefühl oder Taubheit in den Gliedern leiden. Man spricht hier auch von der »China-Restaurant-Krankheit«, weil in der chinesischen Küche besonders kräftig mit Glutamat gewürzt wird.

Das Gehirn kommuniziert also mit zwei Sprachen gleichzeitig, einer elektrischen und einer chemischen; es ist, wenn man so will, sein eigener Simultanübersetzer. Nur so kann das Gehirn seine unglaublichen Leistungen vollbringen. Das komplizierte Wechselspiel von elektrischen Impulsen und chemischen Botenstoffen kann allerdings auch gestört sein. Versagt etwa ein Botenstoff, so hat das unterschiedliche Krankheiten zur Folge. Ein Mangel an Dopamin zum Beispiel ist mitverantwortlich für die so genannte Parkinson-Krankheit, bei der die Patienten an Schüttellähmung, Gliederstarre und Gleichgewichtsstörungen leiden.

Ganz allgemein ist Dopamin bei der Steuerung der Körperbewegungen wichtig. Man hat herausgefunden, dass schon eine geringfügige Einschränkung der Dopamin-Ausschüttung zu Bewegungsarmut führt; ein Zuviel erzeugt unwillkürliche, fahrige Bewegungen.

Andere Botenstoffe, etwa das Acetylcholin, spielen im Zusammenhang mit Geistesfähigkeiten wie Aufmerksamkeit, Lernen oder Gedächtnis eine große Rolle; sie sind möglicherweise sogar für das Bewusstsein schlechthin verantwortlich. Geist und Seele, die wertvollsten Attribute unseres Menschseins, wären demnach auch nur das Ergebnis chemischer Prozesse im Gehirn.

Beim Botenstoff Noradrenalin, der vor allem im Stammhirn aktiv ist, vermutet man, dass er zwischen den einlaufenden Reizen der Sinnesorgane vermittelt, damit ein klares Gesamtbild aus allen Sinneseindrücken gebildet werden kann. Wird dieser Bereich des Stammhirns zu stark angeregt, etwa durch Drogen, verwischen die Grenzen zwischen den verschiedenen Sinneskanälen: Halluzinationen entstehen. Man sieht, hört, riecht, schmeckt oder fühlt etwas, das gar nicht vorhanden ist.

Zwischen den zahlreichen Botenstoffen herrscht ein fein ausbalanciertes Wechselspiel. Jeder Botenstoff hat seinen Gegenspieler, der ihn je nach Bedarf unterschiedlich stark hemmt. Ist die hemmende Wirkung eines Botenstoffs gestört, wird dessen Gegenspieler zu mächtig – das ganze Steuerungssystem der Botenstoffe gerät aus der Balance. Bewusstseinsstörungen und Geisteskrankheiten können die Folge sein, aber auch andere Krankheiten wie zum Beispiel Migräne. Bei diesen heftigen Kopfschmerzattacken scheint der Serotonin-Haushalt im Gehirn aus dem Gleichgewicht zu geraten. Bei Stress, Wetterumschwüngen oder Nahrungsmittel-Allergien wird zu viel von diesem Botenstoff freigesetzt, was dazu führt, dass sich die Blutgefäße im Gehirn zu sehr verengen.

Einen ganz anderen Fall von überschießender Aktivität eines Neurotransmitters stellen wahrscheinlich jene Erlebnisse dar, von denen Menschen berichten, die fast gestorben waren. Es sind immer die gleichen Eindrücke, vor allem der von gleißendem, geradezu überirdisch hellem Licht. Damit einher geht das Gefühl, den Körper zu verlassen und ihn aus der Vogelperspektive daliegen zu sehen. Gleichzeitig zieht das ganze Leben in rasend schnellen Bildern an einem vorbei, auch Szenen, die vollkommen vergessen waren. Manche Menschen berichteten auch noch von rätselhaften Landschaften, die sie gesehen hätten, oder von fein strukturierten Mustern.

Solche Nahtod-Erfahrungen erinnern in auffallender Weise an Bilder, die sich nach dem Genuss so genannter halluzinogener Drogen einstellen, also Drogen, die Halluzinationen auslösen. Es muss deshalb auch nicht verwundern, wenn Gehirnforscher die Vermutung anstellen, es könne in der Katastrophe des Sterbens eine übermäßige Transmitter-Ausschüttung stattfinden. Das muss keinesfalls die mystische Dimension solcher Erfahrungen schmälern, die viele darin sehen wollen. Es zeigt nur, dass auch Mystik mit organischer Chemie zu tun haben kann. Das oft beschriebene gleißende Licht wäre nach Ansicht der Gehirnforscher als Photopsie infolge der Transmitter-Überfunktion zu deuten und alle übrigen »Visionen« als visuelle Halluzinationen. Unter »Photopsie« versteht man in der Medizin die krankhafte Wahrnehmung nicht vorhandener Lichtblitze, Funken und Flammen.

Der Neuropsychologe Erich Kasten meint zu den übrigen Nahtod-Erfahrungen: »Das Auftauchen vergessen geglaubter Episoden aus der Lebensgeschichte dürfte durch totale Aufhebung der Gedächtnisfilter bedingt sein. Offenbar werden zudem Endorphine, körpereigene Opiate, in großen Mengen frei, was den friedlichen Gesichtsausdruck vieler Toter erklärte.«

Auch für das oftmals berichtete Gefühl von fast Gestorbenen, sich aus ihrem Körper zu lösen, was man gern als Entweichen der Seele aus dem Körper deutet, gibt es eine nüchterne chemische Ursache: Das Hirnareal, das für das optische Selbstbild zuständig ist, zeigt im Sterben eine durch zu viel Botenstoffe ausgelöste Überfunktion. Ein bestimmter Botenstoff bewirkt, dass der Sterbende sich selbst aus der Ferne sieht, gleichsam als Zuschauer des eigenen Todes. Ähnliche Erlebnisse werden von Patienten geschildert, die an bestimmten, sehr seltenen Gehirnerkrankungen leiden. Auch sie erleben eine Verdoppelung ihres Körpers; ihnen tritt ihr eigenes Spiegelbild gegenüber. Das gleiche Symptom kennt man auch bei Migräne, Epilepsie, Schizophrenie, Depression oder Drogenmissbrauch.

Ein Zuviel oder Zuwenig an bestimmten Botenstoffen in den Synapsen der Gehirnzellen stört also den normalen Fluss der elektrischen Signale von einer Gehirnzelle zur andern. Freilich sind die genannten Botenstoff-Störungen nicht die einzigen Ursachen für Epilepsie, Schizophrenie oder Depression. Wie bei jeder Krankheit, so spielen auch in diesen Fällen viele Ursachen eine Rolle, deren Zusammenspiel noch kaum erforscht ist.

Das Gehirn funktioniert wie ein Ameisenhaufen

Nervenzellen, Synapsen, Botenstoffe und Rezeptoren – das sind die wichtigsten Elemente des Gehirns. Ihr kompliziertes Zusammenwirken macht erst Denken, Sehen oder Fühlen möglich. Doch wie die Kommunikation der Nervenzellen auf der molekularen Ebene vor sich geht, ist noch weitgehend unklar. Wie verrechnet eine Nervenzelle die zigtausend Signale, die sie von anderen Neuronen (Nervenzellen) erhält? Die informationsverarbeitenden Prozesse in den Zellen sind vorerst noch rätselhaft.

So wird auch emsig danach geforscht, auf welche Weise sich Eindrücke ins Gehirn »einbrennen«, sei es nur für kurze Zeit oder fürs ganze Leben. Wie funktioniert das Gedächtnis?, lautet die Frage. Wegen der Kompliziertheit des menschlichen Gehirns wird dieser Frage vorerst nur in Tierversuchen nachgegangen. Beispielsweise erforschte Eric Kandel in seinem Labor an der Columbia-Universität in New York die Gedächtnisleistungen der Meeresschnecke Aplysia. Statt mit vielen Milliarden Nervenzellen, die im menschlichen Gehirn versammelt sind, hat man es bei diesem Weichtier nur mit etwa 20 000 Neuronen zu tun. Das ist immer noch genug, um rasch den Überblick zu verlieren.

Kandel konnte nachweisen, dass Gedächtnisleistung, also Lernen, nichts anderes als Chemie ist. Verhaltensänderungen bei der Meeresschnecke gehen mit molekularen Veränderungen in den Synapsen der Nervenzellen einher. Aplysia schüttet verstärkt Botenstoffe aus, wenn sie eine Erfahrung ins Kurzzeit-Gedächtnis abspeichert. Hingegen erfordert das Langzeit-Gedächtnis mehr: Damit Erinnerungen länger als nur ein paar Minuten oder Stunden bestehen bleiben, müssen bestimmte Eiweißstoffe (Proteine) vollkommen neu hergestellt werden. Diese verändern daraufhin dauerhaft die Form und die Funktionen der Synapsen, die am Erinnerungsprozess beteiligt sind.

Was für Schnecken gilt, gelte höchstwahrscheinlich auch für den Menschen, meint Kandel, der für seine Forschung im Jahr 2000 den Nobelpreis für Medizin erhielt – zusammen mit zwei Kollegen, die ebenfalls auf dem Gebiet der Signalübertragung zwischen Nervenzellen forschen. Auch das menschliche Gedächtnis, so ist zu vermuten, sitzt in den Synapsen. »Wenn wir miteinander sprechen«, so Kandel, »kommuniziert mein Gehirn mit Ihrem, erzeugt dort anatomische Veränderungen und umgekehrt.« Erinnerungen werden tatsächlich ins Gehirn eingeprägt, ähnlich wie Informationen auf Computerfestplatten – mit molekularen Stempeln, die die Synapsen verändern.

Rätselhaft ist weiterhin, wie das Gehirn Bilder von wahrgenommenen Objekten aufbaut, wie also etwa die Lichtimpulse, die von den Augen als elektrische Impulse ans Gehirn weitergeleitet werden, zu Bildern übersetzt werden, ebenso die akustischen Signale von den Ohren zu »Hörbildern«.

Nicht weniger rätselhaft ist die Frage, was geschieht, wenn wir über ein Problem nachdenken und nach Lösungen suchen, von denen wir schließlich eine ausführen. Am rätselhaftesten ist aber, wie das Gehirn es schafft, Erfahrungen in sich zu verankern, Erlebtes zu speichern und in bestimmten Situationen blitzschnell abzurufen, um so ein optimales Handeln zu ermöglichen? Also wieder die Frage: Was genau ist Bewusstsein? Das ist die eine große Frage, die die Gehirnforscher beschäftigt.

Die Nervenzellen »feuern« pausenlos. Auch im Schlaf ruht unser Gehirn nicht. Doch wenn wir träumen, sind andere Areale des Gehirns tätig, als wenn wir sprechen, sehen oder hören. Für die

Traumbilder sind andere Gerhirnbereiche zuständig als für die Wirklichkeitsbilder. Die Botschaften an unsere Muskelzellen, also die Steuerung unserer Körperbewegungen, übernehmen wiederum andere Nervenzellen. Und doch hängen alle Zellen des Gehirns irgendwie miteinander zusammen, auch wenn unterschiedliche Bereiche des Gehirns unterschiedliche Aufgaben übernehmen. Es gibt zwar eine strenge Aufgabenverteilung und dennoch ergibt sich aus der Aufgabenteilung ein harmonisches Ganzes. Man könnte das mit der Organisation in einem Ameisenhaufen vergleichen, wobei der einzelnen Ameise die einzelne Nervenzelle entspräche. Jede Ameise kennt genau ihre Aufgaben innerhalb ihres Tätigkeitsbereichs; sie kommuniziert mit den Ameisen in ihrem engeren Arbeitsfeld und ist doch auf rätselhafte Weise mit allen Ameisen des Haufens vernetzt. Aus dem undurchschaubaren, chaotisch erscheinenden Gewusel der einzelnen Ameisen ergibt sich ein geordneter, perfekt funktionierender Gesamtorganismus.

Dabei ist es nicht so, dass im Gehirn ein übergeordnetes Schaltzentrum existieren würde, in dem alle Informationskanäle zusammenlaufen und aufeinander abgestimmt werden. Jedes der zahlreichen Areale des Gehirns erfüllt nur Teilfunktionen, wobei sie miteinander über äußerst komplexe Verbindungen kommunizieren. Wie das Gehirn dennoch in der Lage ist, zusammenhängende Bilder aufzubauen, ist eine der zentralen Fragen der Hirnforschung.

Wichtig scheint in diesem Zusammenhang die Erforschung der elektrischen Frequenzen zu sein, mit denen die Gehirnzellen »feuern«. Immerhin weiß man, dass Neuronen sich häufig in Gruppen gleichzeitig entladen, und zwar mit einer Frequenz von 30 bis 80 Hertz (= Schwingungen pro Sekunde). Solch ein »Feuern im Gleichtakt« findet auch zwischen Hirnzellen verschiedener Areale statt. Darin drückt sich offensichtlich deren kurzzeitige Zusammenarbeit aus. Die Aktivitäten einzelner Neuronen werden über eine gleiche Frequenz zu einem Denkvorgang zusammengesetzt.

So zeigen Testpersonen, die unter verschiedenen Schattenbildern Gesichter erkennen sollten, in ihren Hirnströmen eine starke Übereinstimmung der Frequenzen zwischen all jenen Gehirnregionen, die am Sehen beteiligt sind.

Wenn wir einen einfachen Gegenstand wahrnehmen, zum Beispiel eine Flasche, die vor uns auf dem Tisch steht, sind mehrere Gruppen von Nervenzellen in unterschiedlichen Arealen des Gehirns gleichzeitig aktiv. Das heißt: Eine Vielzahl von Neuronen lässt im Gehirn das Bild »Flasche« entstehen. Bestimmte Nervenzellen reagieren nur auf die Umrisse, andere nur auf die Farben, wieder andere nur auf geometrische Muster. Alle an der Bildherstellung beteiligten Nervenzellen feuern im gleichen Rhythmus – das Signal dafür, dass sie eine Gruppe bilden. Die Zellengruppe »Flasche« und die Gruppe »rot« und die Gruppe »eckig« lassen ihre Einzeleindrücke zu dem Gesamtbild »rote, eckige Flasche« verschmelzen, indem sie alle im gleichen Takt elektrisch aktiv werden. Unklar ist allerdings noch, wie im Gehirn ein zielgerichtetes Verhalten entsteht – also etwa der Griff zur roten, kantigen Flasche. Wie entsteht Wollen? Und wie setzt sich Wollen in eine entsprechende Tätigkeit um?

Das »Feuern« der Neuronen im Gleichtakt hatten 1988 die deutschen Hirnforscher Wolf Singer und Reinhard Eckhorn zum ersten Mal entdeckt, und zwar im Sehbereich von Katzen. Dort begannen Nervenzellen rhythmisch zu »feuern«, wenn man den Katzen einen schwarzen Balken zeigte. Inzwischen ist unter Hirnforschern allgemein anerkannt, dass das gleichartige Schwingen von Nervenzellen ein wichtiges Organisationsprinzip des Gehirns ist.

Wenn wir weiter oben behauptet haben, dass das menschliche Gehirn keine übergeordnete Schaltzentrale besitze, so ist das nicht ganz richtig. Denn hinter der Stirn befindet sich ein so genannter Frontallappen, dessen vorderster Abschnitt, der so genannte präfrontale Cortex, von den Hirnforschern als »Management-Zentrale« des Gehirns angesehen wird. Dort sind jene Gehirnfunktionen lokalisiert, die als typisch menschlich gelten, etwa die Fähigkeit, Zusammenhänge zu strukturieren, anspruchsvolle Aufgaben zu lösen und dabei schnell auf geänderte Anforderungen zu reagieren. Alle diese Anforderungen an die Intelligenz werden hinter der »Denkerstirn« erfüllt. Dort laufen besonders viele Gedankenfäden zusammen. Nicht umsonst hat also Homo sapiens eine höhere Stirn im Vergleich zu seinen nächsten Verwandten, den Menschenaffen. Deren Intelligenz ist vergleichbar mit der eines dreijährigen Kinds. Man weiß, dass der vorderste Teil des menschlichen Gehirns zuletzt ausreift. Erst nach einigen Lebensjahren ist er voll funktionsfähig. Kinder zeigen dann aber im Vergleich zu Erwachsenen erstaunliche Fähigkeiten. Bei Spielen, in denen die Merkfähigkeit, also das Kurzzeit-Gedächtnis gefragt ist, sind sie den Erwachsenen meist haushoch überlegen. Beim Memory-Spiel etwa, wo es darum geht, sich zu merken, wo ein bestimmtes Kärtchen schon mal aufgedeckt wurde, müssen Ort und Bild gespeichert werden. Diese Arbeit leisten die Neuronen des Frontalhirns. Aber es wird nicht nur die kurz zuvor gewonnene Information sofort abrufbar gehalten, sondern es werden gleichzeitig Informationen aus dem Langzeit-Gedächtnis angefordert, etwa früher erlernte Spielregeln. Werden während des Spiels neue Regeln eingeführt, kann das Gehirn auch diese sofort berücksichtigen und in richtiges Handeln umsetzen. Sinneseindrücke, die nichts mit dem Memory-Spiel zu tun haben, blendet die »Management-Zentrale« hinter der Stirn dagegen aus.

Unklar ist den Forschern vorerst jedoch noch, wie dieses Zentrum organisiert ist. Es könnte sein, dass die unterschiedlichen Aufgaben klar auf einzelne Areale im Stirnhirn verteilt sind, die ihre Informationen an eine übergeordnete Abteilung im Stirnhirn weiterleiten.

Manche Forscher halten diese Einteilung allerdings für zu schematisch. Sie meinen zwar auch, dass es eine gewisse Aufgabenverteilung zwischen unterschiedlichen Neuronen gibt, doch keine getrennten Abteilungen. Vielmehr sollte man das Stirnhirn mit einem Großraumbüro vergleichen, in dem äußerst flexible Arbeitskräfte tätig sind, die je nach Bedarf unterschiedliche Aufgaben übernehmen können. Jeder Abschnitt des Stirnhirns tut das, was gerade von ihm verlangt wird – ein Prinzip, das auch im Ameisenhaufen wirksam ist.

Das Gehirn denkt nicht nur, es fühlt auch

Um das Bild des Gehirnorgans zu vervollständigen, müssen noch die so genannten Gliazellen (von Griechisch »glia« = Leim, Kitt) erwähnt werden. Sie halten wie eine Art Leim die Milliarden Neuronen zusammen; sie haben also die Funktion von Bindegewebe. Doch das ist nicht alles. Die Gliazellen unterstützen die Arbeit der

Neuronen, indem sie am Stoffwechselgeschehen beteiligt sind: Sie entsorgen zum Beispiel abgestorbene Nervenzellen. Umgekehrt sind sie auch an der Versorgung der Nervenzellen mit Nährstoffen beteiligt. Je nach ihrer Funktion zeigen die Gliazellen unterschiedliche Formen. Doch die Forschung steht auch bei den Gliazellen erst am Anfang. Ziemlich sicher scheint allerdings, dass Gliazellen ganz allgemein die Gehirnfunktionen fördern. Je mehr Gliazellen in der Hirnrinde vorhanden sind, umso höher ist auch die Gehirnleistung.

Neueste Forschungsergebnisse weisen darauf hin, dass Gliazellen eine weitaus aktivere Rolle spielen als bislang gedacht. Es gibt erstmals Hinweise, dass es sich nicht nur um bloße »Kitt-Zellen« handelt, sondern dass sie mit den Neuronen kommunizieren. Auf bestimmte elektrische Reize durch die Nervenzellen reagieren die Gliazellen mit einem Calcium-Anstieg in ihrem Innern. Dort führt er zur Freisetzung eines Botenstoffs, der wiederum die Nervenzellen anregen könnte. Das könnte bedeuten: Ein Gehirn mit einem höheren Anteil an Gliazellen denkt womöglich angeregter.

Als man das Gehirn Albert Einsteins genauer untersuchte, fand man keinerlei Besonderheiten – bis auf eine: eine vergleichsweise hohe Zahl an Gliazellen im Verhältnis zu den Nervenzellen. Das könnte eine der Ursachen für Einsteins außergewöhnliche Geistesgaben gewesen sein. Einsteins Genie lässt sich allein damit freilich nicht erklären.

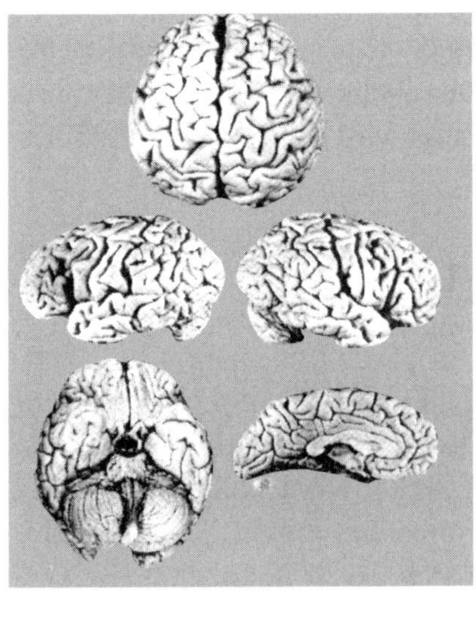

Einsteins Gehirn

Das Gehirn ist nicht nur verantwortlich für unsere Gedanken, es steuert nicht nur die gesamte Beweglichkeit unseres Körpers und ist für die Sinneswahrnehmungen zuständig – wobei ohnehin alles mit allem zusammenhängt –, sondern es ist auch zuständig für das, was wir fühlen. Gefühle wie Angst, Liebe, Trauer, Freude, Hass oder Aggression entstehen also ebenfalls im Kopf. Das mag uns verwundern, denn im allgemeinen Verständnis bringt man die Gefühle ja gerade nicht mit dem Kopf in Verbindung, sondern mit anderen Körperregionen oder Organen, vorzugsweise dem Brust- oder Bauchraum. Liebe etwa wird seit Menschengedenken mit dem Herzen in Verbindung gebracht, als würde sie dort nicht nur körperlich gefühlt, sondern als entstünde sie auch in diesem Organ.

Nein, auch die Liebe, oder besser: die Verliebtheit, ist buchstäblich ein Hirngespinst. Im Gehirn wird die Molekülmischung hergestellt, die Verliebtheitsgefühle auslöst. So hat zum Beispiel der Hirnforscher Andreas Bartels am Londoner University College mittels Positronen-Emissions-Tomografie (PET) die Gehirne von siebzehn frisch Verliebten »durchleuchtet«. Es zeigte sich, dass nur wenige Hirnareale aktiv wurden, sobald man den Testpersonen Fotos ihrer Geliebten zeigte. Es bedarf offensichtlich nur kleiner Anstrengungen des Gehirns, um große Gefühle zu erzeugen.

Es sieht ganz danach aus, dass das heftige Gefühl der Verliebtheit nur von fünf kleinen Hirnbereichen ausgelöst wird. Zwei von ihnen liegen tief in der Hirnrinde unter der Stirn. Ein weiteres ist zuständig für alle möglichen euphorischen Gefühlswallungen; es reagiert auch besonders stark auf Drogen. Das vierte »Verliebtheits-Areal« ist grundsätzlich bei allen angenehmen Gefühlszuständen aktiv; es schüttet das »Glücks-Hormon« Dopamin aus. Das fünfte Hirnareal, das bei Verliebtheit mit im Spiel ist, liegt im rechten Hirnlappen; es wirkt allerdings nur, indem es seine Aktivität fast ganz einstellt. Das leuchtet auch sofort ein, wenn man weiß, dass dieses Gebiet normalerweise für depressive Stimmungen mitverantwortlich ist.

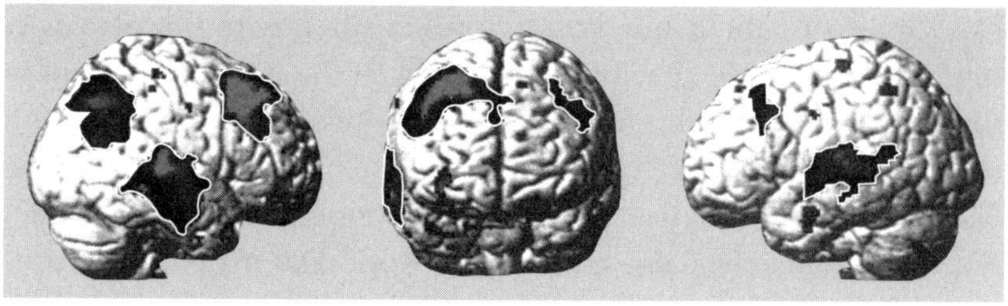

Liebe geht nicht nur durch den Magen, sondern vor allem durchs Gehirn. Obwohl der Verliebte das Gefühl hat, bloß noch den geliebten Menschen im Kopf zu haben, beschäftigt sich das Gehirn nur in fünf kleinen Arealen (dunkle Stellen) mit der Angelegenheit. Es hat Wichtigeres zu tun.

Verliebtheit beruht also hauptsächlich auf Wechselwirkungen zwischen fünf kleinen Hirnarealen. Doch erst wenn die Erregungen dieser Gebiete an den Hypothalamus weitergeleitet werden, beginnen wir die Verliebtheit auch körperlich zu spüren. Das geschieht durch Hormonausschüttung. Der Hypothalamus ist die zentrale Hormondrüse des Hirns, die andere nachgeordnete Hormondrüsen beeinflusst. Die Wirkung eines ganz bestimmten Hormon-Cocktails, der vom Hypothalamus zusammengemixt wird, *ist* dann die Verliebtheit.

Das ist natürlich eine ziemlich ernüchternde Erkenntnis, über die man sich freilich nicht erregen sollte, denn auch die Erregung wäre wiederum nur auf Hormonausschüttungen zurückzuführen. Unseren Hormonen können wir so leicht nicht entkommen. Wenn wir einem andern verliebt in die Augen schauen und wie auf Wolken schweben, dann sind nur Moleküle im Gehirn am Werk. Sie sind verantwortlich dafür, dass unser Herz schneller schlägt, der Schweiß ausbricht, die Knie zittern und wohlige Gänsehaut entsteht.

Der hormonelle Verliebtheits-Cocktail besteht in der Hauptsache aus folgenden Stoffen: dem schon erwähnten Dopamin, das unter anderem für das sexuelle Lustempfinden verantwortlich ist, dem Testosteron, das den Grad des Liebesverlangens steuert, dann dem Serotonin, das je nach Konzentration entweder hemmungslos oder schüchtern sein lässt, und schließlich noch aus Progesteron, Prolaktin und Vasopressin, die die Verliebtheit im Zaum halten, damit wir nicht irgendwann vollkommen durchdrehen. Dass der erste Liebesrausch meist der heftigste ist, dafür ist das Hormon Phenyläthylamin (PEA) zuständig. Man findet es in hoher Konzentration im Blut von frisch Verliebten. Es hemmt die Kontrollinstanzen des Gehirns, weshalb ja Verliebte oft den Eindruck größter Weltfremdheit machen und dazu neigen, verrückte Dinge zu tun. Hinzu kommt, dass PEA eine appetithemmende Wirkung hat, weshalb Verliebte wahre Hungerkünstler sind; ihnen reichen »Luft und Liebe«.

Doch Verliebtheit ist stets mit Stress und Angst verbunden, und das bedeutet, dass auch Stresshormone wie Cortisol oder Adrenalin dem Hormon-Cocktail beigegeben sind. Als wären es der Hormone nicht schon genug, kommen auch noch »Suchtmacher« hinzu, so genannte Morphine. Liebeskummer oder chronische Liebeskrankheit wären demnach nur die Folge von Morphin-Entzug. Im Gegensatz dazu gibt es auch Menschen, die sich krankhaft in einem ständigen Verliebtheitszustand befinden.

Kurzum: Ob zu viel oder zu wenig Liebesgefühl, das entscheidet sich fast ausschließlich im Gehirn. Wieso wir uns gerade in diesen Menschen verlieben und nicht in jenen, ist freilich eine andere Frage. Aber die Gründe für Verliebtheit liegen nirgendwo sonst als im Gehirn.

Denn auch für unsere Gefühle ist das Gehirn verantwortlich; es erzeugt sie, auch wenn sie anderswo gespürt werden. Organe wie Herz, Magen oder Lunge sind gewissermaßen Sprachrohre der im Gehirn erzeugten Gefühle. An diese Tatsache muss man sich erst mal gewöhnen, denn seit Jahrtausenden werden in unserer Kultur Denken und Fühlen streng voneinander getrennt: Man denkt mit dem Kopf, aber man fühlt nicht mit ihm.

Die moderne Gehirnforschung beweist, dass wir auch mit dem Kopf fühlen. Die Trennung von Körper und Seele ist falsch – davon sind zumindest viele Gehirnforscher überzeugt. Doch diese Ansicht ist noch sehr jung. Bis vor kurzem herrschte die Meinung vor, dass Gefühle und Triebe ausschließlich dem so genannten limbischen System entspringen, Verstand und Geist hingegen in der Hirnrinde zu lokalisieren sind.

Das limbische System (vgl. S. 163) gehört zu den entwicklungsgeschichtlich älteren Teilen des Gehirns; es setzt sich aus Teilen des Großhirns und des Stammhirns zusammen, stellt also keine streng abgegrenzte Region des Gehirns dar. Es liegt tief verborgen unter der Hirnrinde, fast schon im Zentrum des Gehirns.

Das limbische System kontrolliert den Hypothalamus, die hormonelle Schaltzentrale des Gehirns, und regelt so wichtige Körperfunktionen wie Blutdruck, Sexualverhalten, Körpertemperatur, Hungergefühl oder Wasserhaushalt. Es schickt Erregungen zu den Eingeweiden und zum Bewegungsapparat und beeinflusst sowohl Gefühle wie Angst oder Wut als auch Vorgänge wie Fluchtverhalten, Sexualverhalten oder Aggression. Die wichtigsten Teile des limbischen Systems sind der Hippocampus und die Amygdala (siehe Zeichnung S. 163). Ersterer ist wichtig für das Speichern von Erinnerungen, also für das Langzeit-Gedächtnis. Das wird aber auch von der Amygdala aktiviert, nämlich dann, wenn Gefühle im Spiel sind, also emotionale, ins Unterbewusstsein abgesunkene Erinnerungen abgerufen werden sollen. Werden zum Beispiel angstvolle Erinnerungen aus der Kindheit hervorgeholt, zeigt die Amygdala eine besonders große Aktivität.

In der Amygdala laufen auch die mit Angst verbundenen Sinneseindrücke von Auge, Ohr und Nase zusammen und werden innerhalb von 12 Millisekunden an andere Hirnareale weitergeleitet, die die Ausschüttung von Stress- oder anderen Hormonen veranlassen.

Dagegen ist die Hirnrinde mit ihren vernünftigen Erklärungen nur etwa halb so schnell (25 Millisekunden). Das emotionale Unbewusste funktioniert schneller als das bewusste logische Denken. Das ist auch gut so, denn die Amygdala ist auch zuständig für Gefahrenmeldungen. Wenn ich zum Beispiel auf einem Spaziergang plötzlich vor einem Stock zurückschrecke, weil ich ihn für eine Schlange halte, so ist für diese schnelle Schockreaktion die Amygdala verantwortlich. Wenn ich 13 Millisekunden später begreife, dass die Schlange nur ein Stock ist, ist dafür die Hirnrinde verantwortlich. Es war ein falscher Alarm, aber der ist besser, als auf eine wirkliche Schlange nicht reagiert zu haben. Die Abwehr von Gefahren ist wichtiger als das Analysieren von Gefahren; also arbeitet die Amygdala schneller als der Cortex.

Im Vergleich zum Hippocampus reift die Amygdala schneller. Denn auch das kleine Kind muss ja vor möglichen gefährlichen Situationen gewarnt werden, um so wenigstens einen Teil der Gefahren abzuwenden, indem es zum Beispiel durch Schreien auf sich aufmerksam macht. Der Hippocampus, der für das Langzeit-Gedächtnis zuständig ist, reift langsamer – und darin liegt auch der

Grund, wieso wir in den ersten zwei Lebensjahren sehr viel erleben und lernen, aber uns später daran kaum noch erinnern können.

Auch die Gefühle beruhen also auf elektro-chemischen Vorgängen im Gehirn, nicht anders, als wenn wir sprechen oder lesen. Dennoch wäre es falsch, das limbische System als *das eine* Gefühlszentrum des Gehirns zu bezeichnen. Es trägt sehr viel zur Gefühlsentstehung und Gefühlsverarbeitung bei, ist aber nicht die einzige Region des Gehirns, die mit unseren Gefühlen zu tun hat. Denn wie jeder weiß: Unsere Gefühle sind nicht vollständig vom Denken abgetrennt. Denken und Fühlen sind eng miteinander verknüpft. Auch die Hirnrinde nimmt pausenlos Einfluss auf unsere Gefühle. Das kann man am Beispiel des Angstgefühls sehr gut verdeutlichen: Angst löst, zumal in Notfallsituationen, eine Stressreaktion aus. Ursache dafür sind Stresshormone wie Adrenalin, die von bestimmten Regionen des Gehirns freigesetzt werden. Die Stresssituation versetzt den ganzen Organismus in eine erhöhte Alarmbereitschaft; letzte geistige und körperliche Kraftreserven werden mobilisiert. Die vom Gehirn ausgeschütteten Stresshormone lassen das Herz schneller schlagen und erweitern die Bronchien, weil der Sauerstoffverbrauch – auch im Gehirn – zunimmt. Die Gesichtshaut wird bleich, die Kiefermuskeln verkrampfen, die Pupillen weiten sich, Harndrang und Schweißausbrüche setzen ein, die Kehle ist wie zugeschnürt. Gleichzeitig sucht der Verstand fieberhaft nach Auswegen aus der bedrohlichen Situation. Bewährte Verhaltensmuster werden im Schnellgang durchgecheckt. Doch das Denken sucht auch auf Schleichwegen nach neuen Lösungen – bis endlich die rettende Idee gefunden ist.

Fühlen und Denken bilden also eine Aktionseinheit. So bleibt der Stress kontrollierbar. Oft gelingt dieses Zusammenspiel aber auch nicht: Der Mensch reagiert panisch, gerät außer sich und damit meist immer tiefer in die Gefahr.

Wird Angst zu einem Dauerzustand, weil das Denken nicht in der Lage ist, Lösungen zu finden, so entsteht eine echte Krankheit. Jüngste neurobiologische Untersuchungen haben gezeigt, dass Dauerstress Nervenverbindungen im Gehirn trennen und Gehirnzellen zerstören kann, was wiederum zu Depressionen führen kann. Werden hingegen Stresssituationen wiederholt gemeistert, kann das zu Sicherheit, Selbstvertrauen, Neugier und Lebensfreude führen.

Körper und Geist sind nicht voneinander zu trennen

Ein feines Regelsystem aus Genen, Neuronen, Botenstoffen und Umwelteinflüssen steuert unsere Gefühle und unser Verhalten. Bei allen körperlichen und geistig-seelischen Aktivitäten ist das Gehirn mit einbezogen. Selbst unser Immunsystem – die Anstrengungen des Organismus zur Abwehr und Bekämpfung von Krankheitserregern – wird über das Gehirn gesteuert. Dabei führen Nervenzellen, Zellen des Immunsystems und Hautzellen mit Hilfe vielfältiger Kommunikations-Moleküle ein unablässiges intensives »Gespräch« untereinander, das von der Wissenschaft noch kaum verstanden wird. Körper und Geist, Körper und Seele bilden auf allen Ebenen bis hinab zu den Zellen und Molekülen eine unendliche Vielfalt von Wechselwirkungen.

Eines tritt jedenfalls immer deutlicher als Grunderkenntnis der Hirnforschung zutage: Die Seele ist nicht etwas, das auf mysteriösem Weg zum Körper hinzutritt, sondern sie wächst gewissermaßen mit dem entstehenden Organismus heran in dem Maß, wie sich das zentrale Nervensystem ausbildet. Und wo es erlöscht, gehen auch Geist und Seele mit unter. Würde man einen Menschen aller Funktionen seiner Gehirnrinde berauben, so bliebe von seiner Seele, von seinem Ich nicht mehr viel übrig. Das sagt freilich noch gar nichts darüber aus, wie die Großhirnrinde Seele hervorbringt. Ebenso wenig sagt es darüber aus, wie das Ich sich in Wechselwirkung mit dem sozialen Umfeld als eigenständiges und einmaliges Ich herausbildet. Womöglich beginnt das »Seelische« überhaupt schon viel früher: dort, wo Leben entsteht, und sei es nur das Leben eines Einzellers. Demnach gäbe es eine »Einzeller-Seele«, eine »Pflanzen-Seele«, eine »Tier- Seele« – und eine Menschen-Seele, bei der sich die Anführungszeichen erübrigen, weil wir uns ihrer ganz sicher sind. Wo Leben ist, sind auch Seele und Geist. Je komplexer die Lebensform, umso komplexer sind Seele und Geist.

Zu vermuten ist, dass die moderne Hirnforschung niemals wird vollständig erklären können, wie das Gehirn Seele und Geist, also Bewusstsein hervorbringt. Damit kann sie auch die Überlegungen von Religion, Philosophie und Psychologie zum Thema »Seele« nicht ersetzen – aber gewiss nachhaltig verändern. Religion, Philosophie, Psychologie und alle andern Geisteswissenschaften sind wahrscheinlich gut beraten, die Beiträge der modernen Hirnforschung zur Frage der menschlichen Seele und der menschlichen Kultur nicht als sturen Biologismus abzutun und zu ignorieren.

Die moderne Gehirnforschung, sosehr sie noch in den Kinderschuhen steckt, erschüttert bereits nachhaltig vertraute Vorstellungen und Begriffe, mit denen Philosophie und Anthropologie seit zweieinhalbtausend Jahren arbeiten – ohne die Grundfragen der menschlichen Existenz zufriedenstellend beantwortet zu haben. Etwa die Fragen: Was ist Bewusstsein? Was ist das Ich? Was geschieht nach dem Tod? Was ist der Sinn des Lebens? Inzwischen kann man diese Fragen nicht mehr ernsthaft diskutieren, ohne die Erkenntnisse der modernen Gehirnforschung zu berücksichtigen. Dabei stellt sich immer deutlicher heraus, dass das, was wir Ich oder Persönlichkeit nennen, im Grunde nur Vorspiegelungen des Gehirns sind, Illusionen im wahrsten Sinn des Worts: eingebildete Wirklichkeiten, Wunschbilder, Selbsttäuschungen.

Diese Ansicht ist nicht neu. Neu ist jedoch, dass die Wissenschaft sich anschickt, das Gehirn als Illusionsfabrik zu verstehen und die Arbeitsweise und die Tricks dieser genialen »Maschine« zu durchschauen.

Ein altbekanntes Phänomen ist zum Beispiel der so genannte Phantomschmerz: Amputierte Gliedmaßen werden weiterhin schmerzhaft gefühlt. Der Grund ist folgender: Das Gehirn erhält keine Signale mehr vom fehlenden Arm oder Bein. Dennoch lässt das fehlende Glied das Gehirn nicht ungerührt; es registriert, dass da etwas fehlt, und reagiert darauf mit Schmerzempfindungen. Mit einem einfachen Trick gelang es dem indischen Hirnforscher Vilayanur Ramachandran, Patienten von ihren Phantomschmerzen zu befreien: »Wir lösen das Dilemma«, sagt Ramachandran, »indem wir sie in eine Holzkiste mit einem Spiegel setzen. Wenn der linke Arm amputiert ist, steht der Spiegel so, dass er auf der linken Körperseite den rechten Arm zeigt. Das verleitet das Gehirn zu glauben, der amputierte Körperteil sei wieder da und alles sei in Ordnung. Damit fehlt der Auslöser für den Schmerz. Erstaunlicherweise genügt diese

Illusion, die Schmerzempfindung für immer zu löschen.« Man könnte sagen, dass man mit dem heilt, was das Gehirn selbst produziert: Illusionen, Spiegelungen.

Auf vielfältige, verborgene Weise gaukelt uns das Gehirn Wirklichkeiten vor, die objektiv gar nicht vorhanden sind, sei es, dass Liebende tatsächlich das Gefühl haben, mit dem Partner körperlich zu verschmelzen, oder Eltern die körperlichen Schmerzen ihrer Kinder als eigene erfahren, und zwar nicht nur im übertragenen Sinn, sondern wirklich als körperliche Schmerzen.

Die Täuschungen betreffen aber nicht nur die Körperempfindungen, sondern viel mehr noch die Art und Weise, wie wir uns als Person sehen. Was wir für unser Selbst halten, ist weitgehend Selbsttäuschung. Tatsache ist zum Beispiel, dass der Mensch chronisch optimistisch ist und sich selber für großartig hält, wo er nur durchschnittlich ist. Neunzig Prozent der Menschen in unserem Kulturkreis halten sich für überdurchschnittlich intelligent. Für diese allgemeine Selbstüberschätzung ist das Gehirn verantwortlich, genauer: die linke Gehirnhälfte, in der es ein Areal für Selbstschmeichelei gibt. Man hat festgestellt, dass leicht depressive Menschen meist wesentlich realistischer sind, was ihre Selbstbeurteilung betrifft.

Die Gehirnforschung zeigt immer deutlicher, dass die vertraute und irgendwie auch beruhigende Vorstellung eines einheitlichen und objektiven Ich pures Wunschdenken ist, und zwar eines, das sich vor allem in der westlichen Kultur durchgesetzt hat und im östlichen Denken so gar nicht vorkommt. Das beweist schon, dass das Ich keine allgemeine Gegebenheit des menschlichen Bewusstseins ist, sondern eine kulturelle Erfindung. Dazu meint Ramachandran: »Dass wir als einheitliche Person Dinge tun oder lassen, ist eine sinnvolle Hypothese. Aber im Gehirn gibt es kaum Anhaltspunkte dafür, dass sie stimmt. Schon das Bild, das wir von unserem Körper haben, ist instabil. (...) Was uns antreibt, ist kein Ich – sondern ein ziemlich wildes Sammelsurium von Vorgängen unter der Schädeldecke.«

Das Ich ist eine ziemlich flüchtige, wechselhafte und stets gefährdete Konstruktion des Gehirns. Kein Wunder, dass die östlichen Weisheitslehren stets bestrebt waren, das Ich als störenden Ballast abzuwerfen, um zum Eigentlichen durchzudringen: zur ewig gültigen einen Wahrheit hinter der vergänglichen Ich-Illusion. Das Abschütteln des Ich, das freilich eine schwierige und mühselige Aufgabe ist, wird Erleuchtung genannt. Ob diese dann auch wieder eine Illusion des Gehirns ist, sei dahingestellt.

Immerhin haben die Forschungen Ramachandrans ergeben, dass Religiosität, also der Glaube an Übernatürliches, in unsere Hirne einprogrammiert zu sein scheint. Vereinfacht ausgedrückt: Religiosität sitzt in den Schläfenlappen, einem Areal der Hirnrinde, das hinter den Ohren liegt. Versuche zeigten, dass völlig normale Menschen, deren Schläfenlappen elektrisch stimuliert wurden, das Gefühl hatten, direkt mit Gott in Zwiesprache zu treten, also mystische Erfahrungen zu machen, die sie bis dahin nicht kannten. Die Reizung der Stirnlappen erzeugt im Kopf Metaphysik, könnte man sagen. Offensichtlich hat die menschliche Evolution im Gehirn spezielle Schaltungen angelegt, die fürs Religiöse zuständig sind. Damit ließe sich auch erklären, wieso alle Völker zu allen Zeiten Religionen hatten. Freilich könnte man auch sagen, dass sie religiös waren, weil sie Angst hatten. Nur, Angst entsteht auch im Gehirn. Auch Gott, so könnte man zugespitzt sagen, ist ein Produkt der Illusionsfabrik unter der Schädeldecke, ein Hirngespinst im wahrsten Sinn des Worts, das nach östlichem Verständnis genauso aufzugeben wäre wie das Ich und alle anderen Illusionen und Selbsttäuschungen.

Dass das Gehirn eine Illusionsmaschine ist, beweist dieser gezeichnete Würfel, der so genannte Necker-Würfel. Obwohl nur ein Würfel auf dem Papier ist, vermag das Gehirn darin nach Belieben einen nach oben links oder nach unten rechts zeigenden Würfel zu sehen. Das Bild auf der Augen-Netzhaut ist stets das gleiche, die Wahrnehmung durch das Gehirn kann sich jedoch verändern. Wir sehen zwar mit den Augen, doch die Wahrnehmung geschieht im Gehirn.

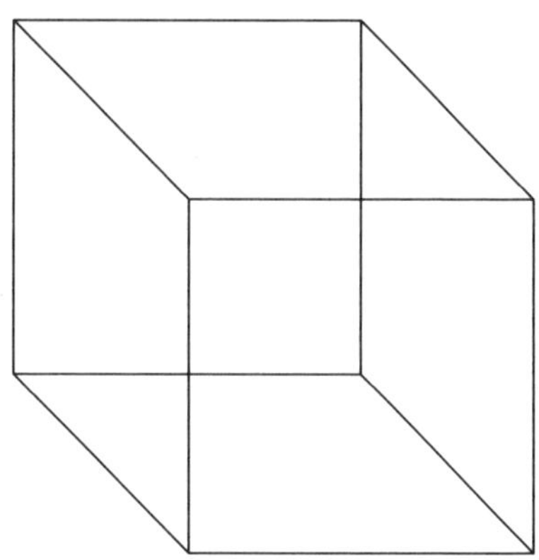

Bei diesem Bild tut das Gehirn so, als stellte die eine Hälfte der schattierten Scheiben Erhöhungen dar (die, die oben hell sind) und die andere Hälfte Vertiefungen (die, die oben dunkel sind). Der Grund liegt darin, dass das Gehirn zu Recht davon ausgeht, dass die Sonne immer von oben scheint. Also müssen Erhöhungen oben hell, Vertiefungen dagegen unten hell sein.

Die moderne Biologie definiert Geist und Bewusstsein als Funktionen des Gehirns. Gedanken und Gefühle stünden demnach in einem ähnlichen Verhältnis zum Gehirn wie etwa der Urin zu den Nieren. Das ist zweifellos eine nüchterne und in ihrer Nüchternheit deprimierende Feststellung: Unser Gehirn »scheidet« Gedanken und Gefühle aus. Und wenn bestimmte Funktionen des Gehirns gestört sind, ist auch die »Gedanken- und Gefühlsausscheidung« gestört. Irgendetwas sträubt sich in uns gegen diese mechanistische Sichtweise. Was sich da sträubt? Nun, der Geist und die Seele, was sonst!

Wenn der menschliche Geist im Gehirn entsteht und dieses auf seiner fundamentalsten Ebene aus Nervenzellen besteht, dann wäre es eigentlich nur konsequent, in den Nervenzellen nach dem Ursprung des menschlichen Geists zu suchen. Da aber jede Nervenzelle, vereinfacht ausgedrückt, über elektrische Impulse aktiv ist, könnte man sagen, dass der menschliche Geist seine Ursache in elektromagnetischen Impulsen hat – ein kompliziertes System aus feinsten elektrischen Schwingungen, ein elektrisches Wellensystem. Das Elektron als Elementarteilchen des Geists. Damit ist das Rätsel des Bewusstseins leider auch nicht gelöst.

Wir haben es längst gemerkt: Das Bewusstsein ist ein äußerst vertracktes »Ding«; es stellt ein richtiges Ärgernis für die moderne Wissenschaft dar. Jeder von uns besitzt es, doch keiner vermag zu sagen, was es ist; es sträubt sich gegen eine klare Definition. Es gibt sogar Philosophen, die ernsthaft behaupten, dass es Bewusstsein gar nicht gibt; es sei pure Illusion, ein von der Sprache erzeugtes Phantom, weder zu fassen noch zu messen und auch nicht zu beschreiben. Philosophen mögen sich mit solch einer Aussage zufrieden geben, Naturwissenschaftler nicht.

Auch wenn die moderne Neurowissenschaft vorerst das Rätsel des Bewusstseins nicht lösen kann, so meint sie dennoch eines mit Sicherheit sagen zu können: Es gibt keinen von der Materie unabhängigen Geist. Damit gibt es auch keine wie immer geartete geistige Fortdauer nach dem Tod. Man wird nur schwer einen Biologen finden, der diese Ansicht nicht teilt.

Erstaunlicherweise werden aber aus dem Lager der Atom- und Quantenphysiker Zweifel an dieser materialistischen Sicht der Biologen angemeldet. Das ist umso erstaunlicher, als Physiker von jeher zu den Obermaterialisten zählen. Dagegen forderten die Biologen früherer Zeit für den Geist des Menschen eine herausragende, von der Materie weitgehend unabhängige Rolle. Angesichts des Erkenntnistaumels, den die Physiker in ihren Kernforschungszentren erleben, haben sie sich aber immer weiter von rein materialistischen Modellen der Natur entfernt. Wo die Materie in extreme Zustände versetzt wird, löst sie sich ins Immaterielle, rein Energetische, man könnte auch sagen: Geistige, auf. Hinter den Elementarteilchen erscheinen nur noch Ideen, nämlich Ideen von immateriellen Feldern und Dimensionen, die mit unseren alltäglichen Vorstellungen von Raum und Zeit nichts mehr zu tun haben. Jenseits der zertrümmerten Materie taucht nichts anderes als Geist auf, reine Idee, reine abstrakte Form, pure Energie, die nur mehr mathematisch erfassbar ist.

Wenn man Materie immer weiter zerkleinert, bleibt am Ende nichts mehr übrig, was an Materie erinnert, nichts Stoffliches. So absurd es klingt: Materie ist nicht aus Materie aufgebaut.

Biologen, aber auch Mediziner ignorieren diese verwirrenden Erkenntnisse der Physiker weitgehend. Sie starren wie gebannt auf die Gene, Proteine, Botenstoffe, Neuronen etc., so wie früher die Kernphysiker auf Protonen, Neutronen und Elektronen starrten, freilich ohne sie jemals direkt zu Gesicht zu bekommen. Ob die Basenpaare in der DNS der biologischen Weisheit letzter Schluss sind, bleibt abzuwarten. Vieles spricht dafür, dass die Genetiker und Hirnforscher die Fragen und Theorien der modernen Physik nicht außer Acht lassen sollten. Denn eines müsste schon heute jeder Molekularbiologe bei seinen Vorstößen ins Zellinnere und jeder Neurologe bei seinen Einblicken in die Gehirnzellen ahnen: dass er dabei in Bereiche vordringt, in denen andere Regeln und Gesetze herrschen als in der altvertrauten Biologie. Auf der Ebene der Körperzellen und auch im Innern der Zelle selbst ist ein unentwirrbares Verständigungssystem am Werk, aufgebaut von Kommunikations-Molekülen aller Art – eine Art körpereigenes Internet, das pausenlos aktiv ist. Die Zentrale dieses Systems ist das Gehirn. Die Biologen neigen im Augenblick leider dazu, bei den Zellen und Molekülen Halt zu machen. Doch die Wechselwirkungen zwischen Körper und Geist könnten nach Ansicht einiger Physiker bis in die Mikrowelt der Atome hineinreichen. Dort aber herrschen, wie gesagt, andere Gesetze, nämlich die der Quantenphysik. Die zeichnen sich dadurch aus, dass sie uneindeutig sind. So haben Elementarteilchen, also etwa die Elektronen oder Photonen, sowohl Eigenschaften von Wellen als auch von Teilchen. Das aber dürfte es nach der klassischen Physik gar nicht geben; die Physik fordert ein eindeutiges Entweder-oder. Ob sich ein untersuchtes »Objekt« der atomaren Welt als Teilchen oder Welle zeigt, hängt stets von der Art des Experiments ab, das der Forscher gerade ausführt.

Die Erkenntnis dieses Doppelwesens der elementaren Objekte hat nicht nur das Weltbild der Physik revolutioniert, sondern die Welt grundsätzlich verändert. Ohne diese Erkenntnis gäbe es zum Beispiel keine Computer oder Kernspin-Tomografen und ohne diese Geräte gäbe es keine moderne Gen- oder Hirnforschung.

Weil aber auch alles Leben auf Atomen basiert, ist davon auszugehen, dass es tief gehende Zusammenhänge zwischen der Quantenwelt und den Prozessen des Lebens gibt. Die Biologen und auch die Mediziner würden ihre streng materialistische Sicht womöglich rasch in Frage stellen, wenn sie die Erkenntnisse der Quantenphysik in ihre Forschung mit einbezögen. Quantenphysik und Molekularbiologie könnten sich womöglich auf wundersame Weise ergänzen und das uralte Körper-Geist-Problem in einem ganz neuen Licht erscheinen lassen: dass nämlich schon Geist vorhanden ist, noch ehe eine erste Nervenzelle zu »feuern« beginnt.

Freilich wäre das überhaupt keine neue Sicht, denn die Religionen haben das schon immer so gesehen. Neu wäre nur, dass die Naturwissenschaft diese religiöse Erkenntnis bestätigte.

Dass es bereits auf der untersten elementaren Ebene der Quanten eine Art von Geist oder Verstand geben könnte, zeigt sich zum Beispiel im Prozess des radioaktiven Zerfalls, etwa beim Element Uran. Dort treffen einzelne Uranatome die selbstständige »Entscheidung«, wann sie zerfallen »wollen«, ob im nächsten Augenblick oder doch lieber erst in einer Milliarde Jahren. Es scheint so, als hätten sie hier vollkommen freie Wahl, als wäre Verstand auch auf der Ebene einzelner Atome am Werk – eine Art Quanten-Verstand.

Der Mathematiker und theoretische Physiker Freeman J. Dyson hat gemeint: »Mir scheint es vernünftig anzunehmen, dass Verstand im Universum auf allen drei Ebenen eingebaut ist, auf der untersten der Quantenmechanik, auf der mittleren des Lebens und auf der obersten Ebene des gesamten Universums, die Gott ist.« Das nennt man Pantheismus: Gott als universeller Geist ist in allem, vom Kleinsten bis zum Größten.

Der deutsche Physiker Hans-Peter Dürr hat den Vorschlag gemacht, die riesigen Kettenmoleküle der DNS oder der Proteine mit ihren hunderttausenden von Elektronen als »Gesamtelektronenwolke« aufzufassen. Berechnungen weisen nämlich darauf hin, dass solche Moleküle schwingen und – einem Laser ähnlich – Strahlung abgeben. Diese Strahlung ist allerdings so gering, dass sie mit den vorhandenen Messgeräten nicht direkt nachzuweisen ist. Dennoch könnten Organismen empfindlich genug sein, solche feinen Schwingungen wahrzunehmen. Damit wäre aber eine erste Brücke zwischen Quanten- und Lebensprozessen geschlagen. Vielleicht könnte man sich auf diesem Weg dem Phänomen »Bewusstsein« aus einer ganz anderen Richtung nähern, gewissermaßen von jenseits der Biomoleküle.

Bislang wird immer noch so getan, als wären Geist und Bewusstsein keine »Gegenstände« der Naturwissenschaften, sondern ausschließlich der Geisteswissenschaften. Vieles spricht dafür, dass wir in ein neues Zeitalter des Wissens eintreten, wo eine Unterscheidung von Geistes- und Naturwissenschaft hinfällig wird. Man weiß inzwischen, dass für die Gehirntätigkeit die Steuerung der Synapsen, also der Kontaktstellen zwischen den Nervenzellen, eine zentrale Rolle spielt. Für das rhythmische »Feuern« der Synapsen lässt sich möglicherweise ein mathematisches Modell erarbeiten, mit dem die Gehirnaktivität auf der Ebene der Elektronen beschrieben werden kann. Die Elektronen wären gewissermaßen die Elementarteilchen oder Elementarwellen des Bewusstseins. Geist als hoch kompliziertes System elektrischer Schwingungen, das die Ausschüttung von Botenstoffen in den Synapsen steuert.

Gewiss, das sind noch äußerst vage Theorien. Doch so viel zeichnet sich schon jetzt ab: Auf der Ebene der Elementarteilchen »arbeitet« ein Gehirn nicht grundsätzlich anders als ein Computer, genauer, ein Quanten-Computer. Seine »Chips« bestehen aus einzelnen Molekülen und sind damit etwa 100 000-mal kleiner als die Chips der aktuellen Computergeneration. Damit sind sie auch 100 000-mal leistungsfähiger als normale Computer.

Vom Computerhirn zum Hirncomputer

Aus diesen Überlegungen entsteht ein Problem, das an den Grundfesten unseres menschlichen Selbstverständnisses rührt: Wenn das menschliche Bewusstsein im Prinzip nichts anderes als das Produkt feinster elektrischer Ströme zwischen Milliarden Neuronen ist, dann wäre es nichts anderes als das Arbeitsergebnis eines hoch komplexen Computers. Daran änderte auch die Tatsache nichts, dass das menschliche Gehirn nicht nur eine elektrische, sondern zudem noch eine feinstoffliche chemische »Maschine« ist. Denn auch neuro-chemische Vorgänge im menschlichen Gehirn werden wahrscheinlich irgendwann im Labor nachzustellen sein, sobald man sie grundlegend verstanden hat. Vorerst begründet sich der Unterschied zwischen Gehirn und Computer vor allem darin, dass die künstliche Intelligenz auf Siliciumbasis funktioniert, das Gehirn hingegen auf Kohlenstoffbasis. Die Unterschiede zwischen Silicium und Kohlenstoff sind jedoch nicht allzu groß.

Aus diesen Überlegungen folgt, dass das, was wir als grundlegend menschlich bezeichnen, nämlich das Bewusstsein, nichts Besonderes mehr wäre. Denkbar wäre in einer gar nicht so fernen Zukunft ein künstliches Wesen – eine Art Übermensch – mit einem künstlichen Gehirn, das von sich behaupten würde, menschlich zu sein. Hätte man irgendein Argument, mit dem man ihm überzeugend widersprechen könnte? Wohl kaum.

Seit man dem menschlichen Gehirn wenigstens oberflächlich bei der Arbeit zusehen kann und man für die Auswertung der Daten Hochleistungscomputer einsetzt, ist auch der Gedanke nicht mehr abwegig, das menschliche Gehirn selbst als eine Art Super-Hochleistungscomputer zu betrachten, der freilich nicht nur denkt, sondern auch noch fühlt.

Computerwissenschaftler denken sich Experimente aus, über die das Bewusstsein mit Hilfe von Rechenmodellen vielleicht in den Griff zu bekommen ist. Gleichzeitig versuchen sie, einige der großartigsten Leistungen des Bewusstseins, etwa Wahrnehmung, Gedächtnis, Lösen von Problemen oder Fantasie im Computer nachzuahmen, zu digitalisieren, wenn man so will. In vielen Instituten arbeiten Gehirnforscher eng mit Informatikern zusammen, um so dem Rätsel »Bewusstsein« forschend auf die Spur zu kommen.

Ihnen zur Seite tritt zunehmend ein Forschungszweig, in welchem versucht wird, Computer und Gehirn direkt miteinander zu vernetzen. Das klingt wie Science-Fiction, ist aber inzwischen nüchterner Forscheralltag. Versucht wird die Kopplung von Nervenzellen und Digitaltechnik, in der Sprache der Wissenschaft »Interface« genannt. Konkret: Versucht wird die Verknüpfung von Silicium-Bauteilen, aus denen die Computerchips gemacht sind, und Nervenzellen, die auf Kohlenstoff basieren. Silicium und Kohlenstoff sind, wie wir schon wissen, in ihren chemischen Eigenschaften einander sehr ähnlich, was für eine Verknüpfung die beste Voraussetzung ist. So versuchen die Forscher beispielsweise elektrische Nervenimpulse mit feinen Elektroden anzuzapfen. Gleichzeitig hat man herausgefunden, dass Nervenzellen gut auf porösem Silicium gedeihen.

Schon 1999 versuchten amerikanische Forscher an der Universität von Georgia aus dieser Erkenntnis einen »lebenden Computer« zu entwickeln. Es gelang ihnen, lebende Nervenzellen von Blutegeln mit elektronischen Bauteilen aus Silicium zu verbinden und so mit einem herkömmlichen Computer zu verschalten. Die zusammengeschalteten biologischen Elemente waren in der Lage, einfache Rechenaufgaben zu lösen.

Damit waren die Voraussetzungen für die Konstruktion komplexer biologischer Schaltkreise geschaffen. Denkbar wäre in naher Zukunft ein Computer aus biologischem Material, der sich nicht nur wie ein Blutegel-Gehirn, sondern wie ein menschliches Gehirn verhält. Man müsste nur statt Blutegel-Neuronen Menschen-Neuronen verwenden, um daraus »Neuro-Chips« zu bauen.

Die Grenzen zwischen belebter und unbelebter Materie verschwinden zusehends. Diese Abbildung zeigt eine Nervenzelle, die auf einem Computerchip aus Silicium wächst – eine Voraussetzung dafür, Gehirne mit Computern direkt zu vernetzen.

Silicium hat ideale Eigenschaften, um mit Nervenzellen verbunden zu werden: Millionstel Millimeter große Poren bewirken im Silicium so genannte optoelektronische Effekte, das heißt ein Leuchten, wo immer feinste elektrische Ströme fließen. Damit ist es technisch möglich, elektrische Nervenimpulse in Lichtsignale umzuwandeln. Umgekehrt könnte das poröse Silicium auch als Lichtsensor für künstliche Augen dienen, als »Netzhaut« für Roboteraugen.

Die Verknüpfung menschlicher Nervensysteme mit Computersystemen wird auch auf medizinischem Gebiet vorangetrieben. Gelähmten Menschen, die beispielsweise nach einem Schlaganfall das Sprachvermögen eingebüßt haben, wird auf diesem Weg ermöglicht, allein mit der Kraft ihrer Gedanken, also ihrer Gehirnströme, einen Computer zu steuern und sich so mit der Umwelt zu verständigen. Den Kontakt ermöglichen winzige Elektroden, die man dort ins Gehirn einpflanzt, wo bei gesunden Menschen Bewegungen aufeinander abgestimmt werden. Die Elektroden sitzen in zwei Glaskegeln, die nicht größer sind als die Spitze eines Kugelschreibers. Diese Kegel werden vor der Einpflanzung ins Gehirn mit Substanzen aus dem Knie versehen; die fördern das Wachstum von Nervenzellen. In der Hirnrinde wachsen dann innerhalb weniger Monate Neuronen in die Glaskegel und umschlingen die dort angebrachten Elektroden. Die Elektroden können die elektrischen Signale der Nerven an eine Antenne weiterleiten, die am Kopf des Patienten sitzt. Von dort gehen die Signale an einen Computer weiter, den der Patient bei sich trägt. Auf dem Computerbildschirm erscheinen die Gedanken als Bewegungen eines Zeigers. Der zeigt auf verschiedene Symbole mit Bedeutungen wie »Ich bin durstig« oder »War nett, mit dir zu reden«. Das Gehirn des Patienten ist gewissermaßen zur Computermaus geworden. Aber das sei erst der Anfang, meinen die Wissenschaftler. Durch dieses Verfahren, so hoffen sie, könne man dem Patienten mit der Zeit das Briefeschreiben per Internet beibringen.

Die direkte Verknüpfung von menschlichem Gehirn und Maschine wird aber auch ohne medizinische Zielsetzungen verfolgt. Mensch und Maschine sollen irgendwann eine unlösbare Einheit bilden. Oder anders: Die Maschine soll menschlich werden. Noch gibt es eine klare Trennung: Hier bin ich, der Mensch, und dort, mir gegenüber, steht der Computer, den ich über Tastatur und Computermaus bediene. Diese exakte Schnittstelle wird mehr und mehr verschwinden.

Computer oder andere elektronische Maschinen werden sich durch bloße Gedanken steuern lassen. Vorläufig gelingt das erst ansatzweise mit Tieren, genauer: mit einem winzigen Tier, das Meeresneunauge heißt. Das ist ein primitiver, aalartiger Fisch. Seine

Hirnzellen eignen sich wegen ihrer Größe sehr gut für solche Experimente. Eine Forschergruppe um den Italiener Ferdinando Mussa-Ivaldi an der Northwestern University von Chicago schlossen das einfach gebaute Gehirn dieses Fischs an einen kleinen Roboter an, der wie ein runder Keks auf zwei Rädern aussieht und mit zwei Lichtsensoren ausgestattet ist. Das Gehirn des Neunauges ermöglicht es dem Roboter, Lichtquellen am Rand eines 50 Zentimeter weiten Feldes aufzuspüren und anzusteuern. Das Gehirn war einem jungen Meeresneunauge entnommen und in einer Nährlösung am Leben gehalten worden. Es wurde mit zwei Elektroden gezielt angezapft, und zwar dort, wo der Gleichgewichtssinn sitzt, mit dem das Tier beim Schwimmen seine Körperhaltung kontrolliert.

Die von diesem Gehirnareal ausgesandten elektrischen Signale werden ausgewertet und zu den so genannten Müller-Zellen weitergeleitet. Die steuern dann die Körperbewegungen des Tiers. Es werden also Gleichgewichts-Informationen direkt in Körperaktivitäten übersetzt. Mit zwei weiteren Elektroden, die in den Müller-Zellen des Fischgehirns stecken, können die Impulse auf den kleinen Roboter übertragen werden.

Umgekehrt können über die beiden Elektroden die Informationen der Lichtsensoren des Roboters als kurze Stromimpulse in die Gleichgewichts-Neuronen eingespeist werden. Das funktioniert freilich nur, weil zwischen Hirn-Elektroden und Roboter ein Computer als »Interface« geschaltet ist. Es übersetzt die Daten der Lichtsensoren am Roboter in eine für die Neuronen verständliche Sprache. Je nach Helligkeit des Lichts, das auf die Sensoren trifft, »feuert« das »Interface« zwischen 1 und 25 Stromimpulse pro Sekunde. Umgekehrt berechnet das »Interface« aus den Impulsen, die von den Müller-Zellen »abgefeuert« werden, die Steuersignale für die Räder des Roboters.

Die Versuche wurden mit neun verschiedenen Testhirnen gemacht. Dabei zeigte sich, dass die verschiedenen Gehirne den Kleinroboter ganz unterschiedlich steuerten – ein Zeichen dafür, dass man es hier mit wirklicher Denkarbeit zu tun hat, die von den individuellen Eigenheiten der Fischgehirne abhängt. Bei einigen Gehirnen zog es den Roboter zu den Lichtquellen, andere ließen ihn geradezu lichtscheu reagieren, wieder andere konnten sich nicht für oder gegen das Licht entscheiden und zogen deshalb Kreise oder rotierten auf der Stelle. Das hat damit zu tun, dass die Gehirne von Meeresneunaugen eben nicht alle gleich aufgebaut sind. Kreuzen sich die Nervenbahnen der beiden Gehirnhälften, zieht es den Roboter zum Licht, laufen die Nervenbahnen parallel, wendet er sich vom Licht ab.

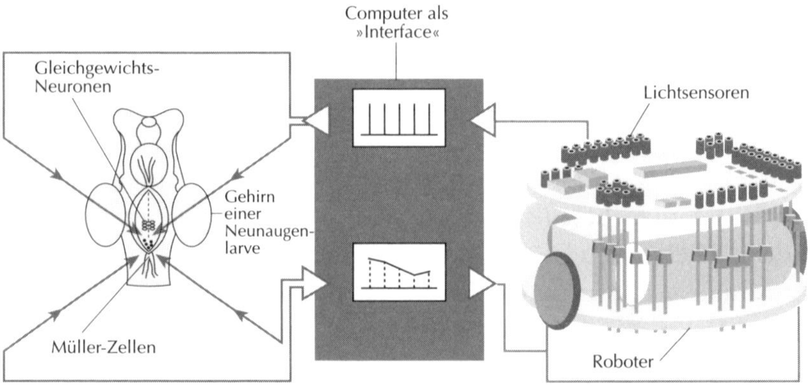

Schematische Darstellung des Neunaugen-Versuchs.
Sensoren am Roboter (rechts) nehmen Lichtsignale auf. Diese werden an den Computer (Mitte) weitergeleitet. Der Computer bildet das so genannte »Interface« und übersetzt die Sensor-Daten in eine für das Gehirn des Neunauges (links) verständliche Sprache, also in Stromimpulse.
Die Stromimpulse gelangen über zwei Elektroden in das Gleichgewichts-Zentrum des Neunaugen-Gehirns. Dort werden sie ausgewertet und an die Müller-Zellen weitergegeben.
Die Müller-Zellen übersetzen die Information in Körperbewegungen des Tiers. Zwei weitere Elektroden geben diese elektrischen Körperbewegungs-Informationen an das »Interface«. Der »Interface«-Computer rechnet die einlaufenden Stromimpulse in Steuersignale um, die an die Roboterräder weitergegeben werden.
Tiergehirn, Computer und Roboter sind zu einer Funktionseinheit zusammengeschaltet.

Diese ersten kleinen Erfolge beim Versuch, Tiergehirne und Maschine miteinander zu vernetzen, bestätigen jene Theoretiker, die eine geistige Verbindung von Mensch und Maschine für möglich halten, also die Erzeugung eines vollständigen »Cyborgs«, wie er uns aus der Science-Fiction längst vertraut ist. So könnte das Gehirn eines Verstorbenen irgendwann in einem Roboter »weiterleben«.

Der amerikanische Roboter-Forscher Hans Moravec ist fest davon überzeugt, dass man Geist und Seele, also das menschliche Bewusstsein, irgendwann wie Software in einen Computer wird herunterladen können. Inzwischen wird nicht nur an Fischgehirnen experimentiert, sondern auch bei Ratten gelang bereits eine direkte Verständigung zwischen Hirnzellen und Computermaschine. Zum Beispiel lernten durstige Ratten ziemlich schnell, mit ihrer Pfote einen Hebel zu bedienen, der ihnen Wasser spendet. Nun pflanzte man Ratten Elektroden in jenes Hirnareal, das aktiviert wird, wenn die Ratte eine Pfote bewegen will. Die elektrischen Signale des Gehirns werden über einen Computer an einen Motor weitergeleitet, der den entsprechenden Mechanismus auslöst. Die Ratten verstanden sehr schnell, dass sie auch Wasser bekamen, wenn sie nur daran dachten, den Hebel mit der Pfote zu drücken, sie stillten ihren Durst buchstäblich durch Gedankenübertragung.

Ähnliche Experimente wurden auch schon mit Affen durchgeführt. Dabei wurden die ins Affenhirn eingepflanzten Elektroden sogar mit dem Internet verbunden. So konnten die Tiere einen Roboterarm in einem 1000 Kilometer entfernten Forschungsinstitut durch »Gedankenübertragung« bewegen.

Doch Mensch und Maschine werden noch auf andere Weise zu unlösbaren Einheiten verschmelzen: »Nanotechnologie« heißt das Wort, mit dem die Verkleinerung von Maschinen und Motoren bezeichnet wird – eine Verkleinerung im so genannten Nanobereich. Das ist der Bereich von 10^{-9} Metern (= milliardstel Meter oder millionstel Millimeter).

Bio-Ingenieuren der amerikanischen Cornell-Universität ist es als Ersten gelungen, eine funktionstüchtige Nanomaschine zu bauen. Die Maschine ist nicht größer als ein Bakterium; es würden also ein paar hundert von ihnen auf den Kopf einer Stecknadel passen. Der winzige Motor betreibt einen Propeller, der achtmal pro Sekunde gegen den Uhrzeigersinn rotiert.

Solche Maschinen, die nur aus einer Hand voll Atomen bestehen, kann man freilich nicht wie Modellspielzeug zusammenschrauben. Die Forscher verwendeten zum Bau ihres »nanoelektromechanischen Systems« (NEMS) einen so genannten Biomolekular-Motor, den sie an einen Nickel-Zylinder klebten. Der war gerade mal 200 Nanometer hoch und 80 Nanometer breit. Zum Vergleich: Ein durchschnittliches Atom hat etwa einen Durchmesser von 0,1 Nanometern.

Das Besondere an diesem Maschinen-Winzling ist, dass er seine Energie aus denselben Quellen bezieht wie lebende Zellen: Er wird von Adenosin-Triphosphat (ATP) angetrieben. Das gehört zum zentralen und universellen Energie-Übertragungssystem aller lebenden Zellen. ATP ist Energiespeicher und Energielieferant der Zellen. Bei der Aufspaltung des ATP-Moleküls wird Energie frei, die zum Beispiel für die molekularen Transportvorgänge in den Zellen oder zwischen den Zellen verwendet wird.

Damit ist eine Nanomaschine aber prinzipiell nichts anderes als ein einfacher Organismus: Sie wandelt Lebensenergie um und zeigt so ein irgendwie lebensähnliches Verhalten. Nanomaschinen, so könnte man sagen, sind organisch-anorganische Mischwesen. Manche Bakterien besitzen ebenfalls eine Art Nanomotor, mit dem sie ihre Geißelfäden zum Rotieren bringen – mehrere hundert Mal pro Sekunde –, um sich so fortzubewegen.

Die Erfinder der ersten Nanomaschine sind fest davon überzeugt, dass solche lebenden Maschinen zusammen mit der Gentechnik die Medizin revolutionieren werden. Denn für die Bio-Ingenieure ist das, was wir Leben nennen, im Grunde auch nichts anderes als ein geordnetes System miteinander verbundener Nanomaschinen, die, genetisch programmiert, unablässig vor sich hin laufen.

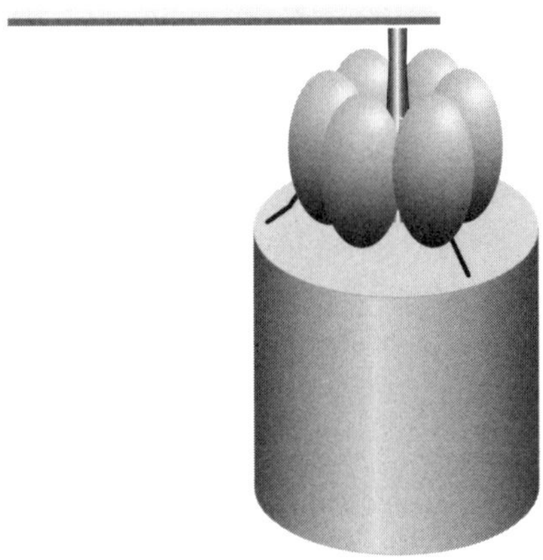

Der erste funktionierende Nano-Roboter der Welt. Er ist nicht größer als ein Bakterium, sieht aus wie ein Sechserpack aus Eiern und sitzt auf einem Zylinder aus Nickel. Er betreibt einen Propeller, der pausenlos rotiert.

Traurige Lokomotiven auf einsamen Inseln

Die Verschmelzung von Mensch und Maschine wird noch von einer anderen Richtung aus betrieben: Es wird versucht, menschliche Gefühle zu digitalisieren, das heißt in eine Software umzuschreiben. Wer in diese Richtung forscht, muss grundsätzlich der Meinung sein, dass die menschliche Gefühlswelt verborgene mathematische Gesetzmäßigkeiten hat. Gefühle wären dann als ein System aus Zahlensträngen und Rechenvorschriften zu deuten. Davon ist unter anderen Forschern auch der Bamberger Psychologe Dietrich Dörner überzeugt. Für ihn ist das ganze Leben letztlich digital, weil die Naturgesetze, auf denen es basiert, digitalisierbar sind.

Dörners Forschungsansatz mutet recht spielerisch an: Eine kleine Dampflokomotive ist das Forschungsobjekt – so scheint es zumindest. Tatsächlich aber soll mit ihr nur veranschaulicht werden, was im Computer in einer rein virtuellen Welt geschieht. Das Programm wurde mit Lernfähigkeit, Bedürfnissen und Gefühlen ausgestattet, wobei eine virtuelle Dampflok auf einer virtuellen Insel ausgesetzt wird. Dort muss sie sich in einer für sie vollkommen unbekannten Welt zurechtfinden.

Nun fehlt diesem Computerwesen natürlich die Fähigkeit, seine Gefühle – falls es welche hat – mit den Mitteln der Sprache auszudrücken. Es kann dies nicht, weil es nicht richtig denken kann – und mit »richtig denken« ist reflexiv denken gemeint, also ein Denken, das sich vergleichend und prüfend in Gedankengänge vertiefen kann. Computer sind vorerst nicht in der Lage, sich selber zum Gegenstand ihres Denkens zu machen. Sie können das nicht, weil sie kein Bewusstsein ihrer selbst haben. Diesen elementaren Unterschied zwischen denkendem Menschen und »Denk-Maschine« will Dietrich Dörner mit seiner Versuchsanordnung überbrücken. Die kleine, nur in der künstlichen Computer-Realität existierende Dampflok soll irgendwann in der Lage sein, sich auszudrücken, ihre Gefühle in Worte zu fassen, also etwa »Ich bin traurig« zu sagen und das auch so zu fühlen. Und sie wird dann auch sagen können, warum sie traurig ist. Etwa: »Weil ich so allein auf dieser Insel bin.«

Der nächste Schritt wäre, dass die Dampflok lernt, mit ihren Gefühlen umzugehen, also etwa zu sagen: »Ich will jetzt nicht mehr traurig sein.« Doch Gefühle mitteilen kann die Dampflok nur, wenn sie der Sprache mächtig ist, also Wortschatz und Grammatik erlernt, gebraucht und selbstständig weiterentwickelt.

Vorerst ist die virtuelle Lokomotive nur in der Lage, ihre »Gefühle« mittels simpler Zeichen auszudrücken. So entdeckt sie auf der Insel ein paar Haselnüsse und »freut« sich darüber. Ihre »Freude« wird in einem Kästchen auf dem Bildschirm durch ein lachendes Strichmännchen mitgeteilt. Der Psychologe Dörner scheint nur leider übersehen zu haben, dass Lokomotiven gewöhnlich kein Interesse an Haselnüssen haben. Aber seine Lok ist ja auch keine gewöhnliche Lok.

Dörner ist fest davon überzeugt, dass jedes menschliche Gefühl, ja letztlich jede Regung der menschlichen Seele berechenbar ist, sich somit in Zahlen und mathematischen Formeln übersetzen lässt, und sei es mit einer neuen, erweiterten Mathematik, die erst noch zu entwickeln wäre. Tatsächlich ist nicht zu bestreiten, dass auch das Gehirn auf nichts anderem als den bekannten Naturgesetzen beruht. Und diese sind mathematisch zu beschreiben. Allerdings steht dem gegenüber, dass bereits ein so einfacher Vorgang wie das Herabfallen eines Blatts von einem Baum faktisch nicht zu berechnen ist, weil dazu eine schier unendliche Datenmenge zu verarbeiten wäre. Und wer weiß, ob nicht einiges in diesem Universum, so auch Geist und Seele, auf Naturgesetzen beruht, von denen wir noch überhaupt nichts wissen. Denn das menschliche Wissen des 21. Jahrhunderts sollte man nicht für ein endgültiges halten.

Dem würde Dörner gewiss widersprechen. »Die menschliche Seele«, so behauptet er, »ist nichts anderes als ein naturwissenschaftliches Bündel von Gesetzmäßigkeiten. Ein Organ, in dem gerechnet wird; und sonst gar nichts.«

Gefühle sind für Dörner nur besondere Abwandlungen des Denkens, Wahrnehmens und Erinnerns. Sie haben für uns nur deshalb eine andere Qualität als das klare, nüchterne Denken, weil sie über die Hormone Reaktionen in den Körperorganen hervorrufen, also etwa ein heftiges Herzklopfen, ein Erröten der Haut, Schweißausbrüche oder Atemnot. Doch die Hormonausschüttung wird auch wieder nur vom Gehirn gesteuert. Unsere Gefühle lassen sich, wie jeder weiß, durch Denken beeinflussen und beherrschen, was schon darauf hinweist, dass sie grundsätzlich nichts anderes als Gedanken sind – Gedanken, die sich körperlich fühlen lassen.

Die Grundidee von Dörners Versuchsanordnung ist, dass das Denken von den Nervenzellen geleistet wird und dass die Aktivität solch einer Nervenzelle relativ einfach in Zahlen darstellbar ist. Dörners Computerprogramm arbeitet im Prinzip nicht anders als ein Netzwerk aus Nervenzellen. Das Hauptproblem liegt für Dörner nicht darin, virtuelle Maschinen mit einer Gefühls-Software auszustatten, sondern sie dazu zu bringen, ihre Gefühle mitzuteilen und ihnen dafür eine menschliche Sprache beizubringen. Sollte das gelingen, so werden uns Computer irgendwann sagen, wie es ihnen geht, wie sie sich in ihrer metallischen Haut fühlen.

Die Frage ist nur, ob die Computer-Gefühle wirkliche Gefühle sind. Denn dazu wäre es nötig, jenes System im menschlichen Gehirn, das für die Gefühle und deren Bewertung hauptsächlich verantwortlich ist, nachzubauen. Das limbische System, das wir weiter vorn im Buch (vgl. S. 163 und 179ff.) schon kennen gelernt haben, also jener Teil unseres Gehirns, der laufend das Erlebte und Gedachte bewertet und Meinungen dazu äußert, müsste in ein »limbisches Computerprogramm« umgeschrieben werden. Eine Software müsste für die menschliche Gefühlsseite entwickelt werden, für die Fähigkeit etwa, Schmerz und Lust zu erfahren oder Gutes von Bösem zu unterscheiden und Schönes von Hässlichem. Wie sollte man solch ein datenintensives System auf Siliciumbasis in einen Computer einbauen? Aber wer weiß, wozu zukünftige Computer, die nicht mehr mit herkömmlichen Chips, sondern mit DNS oder Quanten arbeiten, fähig sein werden. Ist es nicht nahe liegend, dass ein Computer, der auf DNS-Basis arbeitet, problemlos die Arbeit von Nervenzellen versteht, da sie ja auch nicht anders als auf DNS-Basis funktionieren? Der DNS-Computer spräche ganz von selber die Sprache, die in lebenden Zellen, auch den Nervenzellen, gesprochen wird.

Das Internet als Super-Bewusstsein

Doch damit nicht genug. Diskutiert wird in Forscherkreisen die Frage, ob ein globales Informationssystem wie das Internet mit seinen zahllosen Nutzern nicht irgendwann zu einer Art Supergehirn mit Superbewusstsein mutieren könnte. Das Internet von heute wäre nur eine erste Etappe auf dem Weg zum »globalen Gehirn«. Das weltweite, immer dichter werdende Computernetz wäre vergleichbar mit einem biologischen Super-Organismus: Jeder einzelne ans Internet angeschlossene Mensch wäre vergleichbar mit der einzelnen Ameise in einem Ameisenstaat oder dem einzelnen Fisch im Fischschwarm. Oder anders: Wenn das Internet als vielzelliger Organismus anzusehen ist, dann hat der einzelne Benutzer – User genannt – die Rolle einer einzelnen Zelle. Das Netzwerk der Kommunikationsstränge, in dem alle mit allen verbunden sind, hat die Funktion eines Nervensystems. Bei Super-Organismen wie Ameisen- oder Termiten-Staaten, Fisch- oder Vogelschwärmen erzeugen alle Einzelorganismen eine Art von Staaten- oder Schwarm-Intelligenz, die physikalisch als Feld zu beschreiben wäre, vergleichbar mit einem elektrischen Feld. Jede Ameise oder Termite des Staats steht mit allen andern Tieren über solch ein Feld in Verbindung. Die notwendige Intelligenz, um einen solchen Staat aufzubauen, ist über das gesamte Kommunikationsnetz verteilt. Der Staat als Ganzer »denkt«. Erst so ist es zum Beispiel möglich, dass alle Tiere eines Schwarms in Sekundenbruchteilen die gleiche Bewegung ausführen und damit als Einheit handeln.

Auch beim Internet ist die Intelligenz im Netz verteilt. Was in der Biologie als Schwarm-Intelligenz bezeichnet wird, wäre hier die im Netz verteilte künstliche Intelligenz der überall zugänglichen Informationssysteme – eine »Netz-Intelligenz«. Daraus könnte wie im Ameisenstaat eine Art von Selbstorganisation entstehen hin zu immer größerer Strukturierung und Komplexität, kurzum: zu höherer Entwicklung, wie sie auch in der biologischen Evolution stattgefunden hat. Dieser Prozess, der im Internet längst eingesetzt hat, etwa durch die Bildung vielfältiger Kommunikations-Gruppen mit gemeinsamen Interessen, wird sich durch neue Technologien immer weiter beschleunigen. Geforscht wird zum Beispiel schon jetzt an einem »lernenden Web«; es basiert auf neuen Erkenntnissen zum Lernmechanismus des menschlichen Gehirns. Man geht davon aus, dass die Verbindung zwischen zwei Nervenzellen verstärkt wird, wenn sie direkt nacheinander aktiv sind. Dieses Prinzip wurde von belgischen Forschern bereits auf ein Rechennetz übertragen: Surft ein User von Dokument A zu Dokument B, wird dieser Link verstärkt. Aber auch Abkürzungen können entstehen: Surft ein User von Dokument A zu B und anschließend weiter zu C, wird auch ein Link zwischen A und C verstärkt.

Anders als im derzeitigen Internet, wo die Links nur von Programmierern zu beeinflussen sind, würde sich das »lernende Web« mittels spezieller Software eigenständig den Gewohnheiten der Nutzer anpassen. Damit könnte sich das Internet mehr und mehr mit Eigenschaften des biologischen Gehirns ausstatten und sich selbst weiterentwickeln.

Doch vorerst weiß der Mensch noch nicht mal, wie menschliches Bewusstsein entsteht und sich selbstständig weiterentwickelt. Man kann zwar Gehirnströme messen, aber nicht das Denken und Fühlen, das von diesen Gehirnströmen ausgelöst wird. Denn das hieße, Gedanken und Gefühle lesen zu können. Gedankenlesen wäre die Voraussetzung, um Maschinen selbstständiges Denken einzuprogrammieren. Das, so meinen viele Neuro-Forscher, wird niemals möglich sein, weil auch mit feinsten Messgeräten die menschlichen Gedanken und Gefühle niemals lesbar sein werden. Denn um vollständig lesen zu können, was im Gehirn eines Menschen vorgeht, müsste man die vollständige Lebensgeschichte des Menschen und damit eine schier unendliche Datenmenge kennen: alle seine Erlebnisse oder zumindest jene, die in seinem Gehirn abgespeichert wurden. Die Natur scheint jedoch genau das nicht zulassen zu wollen, deshalb hat sie unsere intimste Welt, eben die der Gedanken, weitgehend sicher in unserem Schädel aufbewahrt, vergleichbar mit einem unhebbaren Schatz. Doch schon so manches hat man im Lauf der Wissenschaftsgeschichte für unmöglich gehalten – und dann war es irgendwann doch möglich.

Vom Menschen zum Über-Menschen

Vernetzung des menschlichen Gehirns mit Computern, Selbstorganisation des Internets nach Prinzipien des menschlichen Gehirns, Verselbstständigung des Geistigen in einem virtuellen globalen Denkorgan – das alles lässt die körperliche Seite des menschlichen Daseins für die Zukunft immer unbedeutender, ja geradezu als etwas Lästiges erscheinen. Der »naturbelassene« Mensch könnte nach und nach zu etwas Minderwertigem werden, ein Erbe der ersten Schöpfung, die ja überwunden werden soll. Wozu sollte man sich irgendwann noch ein hohes Alter mit all seinen Gebrechlichkeiten wünschen, wenn der individuelle Geist ohnehin in ein globales Gedankennetz eingespeist werden kann und dort für alle Zeiten gespeichert bleibt, mehr noch: aktiv sein kann. Denn die Möglichkeiten des organischen Gehirns sind irgendwann ausgeschöpft. Das menschliche Gehirn – im Gegensatz zu dem der Frösche und Lurche – regeneriert sich nicht; es altert unaufhaltsam. Dieser Prozess kann bestenfalls hinausgezögert werden.

Mein Geist ginge also in den globalen Geist des Internets ein. Mein ursprüngliches Ich würde mit dem Gehirn sterben, aber die Kopie meines Ich, die freilich nicht ich wäre, würde weiter virtuell existieren als ein zweites, anderes Ich. Der Mensch hätte davon freilich nichts, so wenig wie Goethe etwas davon hat, dass sein Geist in seinem Werk weiterlebt.

Den Körper als lästige Hülle abstreifen – Wissenschaftler sehen darin keine wesentlichen Probleme. Wieso sollte der Geist an organische Moleküle und an einen Stoffwechsel gebunden sein mit all seinen unangenehmen Seiten? Wäre nicht überhaupt eine Lebensform denkbar, die nicht mehr an den Kohlenstoff gebunden ist?

Letztlich ist es nur die Frage, ob ein Leben ohne Stoffwechsel noch als Leben bezeichnet werden kann. Doch auch ein Begriff wie »Leben« muss nicht für immer festgelegt sein. Schon heute erleben wir eine fortwährende Verschiebung vertrauter Begriffe. Das hat mit der Überlagerung und Verschmelzung von »künstlich« und »natürlich« zu tun. Irgendwann werden natürliche und künstliche Welt nicht mehr sicher voneinander zu trennen sein. So mancher lebt schon heute mehr in der virtuellen als in der wirklichen Wirklichkeit. Künstliche Menschen, von Computern entworfen, werden bereits in der Werbung als Identifikationsfiguren eingesetzt – und zwar mit Erfolg. Der Mensch spiegelt sich im Virtuellen und findet sich schön.

Selbst wenn uns Claudia Schiffer ganz »real« von Plakatwänden entgegenlächelt und ihren perfekten, nur spärlich bekleideten Körper zeigt, haben wir es mit einer künstlichen, das heißt computergrafisch manipulierten Claudia Schiffer zu tun. Alles, was uns hier als Wirklichkeit vorgesetzt wird, ist nicht wirklich menschlich. Selbst bei den Models, die ja angeblich ideale Körper besitzen, muss nachgebessert werden: Die Taille wird schmaler gemacht, die Beine werden gestreckt, die Schultern verbreitert und der Bauch abgeflacht – eine nachträgliche optische Genmanipulation, wenn man so will. Als sollten wir damit auf zukünftige genmanipulierte Ideal-Menschen vorbereitet werden.

Hinzu kommt, dass sich das ganze Leben zunehmend als ein programmiertes, gesteuertes und manipuliertes gestaltet. Die Körperfunktionen werden massiv durch Medikamente und andere Eingriffe beeinflusst. Indem die Unwägbarkeiten des menschlichen Körpers immer berechenbarer – und das heißt auch: computerisierbarer – werden, erscheint es durchaus möglich, dass sich die Menschheitsgeschichte klammheimlich in der Computergeschichte auflöst, das Menschenbild im Computerbild.

Das sind natürlich alles reichlich absurd anmutende Aussichten. Aber wer weiß, ob sie von zukünftigen Generationen auch noch als absurd empfunden werden oder nicht vielmehr als ganz normal. Im Moment hat man jedenfalls das Gefühl, dass die Science-Fiction von der realen Wissenschaft mit Eiltempo eingeholt wird. Lebenswissenschaft und Informatik liefern die Baupläne für einen Menschen der Zukunft, der mit dem heutigen nicht mehr viel zu tun haben wird.

Nun kann man sich allerdings fragen, was das alles soll? Ist der forschende Mensch eigentlich noch bei Verstand? Läuft diese hektische Suche nach den Bauplänen des Lebens – und der Versuch, sie zu manipulieren und neu zu zeichnen – nicht darauf hinaus, dass der Mensch am Ende selbst nicht mehr weiß, wer er ist? Der Mensch, so scheint es, sucht sich selbst zu überwinden, weil er sich so, wie ihn die Natur geschaffen hat, nicht mag. Hinter all dem Forschen verbirgt sich eine große Unzufriedenheit der Gattung mit sich selbst. Der Mensch möchte nicht nur ein anderer sein, sondern etwas ganz anderes. Aber was?

Da keimt der Verdacht in einem, dass der Mensch sich eigentlich abschaffen möchte, aber nicht auf die plumpe Art der Selbstvernichtung – auch sie ist immer noch möglich –, sondern durch Verwandlung in eine andere Art, der es möglich ist, aus dem ewigen Kreislauf von Entstehen und Vergehen auszuscheren. Es sollen die uralten Allmachtsfantasien des Menschen endlich Wirklichkeit werden. Das ist der Grund, wieso einem besonders die Biowissenschaftler als Allmachtsfantasten erscheinen. Sie arbeiten an nichts Geringerem als dem Verschwinden des Menschen. Das Verschwinden ist ja auch eine Form der Unsterblichkeit, und die steht im Zentrum aller Allmachtsfantasien,

»Der Mensch«, so hatte schon der Philosoph Friedrich Nietzsche prophezeit, »ist ein Seil, geknüpft zwischen Tier und Übermensch – ein Seil über einem Abgrunde.« Der Mensch als Übergang – und Untergang. Und weiter meinte Nietzsche: »Du rasest! Dein Wissen vollendet nicht die Natur, sondern tötet nur deine eigene. Miss nur einmal deine Höhe als Wissender mit deiner Tiefe als Könnender. Freilich kletterst du an den Sonnenstrahlen des Wissens aufwärts zum Himmel, aber auch abwärts zum Chaos.« Statt »Chaos« kann man auch »Hölle« sagen. Womöglich haben wir mit der Gentechnologie bereits die Tür zur Vorhölle geöffnet. Umso nachhaltiger bemühen sich die Genforscher, uns das Paradies zu versprechen.

Die neuen Technologien zeigen unverhohlen, dass sie den Menschen in ein Übergangswesen zu verwandeln suchen, wobei Schritt für Schritt das gängige Menschenbild der technologischen Entwicklung angepasst wird. Und dieses Menschenbild sagt uns immer deutlicher: Jeder Einzelne ist austauschbar, ersetzbar, beliebig vervielfältigbar. Von jedem von uns sind Kopien anzufertigen, nicht anders als von Fotos oder Druckseiten. Doch was am bedrückendsten ist: Kaum einer fragt mehr, wozu das gut sein soll. Ist das nicht die schlimmste Kränkung, die der Mensch sich selber antun kann? Noch schlimmer wäre allerdings die Kränkung, wenn irgendwann künstliche, vom Menschen erdachte Intelligenzen sagen würden: »Auf euch Menschen können wir verzichten; wir brauchen euch nicht mehr; ihr seid überflüssig.«

Ist nicht jeder froh darüber, in diesem unfassbaren Universum fassbar zu sein, einmalig und unverwechselbar? Es verwundert, dass die Einmaligkeit des Individuums von den Biologen nicht als größte Errungenschaft des Lebens gewürdigt und verteidigt wird. Sie sind vom Klon fasziniert. Fasziniert starren sie – und auch wir als weitgehend ahnungslose Laien – auf die schrittweise Enträtselung aller Dinge, einschließlich des eigenen Lebens. Brutal wird uns von den Chemikern, Biologen und Medizinern gesagt: Der Mensch ist nichts weiter als ein genetischer Code; er ist restlos vorbestimmt durch die DNS; er ist nichts anderes als eine auf Kohlenstoff basierende Bioform, nichts anderes als ein vom Zufall hervorgebrachtes Produkt der Evolution. Was am Leben vorerst noch rätselhaft ist, wird früher oder später vollkommen enträtselt sein. Damit erhebt die Wissenschaft einen absoluten Wahrheitsanspruch, eine absolute Deutungsmacht darüber, was und wie der Mensch zu sein hat. Aber die Wahrheiten der Wissenschaft sind stets Vereinfachungen komplexer Prozesse, die niemals ganz zu erfassen sind, zumindest nicht von einem begrenzten Wesen, wie es der Mensch nun mal ist. Die Wissenschaft ist auch nur eine Art, die Welt zu betrachten. Es gibt noch andere Arten, etwa die philosophische, die religiöse oder die künstlerische; sie sind alle gleichwertig und bedingen sich gegenseitig.

Der Genforscher Francis Collins, Chef des Internationalen Genomprojekts, meinte hierzu in einem Interview: »Es ist sehr inspirierend, den Gentext vor sich liegen zu haben und zu sehen, wie elegant das System zur Speicherung von Information aufgebaut ist. Dieses Skript zu entziffern war nicht nur eine wissenschaftliche, sondern auch eine spirituelle Erfahrung. Aber selbst wenn wir die Buchstabenfolge verstehen, werden viele Aspekte des Menschseins übrig bleiben, die wir nicht verstehen. Wir sind nicht nur mechanische Wesen; deshalb sollten wir die Entdeckung auch nicht benutzen, um in eine mechanische Betrachtungsweise von uns selbst abzugleiten.«

Bei all dem sollten wir auch fragen, ob es wirklich so wichtig ist, alle Rätsel zu lösen, oder ob es nicht auch wichtig wäre, die letzten Geheimnisse des Lebens vor der brachialen Macht der Forscher und Rätsellöser zu schützen. Aber wie? Die Geschichte der Wissenschaft zeigt, das alles, was gemacht werden kann, irgendwann auch gemacht wird.

Aber ich denke, wir sollten uns darüber nicht allzu große Sorgen machen; bei aller Vorsicht, die bei den neuen Technologien, vor allem der Gentechnologie, geboten ist. Auch die vollständig entschlüsselten Gen- und Proteintexte werden den Menschen nicht vollständig beschreiben. Auch die Gehirnforscher werden nicht alle Rätsel des Bewusstseins lösen können, denn dazu müssten sie die gesamte Biografie eines einzelnen Menschen seit dem Moment seiner Zeugung kennen – und das ist zum Glück unmöglich. Es gibt unendlich viel, was unsagbar bleiben wird, schon deshalb, weil das Universum ganz offensichtlich von seinem Schöpfer auf Unfassbarkeit hin angelegt ist. Letztlich ist alles Wissen nur eine private Bildersprache, die an Tieferes, Ewiggültiges rührt. Dort geht es nicht mehr um das Lesen von Codes und Zeichen, sondern um die Frage nach dem Sinn. Das ist die Frage aller Fragen, und zu ihr konnten die Wissenschaften noch nie etwas Hilfreiches beitragen. Sie ist eine ganz persönliche Frage, die nach einer persönlichen Antwort verlangt.

Namen- und Sachregister

Bildnachweis

Alle Zeichnungen im Text: Achim Norweg, München

Die fünf Zeichnungen auf den Seiten 84–87 stammen von Marianne Collins und wurden dem im Carl Hanser Verlag erschienenen Buch »Zufall Mensch« von Stephen Jay Gould entnommen.

Die Abbildung auf der Seite 113 stammt von Herbert Ullrich und wurde dem Band »Die Neandertaler. Feuer im Eis«, hrsg. von Elmar-Björn Krause entnommen, der im Verlag Edition Archaea erschienen ist. Der Abdruck erfolgt mit freundlicher Genehmigung von Herbert Ullrich.

Fotoquellen: Bildarchiv Okapia, Frankfurt (S. 26, 59); dpa (S. 34); Hessisches Landesmuseum, Darmstadt (S. 101); Norbert Michalke, Berlin (S. 139); Neandertal Museum, Mettmann (S. 111). Die Rechte an den Abbildungen auf den Seiten 122 und 192 konnten nicht geklärt werden. Wir bitten die Rechteinhaber, sich ggf. beim Verlag zu melden.

Die Farbtafeln im Mittelteil: Prof. Dr. Gerhard Wanner, Botanisches Institut der Ludwig-Maximilians-Universität München (Abb. 1–19); Bildarchiv Okapia, Frankfurt (Abb. 20–26)

Gerhard Staguhn, 1952 in Bayern geboren, studierte Germanistik und Religionswissenschaft und lebt heute als freier Autor mit Frau und Sohn in Berlin. Mit seinem bei Hanser erschienenen Buch »Das Lachen Gottes«, das auch in den USA ein Erfolg war, wurde er als fesselnd erzählender, leicht verständlich schreibender Sachbuchautor bekannt. Er ist Mitarbeiter der Frankfurter Allgemeinen Zeitung und der Süddeutschen Zeitung. Im Hanser Jugendbuch erschienen die Bände »Die Rätsel des Universums« (1998) und »Die Jagd nach dem kleinsten Baustein der Welt« (2000), die zusammen mit dem vorliegenden Buch eine dreibändige Bibliothek der neuesten naturwissenschaftlichen Forschung bilden – für jedermann eine ideale Einführung in die aktuellen Entwicklungen in der Astronomie, in der Atomphysik und in den modernen Biowissenschaften.

Bei *Hanser* ist außerdem erschienen:

Gerhard Staguhn
Die Rätsel des Universums
200 Seiten
ISBN 3-446-19450-9

Die Medien sind voll von atemberaubenden Weltraumereignissen: In den Tiefen des Kosmos wird die Geburt eines Sterns entdeckt. Auf dem Mars werden Hinweise auf erstmals vorhandenes Wasser gefunden. Gigantische NASA-Projekte zur Zerstörung von Asteroiden auf Kollisionsflug mit unserer Erde werden erprobt.

Staghun erzählt die Geschichte von der Entstehung des Kosmos, die im Urknall ihren Anfang nahm, und er erklärt leicht und anschaulich die Entwicklung der Sterne bis hin zum Planeten Erde und den Möglichkeiten von anderem Leben im All.

Eine Kosmologie, die sich spannend liest wie ein Roman.

»Staghun gelingt es in einzigartiger Weise, das Wissen über die Sterne und Galaxien mit großer Leichtigkeit und Sprachgewandtheit darzustellen, sodass sich auch Lesern ohne astronomische Vorkenntnisse das Tor in ein faszinierendes Froschungsgebiet öffnet.« Die Welt

»Staguhn übersetzt das Unfassbare in verständliche Bilder, angefangen vom ersten beschriebenen Zustand unseres Universums. Wunder über Wunder, die für den normalen Menschenverstand nicht mehr fassbar sind. Dennoch gelingt es Staguhn, dem Leser unglaubliche Dinge zu erklären, etwa warum ein Mensch, der sich schnell bewegt, länger lebt. Oder warum auf der Sonne die Zeit langsamer vergeht als auf der Erde.« Frankfurter Rundschau

Bei *Hanser* ist außerdem erschienen:

Gerhard Staguhn
Die Jagd nach dem kleinsten Baustein der Welt
248 Seiten
ISBN 3-446-19902-0

Wer hat sie nicht, Schwierigkeiten in Physik und Chemie? Mit diesem Buch wird alles anders. Gerhard Staguhn beschreibt all die winzigen Vorgänge, die sich im Unsichtbaren des Mikrokosmos abspielen. Von der Atomspaltung über die Entdeckung der Quarks bis hin zu den gefährlichen Reaktionen in einem Kernkraftwerk: spannend und leicht verständlich erzählt.

»Gerhard Staguhns Buch macht Naturwissenschaft in klarer Sprache verständlich. Das ist nicht nur spannend zu lesen, nach der Lektüre darf man sich rühmen, sich in Physik und Chemie auf der Höhe der Zeit zu befinden. Staguhn sei Dank – das ist des Schülers Seufzer nach dem Test.«
Salzburger Nachrichten

»Anschaulich und fesselnd erzählt Staguhn die Geschichte der Chemie und Atomphysik, vor allem die rasante Entwicklung der Forschung in den letzten hundert Jahren. Ein Buch, das zeigt, wie spannend Chemie und Physik sein können.«
Wiesbadener Anzeiger